イラストでわかる！病気のしくみ

犬と猫の病態生理

著 佐藤佳苗

学窓社

はじめに

　この本を手にとってくださり，どうもありがとうございます．著者です．この「イラストでわかる！　病気のしくみ　犬と猫の病態生理」の本は，実はとても広い範囲の方々をターゲットにして書かせていただきました．本書の読者にぜひなっていただきたい方々には，愛玩動物看護師・獣医師・学生・身体の仕組みに興味がある人を考えていました．

　なぜこんなに広い方々をターゲットとして考えているかというと，この本のテーマである「病態生理」がそれだけ大事なことだからです．「病態生理」とはつまり「病気のしくみ」，なぜ身体が病気になってしまっているのかということです．病態生理がわかって初めて，適切な看護も診断も治療も行うことができるようになります．仮に病態生理の理解をせずに診断や治療をしようとしても，丸暗記・考えない・理解せずに誰か（本など）の指示に従うだけになってしまいます．病態生理を理解すれば，なぜその病気が起きるのか，ではどうすればそれを確かめられて(診断)，何に気をつけてどうすればきちんと治療や看護ができるのかに納得がいくはずです．とはいえ，犬猫のよくある疾患の病態生理をわかりやすく説明している取っつきやすい本，というのは，あるようで無かったと思います．そのため，この本を書きました．

　この本の大きな特徴は，「イラストでわかる！」のタイトルの通り，これでもかというくらい多くのイラストや図を盛り込んでいることと，噛み砕いて読みやすい文章（と著者は思いながら書いたのですが）の中に専門的な情報を散りばめていることです．

　例えば，この食べ物なんか食べやすいな，と思ってパクパク食べられて，実はその食べ物は栄養満点だった，というのをこの病態生理の本でやってみようと思っていました．この本なんか読みやすいな，と思ってスイスイ読めて，実はその本は情報満載だった，という感じです．この本には，細かい内容で言えば，ベテラン獣医師でも知らない人の方が多そうだな，という話も盛り込んであります．

　著者としてこの本の読者に願うことがあります．病気のしくみがわかるって楽しい，と思ってほしいです．なるほど，面白い，の気持ちを味わってほしいです．その楽しさ，面白さは勉強すること自体の面白さのようなものでもあります．もしこの本を，読みやすいな，面白いなと思ってもらえたら，それをきっかけに別の書籍などでもどんどん勉強を続けていってください．良いスタート地点，良い休憩スポットとして使ってもらえたら嬉しいです．

　最後に，この本を作るにあたり多大なるご協力をいただいた方々に感謝を述べたいです．まずは，企画から一緒に本作りをしてくださった編集部の皆さん(特に，何度もたくさん相談をさせていただいた吉田玲さん)，挿絵の下絵をキレイに仕上げてくださったいのぼんさん，そして子育てしながらの執筆を支えてくれた家族である遼さん，尚子さん．本当にありがとうございました．

　では，イラストにあふれている1冊，犬と猫の病態生理の本，ぜひ楽しんでみてください．気がついたら病態生理の勉強ができてしまっているはずです．

2025年1月吉日

佐藤 佳苗

目次

はじめに 3

1章 肝性脳症

「発作で肝臓に問題があったら肝性脳症」……ではない！ 10

　肝性脳症とは？ 10

　　STEP UP アンモニア以外で肝性脳症の原因と考えられている物質 17

　肝性脳症でどんな症状が出るのか？ 17

　肝性脳症はどう治療する？ 20

　　STEP UP アンモニアが溜まりやすい状況って？　根拠を意識して，理解を深めよう 22

　最後に 23

2章 肝酵素値と肝機能

「肝酵素値上昇＝肝機能不全」…ではない理由 24

　肝酵素値の上昇とは？ 24

　　STEP UP その肝酵素値，どれくらい高い？ 28

　肝機能不全とは？ 32

　　STEP UP 肝機能不全では必ず肝酵素値が上昇しているのか？ 41

　最後に 42

3章 慢性腎臓病

腎数値が高いから腎不全，治すために点滴…ではない！ 44

　そもそも正常な腎機能とは？ 44

　慢性腎臓病とは何か？ 47

　なぜCKDになる？ 49

　　STEP UP IRIS CKDステージング，サブステージング 50

　CKDになると何が起きる？ 52

　　STEP UP フィーディングチューブ（食事給与用チューブ） 53

　最後に 57

4章 尿閉・急性腎障害・高K血症

腎数値が測定限界オーバーでも，ゲームオーバーとは限らない！ 60

　尿道閉塞（尿閉）でも起きる，急性腎障害とは？ 60

　AKIの合併症，高K血症 64

　高K血症になると何が起きる？ 67

STEP UP 心臓をCaで守れ！ ……70

最後に ……71

⑤章 アシドーシス・アルカローシス

○○性●●ーシスです. が結論ではない！ ……72

アシドーシス, アルカローシスとは何か？ ……72

そもそもなぜpHを気にする必要があるのか？ ……78

代謝性/呼吸性・アシドーシス/アルカローシスの例 ……80

STEP UP "4"の法則 ……83

どうすれば○○性●●ーシスを見分けられるか？ ……83

STEP UP 代償性変化 ……86

最後に ……87

⑥章 高血圧

眼に異常が出るのは眼科疾患だけじゃない！ ……90

正常な血圧のコントロール ……90

犬猫でも高血圧ってあるの？ ……96

なぜ高血圧になる？ ……97

STEP UP 実は広い！ アンジオテンシンⅡの作用 ……99

高血圧になると何が起きる？ ……100

STEP UP 高血圧治療は, 複数回の測定で確かめてからスタート！（例外あり） ……103

最後に ……103

⑦章 クッシング症候群：副腎皮質機能亢進症

あれもこれも, 本当にクッシング…？ ……104

正常な副腎, 副腎機能とは？ ……104

副腎機能を正常にコントロールする, ネガティブ・フィードバック ……107

クッシング症候群とは何か？ ……108

クッシング症候群になると何が起きる？ ……111

クッシング症候群をいつどう診断するか？ ……115

治療は？ ……120

最後に ……120

⑧章 アジソン病：副腎皮質機能低下症

ナニコレ!?……アジソン？ ナニソレ!? ……122

コルチゾールは, ストレスに対抗するのに重要 ……123

STEP UP アルドステロン分泌のコントロール 124

アジソン病（副腎皮質機能低下症）とは何か？ 124

副腎皮質機能低下症になると，どうなる？ 126

STEP UP Na／K比 130

副腎皮質機能低下症をどう診断するか？ 130

治療は？ 133

STEP UP ホルモン必要量の個体差＆ストレス時に備えて 136

最後に 136

9章 吐き気・嘔吐

吐いてないから制吐薬はいらない，わけじゃない 138

そういえば嘔吐って何？ 138

吐き気を感じる・嘔吐する仕組み 142

STEP UP 受容体とリガンド 142

吐いてほしいとき，吐いてほしくないとき 146

STEP UP いかにいろいろな原因で嘔吐が起きるか 147

最後に 150

10章 膵炎

膵炎なんて怖くない……？？ 152

知っているようで知らない膵臓のこと 152

STEP UP 物質の呼び名 ●●ノーゲン 156

急性膵炎 157

STEP UP 犬の急性膵炎に世界で初めて承認された薬，フザプラジブ（パノクエル®） 161

STEP UP 治療 164

最後に 166

11章 下痢

なんで下痢になるのか，考えたことなかったかも…… 168

消化・吸収の基本をおさらい 168

STEP UP 脂質の消化・吸収 173

STEP UP 食べたら出す！ という反射 175

STEP UP リンパ組織としての腸管 176

STEP UP 薬剤の直腸内投与 176

下痢のメカニズム 177

STEP UP マイクロバイオームの働き 180

「便に血が混じる」状況とは 181

最後に 183

12章 糖尿病・糖尿病性ケトアシドーシス

糖尿病って治る？　治らない？ 184

糖尿病って何? 184

STEP UP インスリンに対抗するホルモン 188

糖尿病になるとどうなる? 188

糖尿病って一生もの？　どう治療する? 192

STEP UP 糖尿病に適した食事の詳細 194

STEP UP 犬で糖尿病が「寛解」するまれなケース 196

一番怖い合併症，糖尿病性ケトアシドーシス（DKA） 197

STEP UP 犬猫のDKAで蓄積するケトン体は，ヒトとは違う 199

最後に 201

13章 熱中症

暑ければ熱中症になる，アルコールで冷や……さない! 202

熱中症とは何か 202

STEP UP 短頭種気道症候群 206

STEP UP 喉頭麻痺 207

熱中症になるとどうなるのか 208

熱中症はどう治療するのか 212

STEP UP 積極的な冷却はいつ止める？　冷やしすぎに注意! 214

熱中症は予防が一番 216

最後に 217

14章 咳

心雑音があって咳をしていたら心不全，は間違い! 218

咳って，何? 218

咳の原因は? 222

STEP UP 気管虚脱のグレード 223

STEP UP 胸部X線検査の評価は「ブレる」 224

STEP UP 一度ケンネルコフになったら，いつまで感染源になるの? 227

咳はどう治療する? 228

最後に 231

15章 脊髄障害・四肢の麻痺

肢を引きずるのは捻挫? いいえ，神経の異常を疑いましょう! ……232

正常な四肢のコントロール ……232

脊髄障害：どこなのか・なぜなのか ……235

STEP UP ●●麻痺ってどういう麻痺? ……237

椎間板ヘルニア ……239

STEP UP 怖いぞ，脊髄軟化症 ……242

最後に ……243

16章 斜頸・前庭障害

急に倒れて足をばたつかせてる……えっ，発作じゃないの? ……244

身体のバランスを取るのは前庭器官 ……244

STEP UP 脳神経12対 ……248

前庭障害ではどんな症状が出るのか? ……249

STEP UP 中枢性・末梢性前庭障害はどう見分けるの? ……253

STEP UP 逆説的前庭症候群 ……254

何が前庭障害を起こすのか? ……255

最後に ……258

索引 ……260

著者略歴 ……269

1章 肝性脳症

「発作で肝臓に問題があったら肝性脳症」……ではない！

　初めての発作を主訴にやってきた犬を担当することになった矢場井先生．幸い発作は止まっていましたが，血液検査では肝酵素値だけが中等度に上昇していました．「これは，肝臓に問題がある，そして発作があった……つまり肝性脳症ですね！　ラクツロースを出しましょう！」と意気込む矢場井先生ですが，この症例ではおそらく必要ありません．そもそも肝性脳症とはなんなのか，どうして矢場井先生の解釈は違うのか説明していきましょう．

肝性脳症とは？

肝性脳症とはどんなもの？

　肝性脳症とは肝疾患の合併症の一つで，原因となる物質が血中に溜まり，それが脳に悪影響をおよぼすというものです．特徴としては，

- **肝機能が70％以上失われる**と発生する[1]
- 幅広い**神経症状**を引き起こす

ことで，猫よりも犬で多くみられます．

　正常な肝機能（肝臓の仕事）は必要なものを合成・貯蔵して，不要なものは解毒・分解・排泄するという幅広いものです（次章で詳しく解説します）．肝機能が失われ，肝臓ができる仕事が減ってくると，肝臓で分解されていたアンモニアが処理しきれず，溜まってきてしまいます．そのため，肝性脳症では血中アンモニア濃度の上昇が起きることも覚えておきましょう．

肝性脳症の症状については後ほど詳しく説明しますが，ぱっと見は正常そうな様子からぐるぐる回ったり（旋回），壁に頭を押しつけたりするなどの異常行動，昏睡や発作まで幅広いのも特徴です．

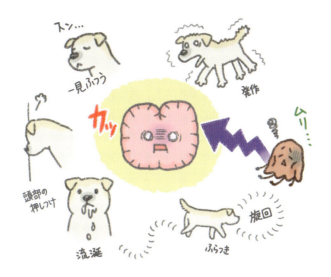

どんな肝疾患でも肝性脳症になる，わけではない

　先ほど，肝性脳症が起きるのは肝機能が70％以上失われてからだと述べました．これが，「全身を回る血液中に肝性脳症の原因物質が溜まってくる」ラインだと言っても良いでしょう．肝疾患の合併症とは言ってもどんな肝疾患でも起きるわけではないので，肝機能についての正しい理解が大切です．詳しくは第2章「肝酵素値と肝機能」でも説明していますが，肝臓にダメージや負担が加わっている状況（肝障害）と，肝臓が仕事できなくなってしまっている状況（肝機能低下）を区別して考えましょう．例えば，肝細胞の70％に負担が加わったという状況は，肝臓ができる仕事量が70％減ってしまったという状況とは違います．

　つまり，肝酵素値上昇だけという状況では肝性脳症が起きているとは考えにくく，肝性脳症は相当に肝機能が低下した状況になってから起きてくるのです．また，この章の最後の方で説明しますが，肝性脳症の起きやすい条件のようなものもあって，その条件がいくつも揃えば特に発生しやすく，治りにくくなります．

肝細胞の70％に負担がかかっても，その分の機能を全部失うわけではない

70％の機能が失われた

30％の仕事量しかできない

肝性脳症の原因は大きく四つある

　肝性脳症がなぜ起きるのか順を追って説明していきましょう．まずは，神経症状を起こす原因物質の代表として，アンモニアを覚えてください．

　肝性脳症は，
- 全身を回る血液中に**アンモニア**が異常に蓄積する
- 脳の神経細胞にアンモニアが到達し悪影響をおよぼす

の両方によって引き起こされているとも言えます．肝性脳症と診断するために必要なのは，**肝疾患からの高アンモニア血症と肝性脳症に一致する神経症状**の両方があることです．厳密には低血糖などほかにも神経症状を起こす原因は多くあるのでそれらの除外が必要ですし，測定方法やタイミングによっては肝性脳症でもアンモニアが高くない可能性もあるので注意が必要です．

　さて，なぜ肝性脳症になってしまうのか，そもそもアンモニアの出どころとはどこなのか，健康な個体と比べながら考えてみましょう 図1-1 ．

　アンモニアは，大腸の腸内細菌が作ります．食事中のタンパク質のうち消化・吸収された残りが大腸に到達すると，それを大腸に常在している腸内細菌が分解します．このとき，身体にとっては有害なアンモニアが作られます．アンモニアは大腸から吸収されて血液に乗り，門脈を通っ

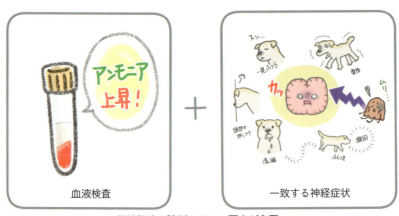

肝性脳症の診断にはこの両方が必要

て肝臓へやってきます．すると，肝臓が尿素回路（別名：オルニチン回路）によって有害なアンモニアを無害な尿素へと処理してくれます．こうして，言わばキレイになった血液が肝臓から出ていき，再び脳を含む全身へと回っていくわけです 図1-1a ．

　では，どんな原因でこのプロセスに問題が生じるのかというと，①アンモニアが肝臓をバイパス（迂回）して処理されないまま全身に回っている（門脈体循環シャント），②肝機能低下のため，肝臓で十分に処理できず通り抜けるアンモニアが溜まってきた（肝臓のキャパシティ減少），③肝臓の尿素回路でピンポイントに不具合がある，④脳での最後のバリアが弱まっている（血液脳関門の不具合）という四つが挙げられます 図1-1b ．続いて，これら四つを順に説明していきましょう．

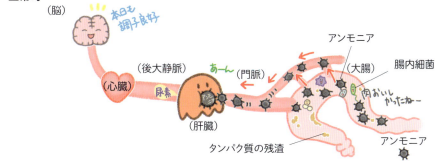

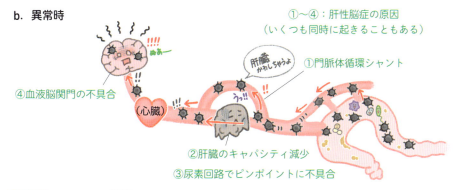

図1-1 アンモニア代謝
a. 腸内細菌の中でもウレアーゼ産生菌がアンモニアを合成する．また，正常時アンモニアはほぼ全身循環には回らない．
b. 肝性脳症の四大原因．結果としてアンモニアが肝臓での処理をすり抜け，脳に悪影響をおよぼして肝性脳症が発生する．

①アンモニアが肝臓をバイパスして処理されないまま全身に回っている（門脈体循環シャント）

　門脈体循環シャント（Portosystemic Shunt: PSS）は非常に有名な疾患ですが，実際どこがどうシャント（短絡）しているのでしょうか？ 図1-2 で，正常，先天性PSS，後天性PSSの典型例を見てみましょう．

　まず正常の場合 図1-2a を見てもらうと，門脈は消化管や脾臓などの腹腔内臓器からの血液を肝臓へ渡す役割をしています．正常な門脈は肝臓内で細かく枝分かれし，行き渡って終わります．これがPSS 図1-2b, c になると，門脈を通ってきた血液が本来通るべき肝臓をバイパス（迂回）して，全身に回る静脈系の血液に直接流れ込みます．肝臓は様々な物質を代謝し，毒素であれば分解（解毒）するのも仕事の一つなので，バイパスされてしまうと仕事ができません．PSSにより肝臓をバイパスした血液は毒素を含んだまま全身に回るので，これらの毒素が脳に悪影響をおよぼします．

　PSSには先天性のものと後天性のものがあります．先天性PSS 図1-2b はその名のとおり，生まれた直後にすでに存在していたPSSです．そのため，診断される年齢が若いケースが多く，解毒のみならず栄養分の代謝もうまくいかないため発育不良なども特徴になることがあります．先天性PSSの場合は，本来肝臓内で枝分かれするはずの門脈が，ズドンと別の血管に入るのが特徴なのでシャント血管は基本的に1本です．

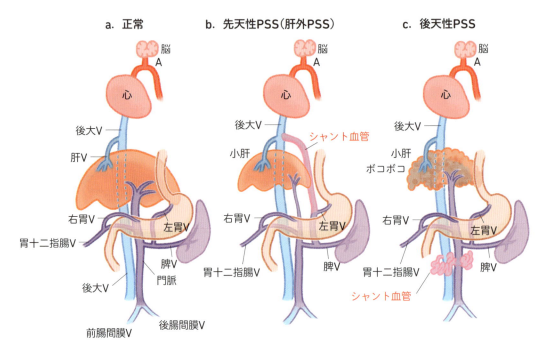

図1-2 正常，先天性PSS，後天性PSSの模式図（A：動脈，V：静脈）

a. 正常では，主に消化管からの血液が集まったら（前腸間膜静脈，後腸間膜静脈が合流したら）門脈本幹とみなして良い．門脈系の大きな分岐は左側の脾静脈（＋左胃静脈：正常では細くほとんど見えない），右側の胃十二指腸静脈（＋右胃静脈：正常では細くほとんど見えない）がある．門脈本幹は太さを保ったまま肝臓に到達し，肝臓内で細かく分岐して終わる．

b. 先天性PSS：肝外PSSと肝内PSSがあるが，肝内は珍しいため肝外PSSを示す．シャント血管は左胃静脈〜横隔静脈を経由し後大静脈に合流するパターンが犬で最も多い．肝臓は小さく，シャント血管は太い．血流がシャント血管に取られて門脈本幹はシャント血管より肝臓側で急に細くなる．

c. 後天性PSS：肝線維症，肝硬変に続発した門脈高血圧によってPSSができる．高まった門脈圧を逃がすために試行錯誤した結果，複数の蛇行したシャント血管が存在するが，多くは前後位置が腎臓レベルにある．肝臓は小さいことが多いが，門脈本幹は細くない．

　後天性PSS 図1-2c は肝臓に何か疾病があって（慢性肝炎など），それによるダメージとできた傷の修復を繰り返し行い，経過が長引いた結果，肝臓が傷跡だらけで（線維化して）硬くなってしまうことに由来します（肝硬変）．もともとは肝臓を通っていた門脈の血流も，肝臓が硬くなってしまったせいで抵抗が高まり，別のルート（シャント血管）を無理やり開いてなんとかします．これが，後天性PSSのでき方です．こうして無理やり開いたルートは，身体がどのルートで血液を逃がせるか試行錯誤した結果のようなものなので，シャント血管が複数存在する（多発性）のが特徴です．

②肝臓で十分に処理できず通り抜けるアンモニアが溜まってきた（肝臓のキャパシティ減少）

　PSSの有無とは別に，肝機能自体が低下してくると解毒が間に合わなくなり，解毒されなかった毒素が全身を回る血液中に溜まってきます．この毒素代表として最も知っておくべき物質はアンモニアですが，実はほかにも多くの物質が原因と考えられています．ほかの物質は後ほどSTEP UPで紹介しています．

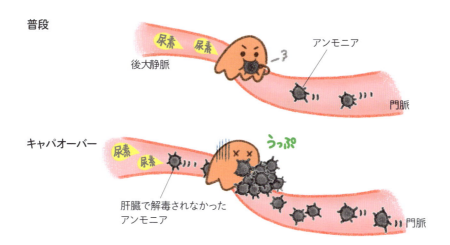

③肝臓の尿素回路でピンポイントに不具合がある

　尿素回路（別名：オルニチン回路）は有害なアンモニアを無害な尿素に解毒してくれる仕組みです．たとえPSSがなく，ほかの肝機能もしっかり残っていても，この尿素回路がうまく回らなければアンモニアが溜まってきます．図1-3 を見てください．アンモニアがスタートで尿素がゴールとイメージすると，その周りで複数の物質と酵素がループ状（回路）の関係になっていることがわかります．

　この尿素回路にピンポイントで不具合があるケースには，生まれつき問題がある先天性のものと，後々問題が出てくる後天性のものがあります．先天性のものはアイリッシュ・ウルフハウンドなどで見つかっている遺伝的な異常で，尿素回路に必要な酵素の一部が欠損していて，うまく尿素回路が回らなくなるというものです．一方で後天性のものは猫の肝リピドーシスなどに伴って発生することがあります．猫の肝リピドーシスは食欲不振で必要な栄養素を摂取できなかった結果として発症しますが，この食欲不振のせいで，そもそも猫にとっての必須アミノ酸（体内での合成では不十分で，食物から取り続ける必要があるアミノ酸）であるアルギニンが不足します．図1-3 にあるとおり，アルギニンは尿素回路に必要不可欠なので，アルギニン不足になると尿素回路も不具合を起こし止まってしまうのです．

④脳での最後のバリアが弱まっている（血液脳関門の不具合）

　脳にはもともと，血中を循環する物質（特に毒素）の影響を受けづらくするための防御用バリアである**血液脳関門（Blood Brain Barrier: BBB）**が備わっています．図1-4 のとおり血管壁の構造が特殊にカッチリしていて，脳にとって必要なもの以外は脳へ侵入できないようになっています．ヒトや実験動物での情報ですが，肝不全状態になると血管周囲が浮腫を起こしたり，血管内皮細胞がゆるんでしまったり，血管周囲を囲む構造も膨れ上がるなど，BBBの構造が崩れ，バリア機能が失われてしまうことがわかっています．これにより，最後の砦とも言うべき脳のBBBが破られて，アンモニアなどの毒素の悪影響が脳に及ぶと考えられています．

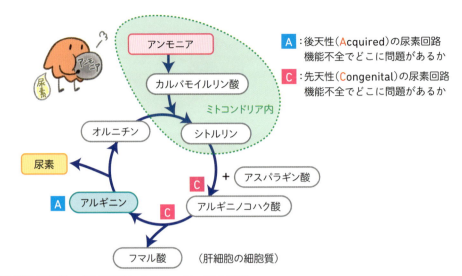

図1-3 肝細胞の尿素回路によるアンモニアの解毒

複数の酵素が関係してこの回路を正常に回すことができる．先天性または後天性に，回路に必要な物質や酵素が不足・欠損するとうまく回路が回らなくなってしまう．

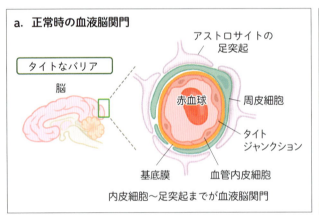

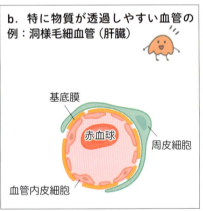

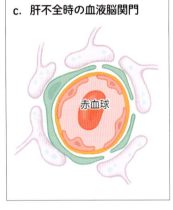

図1-4 血管周囲の構造の比較（正常時の血液脳関門〈BBB〉，肝臓の洞様毛細血管，肝不全時のBBB）

a. 脳の血管内皮細胞は強固なタイトジャンクションにより物質の透過を防ぐ．血管内皮細胞の足場である基底膜も穴はなく，周囲を周皮細胞が取り囲む．さらに外側を星状膠細胞（アストロサイト）の足突起が覆う．血管内皮細胞～足突起までがBBBである．細胞同士が密着し，分厚い壁でしっかり脳実質が守られているのがわかる．

b. 肝臓の毛細血管．洞様毛細血管とも呼ばれ，血管内外での物質移動がしやすいように言わば壁がスカスカ．血管内皮細胞にも基底膜にも穴が空いており，周囲もさほど包まれていない．

c. 肝不全時のBBBは，ゆるんでいる．タイトジャンクションはゆるみ，血管周囲の浮腫，血管内皮細胞や足突起も縮んだり空胞を持ったりと異常がある．aと比べゆるゆるなのがわかる．

まとめ

肝性脳症は，進行した肝疾患の合併症です．肝機能が70%以上失われるなどで発症し，神経に

毒性のある物質が体内に溜まって神経症状がみられるというものです．例えば，てんかん発作の症例で肝酵素値が上昇していてもアンモニアが正常なら，肝性脳症以外の発作の原因を先に考えましょう．また，肝性脳症の原因はPSSが主ですが，ほかの原因を考えるのもお忘れなく．

▶▶▶▶▶ STEP UP

アンモニア以外で肝性脳症の原因と考えられている物質

アンモニア以外にも，肝性脳症の原因と考えられている物質は色々あるので，少しここで紹介しておきましょう 表1-1．それぞれのメカニズムすべては紹介しきれませんが，例えば，胆汁酸は肝性脳症の毒素がBBBを通過しやすくさせて④の状況を起こしやすくします．また，内因性ベンゾジアゼピン類は神経を抑制したり，短鎖遊離脂肪酸は細胞の活動に必要な酸素を使いづらくしたりと，それぞれが悪影響をおよぼしてくるのです．

表1-1 肝性脳症の原因とされる物質[2]

物質	
アンモニア	グルタミン
芳香族アミノ酸	チロシン→オクトパミン
胆汁酸	フェニルアラニン→フェニルチラミン
α-ケトグルタル酸（減少）	メチオニン→メルカプタン
内因性ベンゾジアゼピン類	フェノール類（フェニルアラニン，チロシン由来）
偽性神経伝達物質	短鎖遊離脂肪酸
GABA	トリプトファン

肝性脳症でどんな症状が出るのか？

今度は生後5カ月齢の子犬が食後にふらつき，よだれが出るという主訴でやってきました．大人しい性格で，小さい身体でもしっかり食べている様子です．「これはきっと胃もたれでしょう，胃の動きを良くする薬を処方して様子見で良いのでは？」と矢場井先生．果たして本当に「ただ

の胃もたれ」でしょうか？　矢場井先生にはもう少し飼い主さんに詳しく話を聞いてもらって，ここでは要注意症例であると疑いつつ，説明を進めましょう．

肝性脳症の臨床徴候

　はじめに，肝性脳症でみられる神経症状はかなり幅広い，と述べました．発作のように誰でもすぐ気づくような明らかな症状もあれば，かなりわかりにくい微妙なものもあります．そのため，肝性脳症で認められることのある症状は挙げることができても，逆に「この症状が出ていなければ肝性脳症ではない」とはっきり言えるほどのものがないのが特徴です．

　わかりやすい神経症状には，犬ではふらつき・反応の低下・徘徊・旋回・頭部の押しつけ・盲目・発作・突然の咆哮・昏睡などがあります．このほか，猫では流涎が多いです（約75％の症例）．神経症状の基本は大人しくなる（活動性が低下する）など「神経抑制」的なものですが，興奮や攻撃性，発作が出るなど「神経活性化」的な症状もあります．

　肝性脳症の臨床徴候は急性・慢性にも分けられますが，PSSなどの症例で最も多く遭遇するのは慢性でしょう．急性もあるんだな，と知っておくだけでも十分です 表1-2 ．

　慢性肝性脳症の臨床徴候には， 表1-2 に示したもののほかにも元気消失，食欲不振などわかりづらい症状もあります．また，肝性脳症における発作の頻度は22％程度（5頭に1頭程度）と案外多くありません[3]．

表1-2 肝性脳症の臨床徴候まとめ[4]

慢性：より多く遭遇，PSSなどのとき	急性：劇症型の肝不全のとき
・沈うつ　・流涎 ・ふらつき　・反応の低下 ・徘徊　・旋回 ・頭部の押しつけ　・盲目 ・発作　・突然の咆哮 ・昏睡	・沈うつ　・意識レベル低下 ・大脳浮腫　・頭蓋内圧亢進 ・脳ヘルニア　・死亡

慢性肝性脳症の症状

流涎
なんか大人しい
反応の低下，盲目

頭部の
押しつけ

発作

徘徊，ふらつき

突然の咆哮

昏睡
つねっても起きない

急性肝性脳症の症状

沈うつ
意識レベル低下

大脳浮腫
頭蓋内圧亢進

脳ヘルニア
延髄を圧迫し死亡

　一方，急性肝性脳症の症例は数日以内に死亡してしまいます．こうしたケースの多くは急性・劇症型の肝不全に伴うものとされます．毒キノコによる中毒（アマニタトキシンという中毒物質でひどい肝障害が起きる）や感染性の重度の肝炎などで，肝臓のほとんどが一気に壊死してしまう場合には，あり得るでしょう．

　これだけ幅広いと，肝性脳症ではない疾患でも認められる症状も多いため，早とちりにも見逃しにも注意が必要です．

症状の出やすいタイミング

　13ページの **図1-1** を見てもらうとイメージしやすいと思いますが，肝性脳症の中心となるアンモニアは食物中のタンパク質が由来です．そのため肝性脳症かもしれない症例では特に，臨床徴候の発現や悪化のタイミングが食事と関連しているかどうか飼い主さんに確認するのが大切です．実際に食事と関連したタイミング（食後1〜2時間）で症状の発現や悪化があるのは肝性脳症のうち30〜50％程度と，多く見積もっても半々といわれています[5]が，もしあれば大きなヒン

トになるでしょう．冒頭で矢場井先生に飼い主さんからもっとしっかり話を聞いてきてください
と言ったのにはこうした理由があります．

まとめ

　肝性脳症での神経症状は，ただ大人しいだけのように見えるもの，旋回や頭部の押しつけなどの異常行動，発作や死亡までかなり幅広いものがあります．やけに大人しい子犬や，食後に妙な様子がみられる場合は特に注意が必要でしょう．飼い主さんから問診をしっかり行って，きちんと疑い鑑別診断を進める助けにしましょう．

肝性脳症はどう治療する？

要は，アンモニア対策！

　肝性脳症の治療は，その原因物質代表であるアンモニアが脳へ悪影響をおよぼすのをいかに抑えられるかがポイントです．まず13ページにある 図1-1 のとおり，食物中のタンパク質の消化・吸収された残りを，大腸にいる腸内細菌が分解するときにアンモニアが作られ，それが吸収されて肝臓でうまく解毒されないと全身へ回ります．そこで，次の四つで対策を打ちます．

①アンモニアの材料を減らす：タンパク質制限食，種類にもこだわる

　アンモニアの材料になる食物中のタンパク質を減らして，そもそもアンモニアができる量を減らすのが狙いです．身体が最低限必要なタンパク質はありますが，過剰なタンパク質は害になるため，タンパク質を制限した療法食が使われます．また，タンパク質の種類にもこだわる価値があります．肝性脳症を改善するには，大豆（植物）・卵・乳製品に由来するタンパク質の方が動物肉に由来するタンパク質よりも優れているとされています．

②アンモニアを作らせない：腸内細菌対策

　抗菌薬を使ってアンモニアを作る腸内細菌の数を減らすなどして，同じだけの材料があってもアンモニアができる量を減らすのが狙いです．かなり昔から広く用いられる方法ではありますが，近年では本当に適切なのか疑問視する声もあります．抗菌薬による副作用（下痢や過敏症，種類により腎障害や聴覚障害など）の問題のほか，実際に肝性脳症の症状を改善する効果を調べると，実はそこまで大きくないという研究結果もあるためです．

③アンモニアを吸収させない，捨てる：ラクツロース

　ラクツロースは哺乳類の消化管では消化されない特殊な糖類で，大腸に到達すると腸内細菌によって分解されて腸内環境を酸性に傾けます．この効果で血中からアンモニアが引っ張られて大腸内腔から戻れなくなります（大腸内腔にアンモニアがトラップされる，とよく表現されます）．トラップされたアンモニアはそのまま便として排泄されます．通常は口から投与しますが，緊急時には浣腸として使っても有効です．

④アンモニアが溜まりやすい状況を変える：詳しくはSTEP UPで

　例えば，先天性PSSがあるならできる限り外科手術を受けてもらいましょう．ほかにも避けたい状況には，アンモニアが腸で作られる量が増えること，腸以外でもアンモニアが作られること，そして脳がアンモニアを取り込みやすくなってしまうことが挙げられます．こうした状況があると，より症状が重く治りにくくなります．

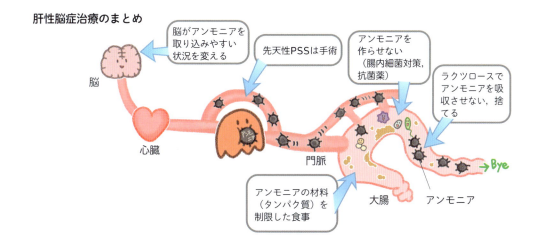

肝性脳症治療のまとめ

▶▶▶▶▶ **STEP UP**

アンモニアが溜まりやすい状況って？ 根拠を意識して，理解を深めよう

さて，上記④のアンモニアが溜まりやすい状況についてもう少し説明しましょう．これも基本は肝性脳症の流れ（腸でできたアンモニアが多く脳へ届き神経症状を出す）を意識するとわかりやすいかもしれません．

1. 腸でのアンモニア産生がもっと増える

腸内細菌がタンパク質を分解してアンモニアを作るので，高タンパク食（そもそも多い），タンパク質の消化不良（細菌にとっては材料が増える），便秘（腸内にある限りアンモニアを合成し続ける），消化管出血や血液摂取（血液もタンパク質．口腔内出血や鼻出血を飲み込むなどで摂取される），高窒素血症が腸でのアンモニア合成の増加を引き起こします．

2. 腸以外でもアンモニアが増える

輸血（赤血球を含む血液製剤，特に古いもの），タンパク質不足やエネルギー不足による身体のタンパク質の分解亢進，粗悪な品質のタンパク質食が腸以外でのアンモニア増加を引き起こします．

3. 脳にアンモニアが侵入しやすくなる

代謝性アルカローシス（化学的に，アンモニアが神経の細胞膜を通り抜けて侵入しやすい状態が作られる），低カリウム血症（二次的に代謝性アルカローシスと似た変化を起こし，アンモニアが侵入しやすい状態が作られる），低血糖（肝性脳症の毒素の産生を増やす，毒素の活性を強める），炎症・感染（炎症性サイトカインがアンモニアと相乗的に脳に悪影響をおよぼす，身体のタンパク質の分解亢進），鎮静薬・麻酔薬（様々な神経伝達物質と相互作用，ぼーっとする神経抑制的な効果を高める）によって脳にアンモニアが侵入しやすくなり，より悪影響をおよぼします．

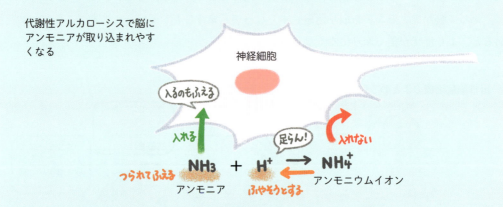

まとめ

　肝性脳症の治療はアンモニア対策と覚えましょう．後は正常時のアンモニア代謝を思い出せば，どんな対策が打てるのかをきちんと理解して治療に当たれるはずです．その方が，治療法の丸覚えよりも自分の方針についてはっきりとした根拠を持つことができ，結果的により自信を持って飼い主さんにも説明できると著者は思っています．

最後に

　肝性脳症はPSSや進行した肝疾患の合併症で，幅広い神経症状を起こします．まずは肝機能の一つである正常時のアンモニアの代謝について理解し，そこから発展させて，どうなると正常なアンモニア代謝が崩れるのか，また治療はどうすれば良いのかと考えていくとスムーズに理解が進むのではないでしょうか．どんな病態かをきちんと知っておいて，疑うべき症例を少しでも見逃さず，適切な診断・治療へとつなげていってください．

参考文献

1. Perry J.B. (2011): Chapter 7 Liver. In: Latimer K. S. Eds., Duncan and Prasse's Veterinary Laboratory Medicine: Clinical Pathology, 5th ed., 211-230, Wiley-Blackwell
2. Allyson C.B., Karen M.T. (2018): Chapter 96 Hepatic Vascular Anomalies. In: Spencer A. Johnston S.A., Tobias K.M. Eds.,Veterinary Surgery: Small Animal, 2nd ed., 1852-1886, Elsevier
3. Lidbury J.A., Ivanek R., Suchodolski J.S., et al. (2015): Putative precipitating factors for hepatic encephalopathy in dogs: 118 cases (1991-2014). J Am Vet Med Assoc, 247(2):176-183
4. Nick B. (2013): Chapter 144 Ascites and Hepatic Encephalopathy Therapy for Liver Disease. In: Bonagura J. D., Twedt D. C. Eds., Kirk's Current Veterinary Therapy XV, Saunders
5. Weisse C., Berent A. C. (2016): Chapter 284 Hepatic Vascular Anomalies. In: Ettinger S. J., Feldman E. C., Cote E. Eds., Textbook of Veterinary Internal Medicine 8th ed., 1639-1657, Elsevier

2章 肝酵素値と肝機能

「肝酵素値上昇＝肝機能不全」…ではない理由

　犬の健康診断を頼まれた新人の矢場井先生．帰ってきた結果を見て「先輩！　この前健康診断に出した子の結果が帰ってきました．ALPが基準値より高いです．肝機能が落ちていると思うので，肝臓病用の療法食を出しましょう！」

　いや待って，矢場井先生．それって間違いです．肝酵素値上昇は肝機能が落ちているのと同じ意味ではありません．それぞれ病態（疾患で何が起きているのか）が異なります．どうやら肝酵素値の意味するところと，肝機能の具体的なイメージがまだ持ててないようですね．では，どうしてこの解釈が間違いなのか説明していきましょう．

肝酵素値の上昇とは？

「肝酵素」にはどんなものがある？

　そういえば**肝酵素**って何？　と思う方もいるかもしれません．ひとことで言うと，「酵素の中でもその持ち主代表が肝臓であるもの」です．そもそも酵素とは，身体の中に存在する様々な化学反応をスピードアップさせる物質です．酵素は主にタンパク質でできていて，様々な細胞の中（細胞内）で作られます．

　さて，犬猫の臨床現場で「肝酵素」とまとめて呼ばれるものには，**ALT**（アラニンアミノトランスフェラーゼ，別名**GPT**），**AST**（アスパラギン酸アミノトランスフェラーゼ，別名**GOT**），**ALP**（アルカリホスファターゼ），**GGT**（γ〈ガンマ〉グルタミルトランスフェラーゼ）があります．こ

れらの酵素はある程度肝臓に特異的に存在しています．言い換えると，これらの酵素の持ち主代表が，肝臓なわけです．これらにほかの血液検査項目（アンモニアなど）も加えて，肝パネルや肝数値などと呼ばれることも多いですね．

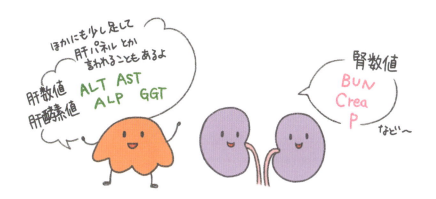

肝酵素値＝測定しているのは「ダメージで漏れ出す逸脱酵素」！

　先ほど出てきた「肝酵素」とは，肝臓にある程度特異的に存在する酵素のことで，酵素が存在する場所は細胞内でしたね．肝酵素は細胞が壊れないと血中に出てきません[※1]．つまり，細胞にダメージが加わって，細胞が壊れて漏れ出してきた（逸脱した）酵素が，後述する我々が，日常行う肝酵素の検査，すなわち血液検査で測られるのです．このように細胞が壊れて逸脱した酵素のことを，「**逸脱酵素**」と呼びます．

　血液検査で肝酵素値を測定することで，肝臓からの逸脱酵素が増えていないかの確認，要は肝臓にダメージや負担が加わっていないかを調べることができます．また，肝酵素値は一般にダメージや負担が大きいほど，高い数値が出ます．

　ここで気をつけてほしいのは，ある程度ダメージや負担が加わっても肝臓はいつもどおり仕事ができる，ということです．言うなれば肝臓は，少々のケガならいつもどおり仕事をこなすタイプです．ダメージがあまりにもひどいと仕事ができなくなりますが，詳しくは後述の肝機能についての解説（32ページ）を読んでくださいね．

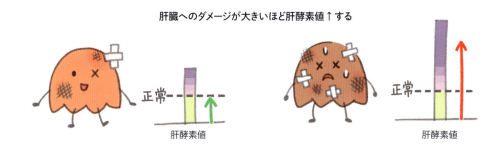

肝臓へのダメージが大きいほど肝酵素値↑する

※1　気になる人向けにちょっと詳しい話をしますと，肝酵素の中でもALT，ASTが今説明した典型的な逸脱酵素で，ALP，GGTは「**誘導酵素**」と呼ばれます．簡単に言うと，もともと細胞内に一定量あるのが細胞に加わった負担に応じて漏れてくるのが逸脱酵素で，加わった負担に対応してもとの量より細胞内で増えるのが誘導酵素です．

どの肝酵素が上昇しているか？＝どこにダメージ，負担が加わっているか？

　ここまではざっくりALT，AST，ALP，GGTの持ち主代表は肝臓と言っていましたが，もう少し具体的にそれぞれどの細胞内にあるのか見てみましょう 図2-1 ．これが，肝臓の中でもどこにダメージ，負担が加わっているかを判断するのに役立ちます．

　このように，肝酵素の種類によってどこから出てくるのか（由来細胞）が違うことがわかりますね．ここで，さらにしっかりイメージを掴むため，ALT・ASTの組とALP・GGTの組を意識しながら，図2-2 の肝細胞と胆道上皮細胞を見てください．肝酵素の中でもALT・ASTは肝細胞内にあり，胆道上皮細胞内にはありません．また，ALP・GGTはいずれも胆汁に接する部分にだけあります（よくよく見てもらうと，肝細胞では胆汁が通る隙間部分に接している膜のところだけ，胆道上皮細胞でも胆汁に接するブラシ状になっている端の部分〈刷子縁〉だけにあるのがわかります）．

　例えば，肝炎などで肝細胞自体（肝臓実質，いわゆる「身」の部分）にダメージが加わった場合にはALT・ASTがALP・GGTよりも目立って上昇し，胆汁うっ滞など胆道系に負担が加わった場合にはALP・GGTがALT・ASTよりも目立って上昇します．肝酵素値上昇を見つけたら，そこから肝臓実質か胆道系のどちらが中心になっていそうかを考えましょう．

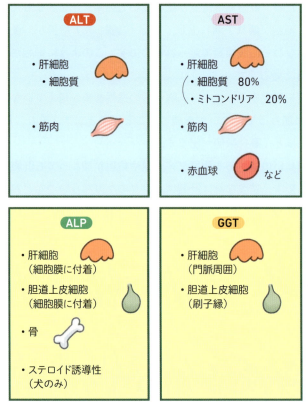

図2-1　いわゆる肝酵素の由来細胞
大きくALT・ASTの組とALP・GGTの組で考えるとわかりやすい．ALT・ASTは肝細胞，ALP・GGTは胆汁に接する胆道系である．ALT・ASTは肝細胞自体にダメージが加わった場合に上昇しやすいのに対し，ALP・GGTは胆道系への負担で上昇しやすい．なお，肝細胞のミトコンドリアからASTが逸脱するには，ALTの逸脱よりも重度のダメージが肝細胞に加わる必要がある．

ここで一つ注意してもらいたいことがあります．図2-1 にあるとおり，肝臓ではなく筋肉の損傷や溶血（赤血球の破壊）でもASTは上昇しますし，ステロイド剤などを飲んでいる犬ではALPが上昇してきます．これらは必ずしも肝臓の病気ではないので，「肝酵素値が高いから肝臓の病気だ」と判断してはいけません．血液検査の結果は「肝酵素値上昇」でも，実は肝臓以外の理由かもしれないことに注意が必要です．

　もう一つ，犬と猫の違いについて少しだけ説明しておきますと，犬の胆汁うっ滞・胆道閉塞系疾患ではGGTよりALPの方が顕著に上昇します．一方で猫では，犬と違ってALPよりGGTの方が顕著に上昇することが知られています．ただし例外は猫の肝リピドーシスで，GGTよりALPの方が顕著に上昇します．ややこしいですよね．ちなみに，猫では肝臓由来のALPは犬ほど顕著には上昇しません[1]．これは，猫のALP活性が犬ほど高くなく，ALPの半減期も犬より猫の方がかなり短いためと考えられています．

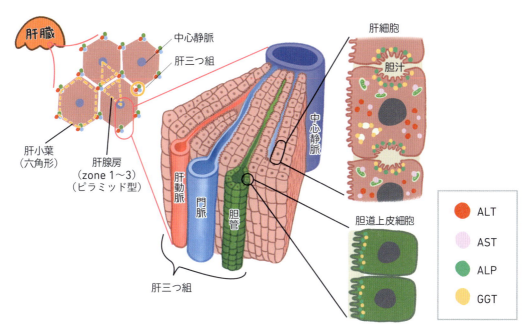

図2-2 肝臓組織の模式図と，ALT，AST，ALP，GGTの分布

肝臓内はほとんど肝細胞が占めていて，正常ではきれいなブロック状に規則正しく並んでいる．この規則的な肝細胞の並びは，より大きな視点で見ると中心静脈を真ん中に，肝三つ組（肝動脈・門脈・胆管それぞれが枝分かれした細い管3本セット）が六角形に並ぶ．この六角形を肝小葉と呼ぶ．

肝細胞と胆道上皮細胞をそれぞれ見ると，ALT・ASTは肝細胞にだけ，ALP・GGTは胆汁に接する部分（胆道上皮細胞の刷子縁と，肝細胞では胆汁の通路周囲の膜）にだけある[2]．ALTは肝細胞の細胞質，ASTの一部は肝細胞のミトコンドリアの中にもある．

▶▶▶▶▶ STEP UP

その肝酵素値，どれくらい高い？

さて，次の血液検査結果 表2-1 を見てください．

いずれも基準値より上昇していますね．では，それぞれどれくらい高いと表現するのが適切でしょうか？「うっすら高い」「まあまあ高い」「これは高い」「びっくりするくらい高い」…？

表2-1 上昇した肝酵素値の例と基準値

項目	結果	基準値
ALT(U/L)	310	17〜78
AST(U/L)	455	17〜44
ALP(U/L)	980	0〜89
GGT(U/L)	112	5〜14

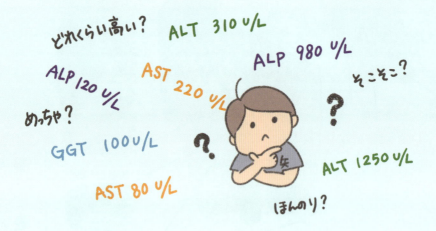

ではなく，実はこれにも統一された分類 Box2-1 があります．統一された基準に基づいて評価することで，「まあまあ高い」のような不明確な言い方ではなく，きちんと分類することができます．統一された基準での評価は，肝酵素値の経過観察をしているときや，症例検討などで血液検査結果を口頭で伝える際にも，相手に正しく伝わりやすくなるので役立ちます．

Box2-1 肝酵素値上昇の程度の表し方

- 基準値の5倍まで：軽度
- 基準値の5〜10倍：中等度
- 基準値の>10倍：顕著または重度

肝酵素値上昇の例を考えてみよう！

さて，以下に三つの臨床的に遭遇しやすそうな例を挙げてみました．先ほどの 図2-1，図2-2 を見ながら，どういう状態が起きているのかを考えつつ読み進めてみてください．

（例1）犬，6歳，避妊雌，ラブラドール・レトリーバー

- 主訴：左後肢跛行のほかは無症状．整形外科的疾患の麻酔前検査のために血液検査を実施した．
- 検査結果： 表2-2

表2-2 検査結果

項目	結果	基準値
ALT（U/L）	560	17～78
AST（U/L）	115	17～44
ALP（U/L）	120	0～89
GGT（U/L）	7	5～14
T-bil（mg/dL）	0.2	0.1～0.5
Glc（mg/dL）	108	75～128
Alb（g/dL）	3.5	2.6～4.0
BUN（mg/dL）	25	9.2～29.2
Cre（mg/dL）	1.5	0.4～1.4
T-cho（mg/dL）	200	115～337
CRP（mg/dL）	0.6	0～0.7
他の血液化学検査項目，全血球計算（CBC）	著変なし	
追加検査：腹部超音波検査	著変なし	

- **最終診断：慢性肝炎による肝障害（肝細胞主体の肝酵素値上昇）**
- 解説：この例1では，肝障害はあるのに臨床徴候はみられず，現在のところ肝機能の低下も認められていません（なぜそう言えるのか，は肝機能の項目〈32ページ〉を読んでもらえるとわかります）．ALT・ASTの組が上昇（ALTは中等度上昇，ASTは軽度上昇）していて，ALP・GGTの組はほぼ基準値範囲内

（ALPのみ軽度上昇）なので，肝細胞自体のダメージがメインだとわかります．

　慢性肝炎は，ラブラドール・レトリーバーなどに多い原発性肝疾患で，ALTの上昇が最も初期から認められる異常所見です[3]．治療しなければ肝臓はダメージを受け続け，最終的に肝機能不全の徴候が認められるようになります．治療が間に合えば，肝機能不全になるのを回避することができます．できるだけ早めの診断，治療が大切です．

（例2）犬，10歳，去勢雄，ミニチュア・シュナウザー
- 主訴：尿の色が急に濃くなった．食欲低下
- 検査結果： 表2-3

表2-3 検査結果

項目	結果	基準値
ALT（U/L）	800	17〜78
AST（U/L）	240	17〜44
ALP（U/L）	3,600	0〜89
GGT（U/L）	200	5〜14
T-bil（mg/dL）	4.5	0.1〜0.5
Glc（mg/dL）	120	75〜128
Alb（g/dL）	3.0	2.6〜4.0
BUN（mg/dL）	22	9.2〜29.2
Cre（mg/dL）	1.2	0.4〜1.4
T-cho（mg/dL）	400	115〜337
CRP（mg/dL）	5.0	0〜0.7
他の血液化学検査項目	著変なし	
CBC	炎症性変化	
追加検査：尿検査 腹部超音波検査	ビリルビン尿 キウイフルーツ様の胆嚢，周囲脂肪のエコー源性上昇，総胆管の拡張（胆道閉塞，胆嚢周囲の炎症を強く疑う）	

- 最終診断：胆嚢粘液嚢腫による胆汁うっ滞と二次性炎症による肝障害（胆道系主体の肝酵素値上昇）

- 解説：例2ではALT・ASTの組よりもALP・GGTの組の方が顕著に上昇していることから，肝臓実質へのダメージも認められますが，胆道系への負担の方がメインであることがわかります．

　胆嚢粘液嚢腫では，ゼリー状となった胆汁が胆道閉塞を起こすほか，胆嚢破裂に至る場合もあります．胆嚢周囲に炎症を起こすことも多いです．こうした症例のビリルビン上昇は，特に数日単位で急に発生したものなら，主に胆道閉塞に由来します．これも，原因をつきとめて適切な治療を早期にすることが大切です．胆嚢破裂後の対処が遅れると亡くなることも珍しくありません．

（例3）犬，9歳，避妊雌，ミニチュア・ダックスフンド
- 主訴：多飲多尿，よくパンティングする，最近腹部が張ってきた．
- 検査結果： 表2-4

表2-4 検査結果

項目	結果	基準値
ALT（U/L）	220	17～78
AST（U/L）	35	17～44
ALP（U/L）	980	0～89
GGT（U/L）	7	5～14
T-bil（mg/dL）	0.2	0.1～0.5
Glc（mg/dL）	100	75～128
Alb（g/dL）	3.5	2.6～4.0
BUN（mg/dL）	30	9.2～29.2
Cre（mg/dL）	1.0	0.4～1.4
T-cho（mg/dL）	330	115～337
他の血液化学検査項目	著変なし	
CBC	白血球のストレスパターン	
追加検査：尿検査	尿比重 1.018, 尿タンパク1+, 他著変なし	
腹部超音波検査	肝臓はやや腫大, 両側性の副腎腫大, 他著変なし	
低用量デキサメサゾン抑制試験	8時間後のコルチゾールが抑制されなかった.	

- **最終診断：クッシング症候群による肝酵素値（ALP）上昇**
- 解説：例3が，肝胆道系疾患だけではない代表です．犬ではステロイド過剰によりALPが誘導されて上昇してきます．GGTは目立った変化はなく，ALPが顕著に上昇するのが特徴です．ALTは軽度に上昇することもあります．クッシング症候群について詳しくは第7章を読んでみてください．

まとめ

　肝酵素と総称されるALT，AST，ALP，GGTは，それぞれ肝臓実質や胆道へのダメージ・負担で上昇してきます．このダメージ・負担が大きければ大きいほど数値が高くなります．ただし，ダメージを受けていること（肝障害）と，仕事ができなくなっている状態（肝機能低下）は区別しましょう．

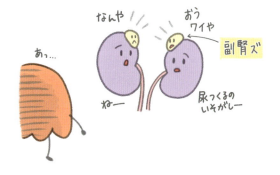

　また，「肝酵素値上昇」を血液検査で見つけたとしても，必ず肝臓に原因があるとは限らないことにも注意が必要です．安易に「肝臓が悪い」でくくってしまわず，症例ごとに何が起きているのかを把握することを心がけましょう．

肝機能不全とは？

肝機能＝肝臓の能力＝肝臓の仕事

　肝機能を言い換えると「肝臓の仕事」になります．そして，**「肝臓の仕事」**をざっくり言うと**「代謝」**です．必要なものは作っておいて（合成，貯蔵），不要なものは壊して捨てます（分解，解毒，排泄）．実は血液学系・免疫学系の仕事もしていて，表2-5 を見てもらえばわかるとおり，実際の肝機能（肝臓の仕事）はかなり幅広いのです．

　さて，肝機能不全について説明する前に，**正常な肝機能**についてもう少しだけ説明しておきましょう．

表2-5 肝臓の仕事[1, 4, 5]

機能	内容
代謝	○血糖値の維持（グリコーゲン貯蔵，グリコーゲン分解，糖新生） ○タンパク質の合成（アルブミン〈Alb〉，凝固因子，抗凝固因子など） ○脂質貯蔵，脂質代謝（コレステロール合成，排泄など） ○脂溶性ビタミン（D, A, K, E）の合成と貯蔵 ○胆汁酸塩の合成，貯蔵と分泌（脂肪の消化を助ける） ・ミネラルの貯蔵（銅，鉄，亜鉛） ・ビタミンB，ビタミンCの合成 ・インスリン様成長因子の産生
解毒，分解	○アンモニアの解毒（尿素回路） ○ビリルビンの抱合と排泄 ○インスリン，グルカゴン，ステロイドホルモンなどの分解 ・薬剤や化学物質の解毒と排泄 ・銅の排泄
血液学系	・髄外造血 ・老朽化した赤血球の破壊 ・鉄分の管理
免疫学系	・抗体の合成 ・補体の代謝 ・細網内皮系としての役割 ・細胞性免疫（クッパー[Kupffer]細胞）

※肝臓には様々な仕事があり，すべて重要ではあるが，この章で扱うものを○で示している．

血糖値の維持

　肝臓は血糖値の維持に大きく関わっています．我々でもそうですが，血糖値は下がってしまうとすぐ命に関わるので厳密にコントロールされています．とはいえ常に高血糖でもいけないので，余っているグルコースは無駄にせず肝臓では置いておきやすい物質（グリコーゲン）に変えられて貯蔵されます．絶食時などでグルコースがいざ必要になったら，肝臓はグリコーゲンを分解してグルコースを取り出します．また，肝臓（と腎臓も少し）は主にアミノ酸や乳酸からグルコースを合成することもできます（糖新生）．ちなみにこの糖新生は，絶食時に肝臓が作ってくれるグルコースの25％に当たるとされています．

タンパク質の合成

　肝臓はとても多くの種類のタンパク質を合成しています．血液の水成分（血漿）のタンパク質で最も多いアルブミンのほか，凝固因子，抗凝固因子，線溶系，免疫系，脂質代謝……と，色々なところで使われるタンパク質が肝臓で合成されます．例えば，代表的なアルブミンは，血漿が血管内に保たれるために必要不可欠だけでなく，薬剤やビリルビンなど水に溶けにくいものと結合するなど役目の多いタンパク質です．

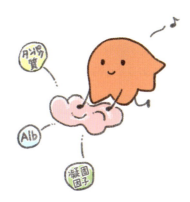

脂質貯蔵，脂質代謝

　食事中の脂肪分は消化・吸収されて血中を回っていきますが，余剰分は脂肪細胞に蓄えられる（ので太る）ということはご存知の方が多いのではないかと思います．もともと脂肪分（脂質つまり油）は血液（水）とはうまく混ざりません．そのため，血液に乗せて体内を運ばせるには特殊な運び手が必要です．この運び手には肝臓で合成される特殊なタンパク質（アポタンパク質）が

目印のようについていて，それぞれ目的の脂質と結合して血中から回収したり，筋肉など使われる組織で配ってきたりしています．この一環で，コレステロールも肝臓によって作られています．

脂溶性ビタミンの合成と貯蔵

脂溶性ビタミンには4種類あり，ちなみに筆者はこれを「四つだけ（DAKE）」と覚えましたが，ビタミンのうち身体に貯蔵できるのは脂溶性ビタミンだけです．一方で水溶性ビタミンは，取りすぎた水が尿として捨てられるのと同じで身体に貯蔵できません．

胆汁酸塩の合成，貯蔵と分泌

胆汁の主成分になっているのが胆汁酸塩と呼ばれる物質です．胆汁酸塩は水にも油にも溶けやすいため，水と油を混ぜる機能があります．マヨネーズの中の卵と同じ役割ですね．この胆汁酸塩によって脂肪がきちんと消化できるようになります．肝臓は，常にじわじわと胆汁酸塩を合成し，胆汁へ分泌しています．

アンモニアの解毒（尿素回路）

　食事中のタンパク質のうち消化吸収された残りが大腸に到達すると，そこにいる常在細菌によって分解されます．このときアンモニアができます．できたアンモニアは大腸から吸収されて血液に乗り，門脈を通って肝臓へやってきます．アンモニア自体は身体にとって毒なので，肝臓が解毒を行っています．具体的には，肝細胞に備わっている尿素回路（別名：オルニチン回路）という仕組みによって，有害なアンモニアを無害な尿素に変換します．

ビリルビンの抱合と排泄

　ビリルビンは，古くなった赤血球などの鉄分をリサイクルする過程でできる色素です．最初は非抱合型と呼ばれる水に溶けない形でできますが，肝細胞がこれを扱いやすい抱合型に変えて，せっせと胆道の方へ流していくのです．

インスリン，グルカゴン，ステロイドホルモンなどの分解

　正常時はほぼ意識しないことですが，肝臓はインスリンをはじめとする様々なホルモンの分解も行っています．当然ですが分解されるとホルモンは効果もなくなります．

肝機能が低下する原因

表2-5 に挙げたような肝臓の仕事は，基本的に肝臓の肝細胞一つひとつがしています．肝細胞の仕事の合計が肝臓全体としての仕事，肝機能です．そのため，きちんと仕事ができている肝細胞の数が減ってしまうと，肝機能は低下していきます．職場とスタッフに例えて考えてみるのも良いかもしれません．肝細胞の約70％以上が失われて初めて，血液検査で肝機能の低下を見つけることができるようになります[1,6]．肝機能の低下は，見つかった時点でかなり進行していることがわかりますね．

肝機能が低下する，つまり肝細胞が減少するメカニズムは大きく三つあります．

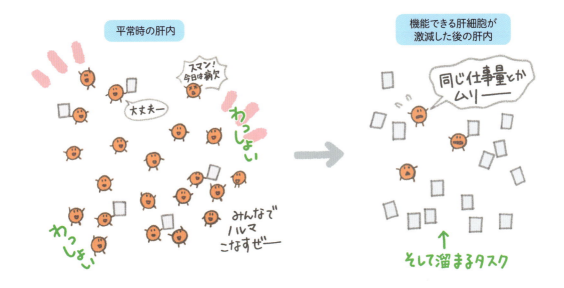

①重度の肝細胞障害や肝細胞壊死が起きた場合

例えるなら，一気に職場のスタッフがダウン，脱落した状態です．原因は様々ですが，臓器の中でも肝臓に大きなダメージを与えやすい薬剤や毒素（猫でのアセトアミノフェン，犬でのアマニタトキシン〈きのこ毒〉など）で重度の肝細胞障害や肝細胞壊死が起きます．

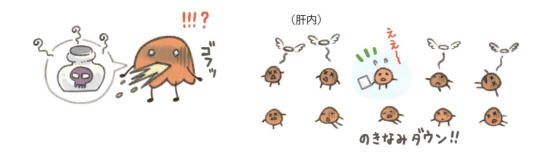

②肝硬変，つまり慢性的な肝疾患の成れの果てとして，肝細胞が徐々に線維組織で置き換えられてしまった場合

　例えるなら，職場の破損した部分を修理したら，修理用ブロックが邪魔でスタッフが居られなくなった部分が増えていき，スタッフが減ってしまった状態です．

　この原因となりやすいのは，慢性肝炎や銅関連性肝炎といった，静かにじわじわ進行していく病気です．線維組織は炎症などのせいでできた傷を肝臓自身が治そうとする過程で出てくるものなので，根本原因である炎症を取り除く治療をしなければ悪化の一途をたどります．慢性肝炎の診断・治療が間に合わないと，最終的に肝硬変に至ります．

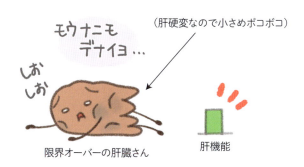

③門脈体循環シャントと関連することが多い，肝臓萎縮

　例えるなら，栄養供給不足でスタッフが増えない・減ってしまった状態です．

　肝臓を養うのは80％門脈血です．先天性の門脈体循環シャントでは，門脈血管の構造に異常があるせいで，肝臓を養うべき血液が肝臓を迂回して主に後大静脈へ短絡（シャント）する繋がり方をしています．そのため，肝臓が正常個体ほどのサイズに育つことができません．その分，仕事ができる肝細胞の数も少なく，肝機能も低い状態になります．

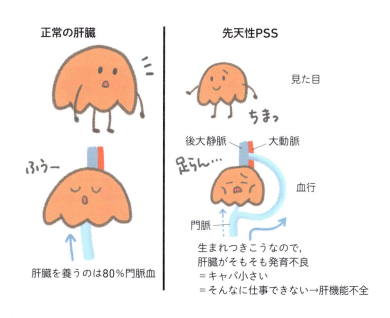

肝機能不全になると何が起きる？

血糖値の維持

　正常な肝臓はグルコースを作る（糖新生），取り出す（グリコーゲン分解），貯めておく（グリコーゲン合成・蓄積）ほか，インスリンも分解しています．肝機能が低下すると，糖新生やグリコーゲン分解の能力が落ちるため，絶食中のグルコースをまかなえずに低血糖になります．検査上は空腹時低血糖（Glc↓），臨床徴候は意識レベルの低下，虚弱，ふるえ，けいれん発作などが認められます．また，普段は腸で吸収したグルコースから肝臓がグリコーゲン合成・蓄積を素早く行うため，食後の高血糖はすぐ収まりますが，肝機能不全になると食後高血糖の持続も認められます．

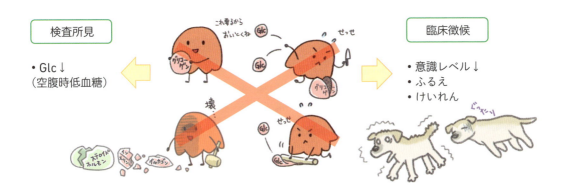

タンパク質の合成

　正常な肝臓はとても多くの種類のタンパク質を合成しています．肝機能が低下すると，合成不足のタンパク質の役割に応じて検査異常や臨床徴候がみられます．代表的な検査異常と対応する臨床徴候は，

- 低アルブミン血症→皮下浮腫や腹水貯留[※2]（血漿の水成分が血管外へ漏出するため），悪液質
- 凝固因子欠乏・凝固時間（PT〈プロトロンビン時間〉，APTT〈活性化部分トロンボプラスチン時間〉）の延長・低フィブリノゲン血症・抗凝固因子欠乏→止血異常（血液凝固に異常が強く出れば，採血後に血が止まりにくいなど）または血栓傾向（抗凝固に異常が強く出れば血栓ができやすく，症状は血栓のできる部位で様々）

などです．

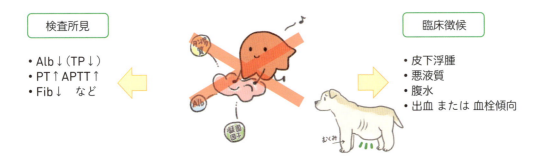

脂質の代謝

　正常な肝臓では脂質の代謝が行われ，中でもコレステロールの合成が特徴的です．肝機能が低下すると，コレステロールの合成が低下するため，血液検査でコレステロールの値が下がってきます．ただし，この低コレステロール血症による臨床徴候などはよくわかっていません．現実的には血液検査で低コレステロール血症を見つけたときに，可能性のある原因（鑑別疾患）の一つとして肝機能不全を考える必要が出てきます．

検査所見
・T-cho↓

臨床徴候
不明

アンモニアの解毒

　正常な肝臓は，大腸で腸内細菌が作ったアンモニアを解毒して無害な尿素に変えています（尿素回路という仕組みを使います）．肝機能が低下すると，アンモニア→尿素の変換が間に合わなくなってきます．つまり，手つかずの材料であるアンモニアが血中にまだある状態で，血液が肝臓を出て全身を回り始め，また完成形・代謝産物である尿素がさほどできてこなくなります．検査上は高アンモニア血症，BUN低値として認められます．臨床徴候は肝性脳症と呼ばれる種々の神経症状が認められます（流涎，旋回，頭部押しつけ，発作など）．肝性脳症の詳細については第1章を参照してください．

検査所見
・NH_3↑
・BUN↓

臨床徴候
肝性脳症
・ふらつき
・流涎
・頭部の押しつけ
・旋回
・盲目
・沈うつ
・発作
・瞳孔不対称

ビリルビンの抱合

　正常な肝臓は，赤血球の鉄分をリサイクルする過程で合成されるビリルビンという色素を抱合し，より水に溶けやすい形へ変えています．肝機能が低下すると，処理できるキャパシティは落

※2　肝疾患での腹水貯留では門脈高血圧という病態が一番の原因になりますが，ここでは割愛します．できれば別途調べて理解を深めてくださいね．

ちてしまうのに，変わらず赤血球は一定の割合で古くなってリサイクルされていくため，手つかずの材料（非抱合型ビリルビン）がたまってきてしまいます．

非抱合ビリルビンが溜まってくると，検査上はビリルビン高値，臨床徴候としては黄疸やビリルビン尿がみられます 表2-6 ．

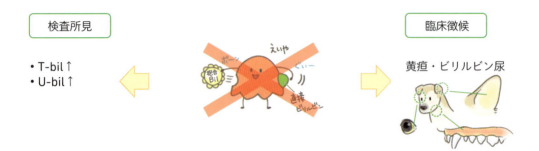

検査所見
- T-bil↑
- U-bil↑

臨床徴候
黄疸・ビリルビン尿

脂溶性ビタミンの合成と貯蔵

　正常な肝臓は，脂溶性ビタミン（D，A，K，E）を合成，貯蔵しています．肝機能が低下してくるとこれらが不足してくる，というイメージを一旦持ってください．

　まずヒトでは，肝硬変の一歩手前である肝線維症のひどさ（進行度）に応じてビタミンAの血中濃度も下がってしまうことがわかっています．ビタミンDやEよりもAがより影響を受けたそうです．

　さて，犬や猫では，ビタミンK欠乏症が問題になります．ビタミンK欠乏症は胆道疾患の影響をより強く受けやすく，ビタミンKがうまく吸収できなくなると，材料不足に陥ります．ビタミンKは〈肉納豆〉のキーワードで覚えられる一部の血液凝固因子（Factor II, IX, VII, X）を合成するのに欠かせないので，これらの凝固因子が不足してきてしまいます．検査異常としては血液凝固時間の延長ですが，ビタミンKが必要な凝固因子の一つ，FactorVII（最も半減期が短く，すぐに枯渇する）の影響で，PTがAPTTよりも先に延長します[1]．臨床徴候としては出血傾向になります．細かい話ですが，凝固因子の問題は血小板の問題とは別なので，止血メカニズムの中でも二次止血に問題が出て，体腔内出血（胸腔，腹腔，関節，筋肉，肺実質内における出血）などの徴候になります．ちなみに，血小板（一次止血）に問題がある場合は，粘膜出血（鼻粘膜，歯肉，結膜，前眼房，消化管，膀胱などにおける出血）や皮下出血がみられます．

検査所見
- VitA↓（ヒト）
- VitK↓（胆汁うっ滞）
- VitK依存性の血液凝固因子↓
- PT↑

臨床徴候
出血傾向

表2-6 血中ビリルビン濃度と黄疸の程度

血中ビリルビン濃度	黄疸の程度
>1 mg/dL	血漿が黄色いことに気づく．見慣れるともう少し低い濃度でも違和感を感じるようになる．
>1.5 mg/dL	眼球の強膜（白目の部分）が黄色くなる．
>2〜2.5 mg/dL	粘膜も黄色くなる．

▶▶▶▶▶ STEP UP

肝機能不全では必ず肝酵素値が上昇しているのか？

　結局，肝細胞の約70％以上が失われてから肝機能不全が検出されるなら，肝臓のダメージ，負担の指標である肝酵素値は必ず高いのでは？　と思う方もいるかもしれません．たしかに，慢性肝炎などによる肝臓のダメージが蓄積してキャパオーバーになってしまったタイプの肝機能不全なら，肝酵素値が上昇していることが多いです．しかし，注意が必要なのは，ダメージを受けきって，そこが線維組織で置換されてしまった結果，もう肝酵素が漏れ出すもとの肝細胞がないくらい末期的な状況になってしまった場合です．肝臓がヘロヘロだとわかっていれば想像もつくかもしれませんが，血液検査で肝酵素値の経過だけに注目すると「見かけ上は改善」しているように見えてしまうのです．また，肝臓が大きく育たず，現在進行形で大きめのダメージを受けているわけではない先天性門脈体循環シャントの場合にも，肝酵素値が目立って上昇しているとは限りません．正常上限の2〜3倍程度までの上昇が多いとされていて，後天性門脈体循環シャントの症例よりも低めです．

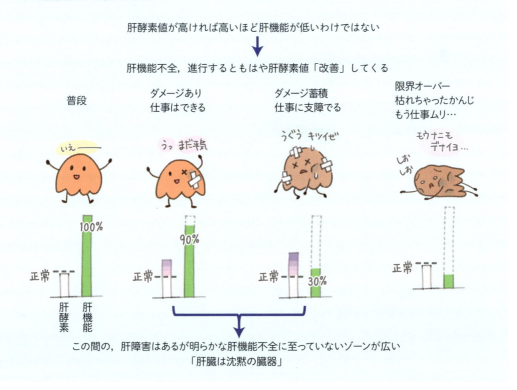

まとめ

　肝臓はもともと幅広く代謝を仕事にしていて，キャパシティも大きい臓器です．そのため，肝機能が落ちてくると，異常を呈する血液検査や臨床徴候も幅広く，何か一つの検査だけで確実に肝機能不全と言えるというものではありません．また，肝機能不全が検査でわかるのもかなり病態が進行してからです．実際に肝機能不全の犬や猫をきちんと見つけて対処できるように，まずは肝臓が何を仕事にしているかをしっかり把握しておきましょう．そして，様々な臨床徴候や検査所見から，総合的に肝機能不全かどうかを考えましょう．

最後に

　肝酵素値は肝臓や胆嚢などへかかっている負担を，肝機能は肝臓がどれだけ普段どおり仕事ができているかを表しています．それぞれの病態を理解し，適切に対処できるようになりましょう．
　肝臓には，負担がかかっていても普段どおり仕事を続けられるキャパシティがある程度あります．肝機能にはまだ問題なく肝酵素値が上昇している状態なら，肝臓のキャパシティがあるうちに原因をつきとめ，それを取り除く治療をするのが大切です（炎症があるなら，抗炎症治療など）．
　一方で，仕事ができなくなってしまった肝臓に対しては，これ以上過剰な仕事を要求しない，いたわるような治療（療法食，サプリ，塩分制限など）や，結果的に動物が辛い思いをできるだけしないようにケアしていく必要があります（制吐薬，食欲増進剤，発作止めなど）．もちろん，肝機能不全の原因が治療できるなら，原因治療も必要です（先天性門脈体循環シャントの結紮術，慢性肝炎での抗炎症など）．

普段からすごくマルチタスクで頑張りやさん
キャパも大きい肝臓さん（限界がきたらいろんな所に支障でる）

参考文献

1. Bain P.J. (2011): Chapter 7 Liver In: Latimer K.S. Eds., Duncan and Prasse's Veterinary Laboratory Medicine: Clinical Pathology, 5th ed, 211-230, Wiley-Blackwell

2. Johnston A.N. (2024): Volume 1 Chapter 65 Liver Enzymes. In: Ettinger S.J., Feldman E.C., Cote E. Eds., Ettinger's Textbook of Veterinary Internal Medicine 9th ed., 308-313, Elsevier

3. Webster C.R.L., Center S.A., Cullen J.M., et al. (2019): ACVIM Consensus statement on the diagnosis and treatment of chronic hepatitis in dogs. J Vet Intern Med, 33(3):1173-1200

4. Hall J.E. (2015): Chapter 71 The Liver. In: Hall J.E. Eds., Guyton and Hall Textbook of medical physiology 13th ed., 871-876, Elsevier

5. Costanzo L. (2017): Evolve Resources for Physiology 6th ed., 389-393, Elsevier

6. Webster C.R.L., Cooper J.C. (2013): Chapter 139 Diagnostic Approach to Hepatobiliary disease. In: Bonagura J.D., Twedt D.C. Eds., Kirk's Current Veterinary Therapy XV, Saunders

3章 慢性腎臓病

腎数値が高いから腎不全，治すために点滴…ではない！

　7歳，避妊雌の雑種猫が，3日前からの嘔吐を主訴にやって来ました．問診，身体検査の後，血液検査を行いましたが，腎数値（尿素窒素〈BUN〉，クレアチニン〈Cre〉）が正常範囲より少し高値を示しました．ここで矢場井先生，「この子は慢性腎不全で吐いているんでしょう．腎臓を治すために，今後ずっと点滴が必要だと思います．」と威勢が良いですが，そのインフォームちょっと待って！　言葉の定義から整理し直す必要がありそうです．

そもそも正常な腎機能とは？

「体液」のコントロール係

　腎臓の役割はかなり多岐にわたりますが，ざっくり言うなら体液のコントロール係です．身体のおよそ60％が水分といわれていますが，そのうちほとんどは細胞の中にあって，細胞を適切に潤しています（細胞内液）．体液の一部が細胞の外にあり（細胞外液），間質液を除く1/4程度が血液として，細胞の外である血管内を巡っているわけです．血液中には，酸素や二酸化炭素のほか，血糖やタンパク質などの必要な栄養素だけでなく，ミネラルやホルモン，あるいは老廃物や毒物，薬物などなど多くの物質が流れて全身を巡っています．この体液の量や成分を適正に保っているのが腎臓です．

老廃物・不要なものをろ過して排泄＝尿を作る

　さて，身体から常に出てくる老廃物が，血液中に溜まってしまうと毒になります．そのため，腎臓は老廃物など不要なものを常にろ過，排泄して，血液をキレイで健全な状態に保つ役割をしています．そのために作られているのが尿です．図3-1 にあるとおり，腎臓には「**ネフロン**」と呼ばれる小さな構造がたくさん（腎臓一つあたり，犬では約44万個[1]，猫では約18万個[2]も）あります．このネフロン一つひとつが尿を作っていて，この作られた尿は最終的に，腎臓一つにつき1カ所の出口（腎盂）に集められる構造になっています．

　尿を作るには，まずはざっくりと血液中の「大きくて大事なもの」を残し，水に溶けているものを分けます．この「**ろ過**」を行う場所が「**糸球体**」です．赤血球やアルブミンなどの大きな物質はろ過されずに糸球体を通り過ぎますが，BUN，Cre，リン，カリウム，グルコース，一部のタンパク質などの小さくて水に溶けている物質は，糸球体でろ過（ぎゅっとこし出す）されて一旦は血管の外に出ます．出てきた液体を「原

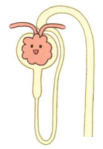

ネフロンさん
糸球体，ボウマン嚢，尿細管，集合管を持つ．24時間仕事し続ける働きもの

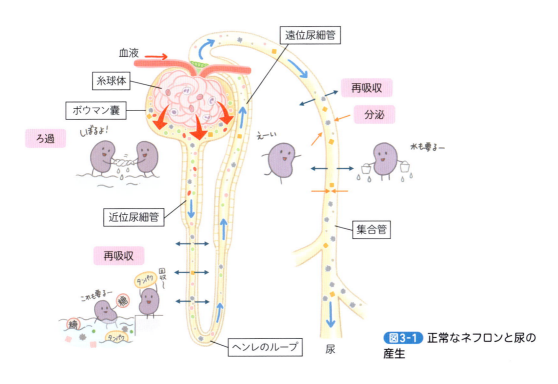

図3-1 正常なネフロンと尿の産生

尿」と呼び，名前のとおり尿のもとになります．

　原尿には身体にとって必要なもの，例えばグルコースやタンパク質，水分も出てきてしまっているため，このまま全部捨てるわけにはいきません．原尿の中から必要なものは回収しつつ，積極的に捨てたいものは原尿に追加していくことで，最終的に体外へと排泄される尿が作られます．原尿から必要な物質が回収されることを「**再吸収**」，原尿に不要な物質が追加されることを「**分泌**」と呼びます．再吸収と分泌を，ネフロンの近位尿細管以降の部分が行います．

水分，電解質，酸塩基を調節する

　体液をちょうど良い状態に保つために調節されているのが，水分，電解質，酸塩基のバランスです．腎臓のネフロンが身体の状態に合わせて，不足気味ならしっかり再吸収し，過剰になってきたら分泌して排泄することで成り立っています．電解質の中でもカリウム（K）とリン（P）は腎臓以外からの排泄がほぼ起こらないため，これらの血中濃度を適切に維持するためには腎機能が特に重要です．また，過剰な水分の排泄も，過剰な酸や塩基の排泄も，腎臓に大きく依存しています（酸塩基について詳しくは，第5章も読んでみてください）．

造血ホルモンも作る

　尿を作り体液をコントロールする腎臓ですが，実は造血（赤血球の産生）に必要なホルモンも作っています．エリスロポエチンと呼ばれるこのホルモンは，正常な腎臓の尿細管の隙間にいる線維芽細胞が作ってくれています．貧血にならないためには，腎臓からのエリスロポエチンが欠かせません．

血圧のコントロールも行う

　血圧のコントロールにも腎臓が関係しています．そもそも尿を作るために適度な血圧が必要で，血圧が低ければ糸球体でぎゅっとこし出す（ろ過する）ことができません．血圧が高すぎると腎臓も傷ついてしまうのですが，まずは体液が少なすぎて血圧が下がってしまわないように，図3-2 の**緻密斑**と呼ばれるセンサーで常にチェックしています．体

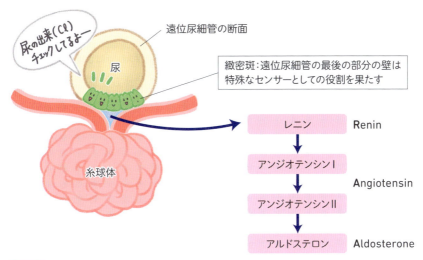

図3-2 緻密斑とレニン-アンジオテンシン-アルドステロン系

液が少なくなると，腎臓からレニンというホルモンが分泌され，アンジオテンシンⅡ，アルドステロンといった他のホルモンも動員して血圧を上げる反応をスタートさせます．この一連のホルモンによる体液・血圧の調節メカニズムを**レニン-アンジオテンシン-アルドステロン系**と呼びますが，名前が長いのでそれぞれの頭文字を取って，**RAAS**（Renin-Angiotensin-Aldosterone System）とも呼ばれます．

まとめ

腎機能は多くありますが，腎臓は主に，「尿を作って体液をキレイでちょうど良く保つ」仕事をしています．造血や血圧のコントロールにも関わっている，仕事の多い臓器です．

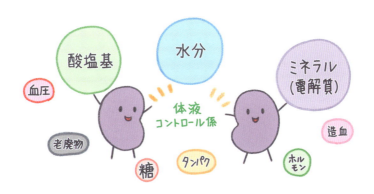

慢性腎臓病とは何か？

慢性腎臓病，という言葉に慣れよう

昔は慢性腎不全，という言葉が使われていましたが，2024年現在の正しい用語としては慢性腎臓病（Chronic Kidney Disease: **CKD**）です．臨床の現場ではほぼ毎日のように耳にするこの

「慢性腎臓病」「CKD」という言葉にまずは慣れましょう．慢性腎臓病とは，「3カ月以上にわたって，片方または両方の腎臓に構造上や機能上の異常がある状態」と定義づけられています[3]．そのため，1回の血液検査だけで疑う場合はあっても診断できるものではありません．

CKDでは徐々に腎臓のネフロンが減っていき，総合的にこなせる仕事（腎機能）が低下していきます．ネフロンは一度完全にダウンするともう再生できないので，ネフロンが減っていくとCKDも進行する一方です．

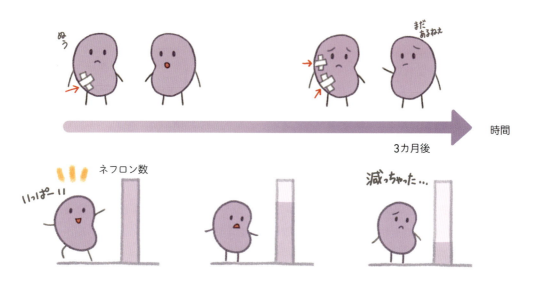

腎不全と腎臓病の違い

では，CKDと腎不全の違いは何でしょうか？　腎不全という言葉にはCKDほど明確な定義はありませんが，腎機能が大幅に低下してしまった末期的な状態とイメージしてください．CKDが進行していけば最終的には「腎不全」状態を迎えますが，どこからが腎不全なのか定義もあいまいなので，臨床的には使われなくなりました．ただ，飼い主さんに腎臓が悪いと伝えると，「腎不全なんですね」といわれることもあるでしょう．少しずつでも慢性腎臓病という言葉が飼い主さんにも広まるように，我々から話していきたいですね．

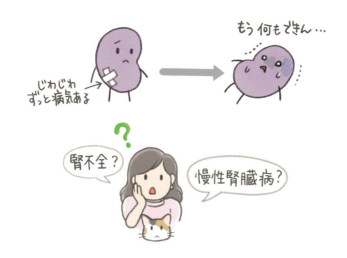

ステージングで把握．基本的には進行する一方

　さて，CKDの定義は学びましたが，CKD自体にはかなり幅があることも想像できると思います．そこで，CKDがどの程度進行しているのかわかりやすく統一された基準を皆で使おうと，国際的な獣医師の専門家団体（the International Renal Interest Society: IRIS, アイリス）がステージングを作りました[3]．ステージングというのは，日本語で言うなら「進行度」のようなもので，どのステージまで進んでいるか決める，ということです．先ほど述べたとおり，腎臓のネフロンは減ることはあっても増やせません．そのため，CKDのステージは一度進行すると，基本的には前のステージに戻ることはありません．このIRISのCKDステージには1〜4の四つがあり，4が最も進行した状態です．ステージが進行するほど，残りの寿命（生存期間）は短くなっていきます．これらのステージを腎臓に特化した血液検査項目（Cre, SDMA）で分けるような仕組みになっています．

　IRISはCKDのステージングに加えて，サブステージング，という分類も提唱しています．サブ＝副，補助といったイメージを持ってもらうと良いでしょう．サブステージングとは，どのサブステージに進んでいるか決める，ということです．サブステージには2種類あり，CKDの患者に起きやすくてCKDをさらに進行させやすくするメジャーな合併症二つ（タンパク尿，高血圧）がそれぞれあるかないか，という分類になっています．「IRIS CKDステージ2，タンパク尿あり，高血圧なし」といったように，2種類のサブステージをCKDステージと並べて書きます．

まとめ

　慢性腎臓病，CKDがどんなものかざっくりとイメージが湧いたでしょうか．腎臓にたくさんあるネフロンは少しずつ減っていきますが，増えることはありません．CKDの進み具合を統一して四つに分けているのがIRIS CKDステージング，さらに進みやすさ・CKDの合併症があるかを二つのサブステージングで分けています．

なぜCKDになる？

老化や腎臓へのダメージがきっかけで，炎症が起きる？

　CKDの発生と進行には数多くの理由があるとされていて，完璧に解明はされていないともいわれています．ただ，原因の一つとして老化が考えられており，ヒトでも猫でも，年を取ると腎臓も老化して少しずつ機能が落ちていくことが知られています．それだけではありません．もと

▶▶▶▶▶▶ STEP UP

IRIS CKDステージング，サブステージング[3]

犬猫でのCKDステージはCreとSDMAによって分けられる 表3-1 ．CreとSDMAが別のステージにばらけてしまう場合で，痩せ型の犬猫ならSDMAをより参考にする．タンパク尿のサブステージは尿中のタンパク質を定量したUPCで分けられる 表3-2 ．これも2週間以上あけて複数回測定する．高血圧のサブステージは収縮期血圧で分けられ，より高血圧が重度なほど高血圧に関連する合併症も出やすくなる 表3-3 ．いずれのサブステージも，腎数値正常でもタンパク尿あり，高血圧ありのステージ1 CKD症例がいるため，「できれば測定ではなく必ず測定」するべきである．

表3-1 CKDステージング[3]

	ステージ		犬	猫	備考
1	Cre （mg/dL）		<1.4	<1.6	Cre値は正常，SDMA値は正常～軽度上昇．腎臓の機能や構造に異常あり 持続的なSDMA値の上昇（>14）は早期CKDの診断に使用される場合も
	SDMA（μg/dL）		<18	<18	
2	Cre （mg/dL）		1.4～2.8	1.6～2.8	Cre値は正常～軽度上昇し，軽度の腎性高窒素血症．SDMA値は軽度に上昇．臨床徴候はなし～軽度
	SDMA（μg/dL）		18～35	18～25	
3	Cre （mg/dL）		2.9～5.0	2.9～5.0	早期ステージ3：中等度の腎性高窒素血症．臨床徴候なし，後期ステージ3：顕著な全身性徴候や多数の徴候あり
	SDMA（μg/dL）		36～54	26～38	
4	Cre （mg/dL）		>5.0	>5.0	尿毒症の発症リスクが高い．全身性の臨床徴候あり
	SDMA（μg/dL）		>54	>38	

※SDMA：対称性ジメチルアルギニン

表3-2 タンパク尿のサブステージング[3]
（UPC：尿タンパク/クレアチニン比による）

サブステージ	犬	猫
非タンパク尿	<0.2	<0.2
ボーダーラインタンパク尿	0.2～0.5	0.2～0.4
タンパク尿	>0.5	>0.4

表3-3 高血圧のサブステージング[3]
（収縮期血圧による）

サブステージ	収縮期血圧（mmHg）
正常血圧	<140
前高血圧	140～159
高血圧	160～179
重度高血圧	≧180

もと腎臓は24時間休まず血液をろ過し続けているため，腎臓には脳に次いで多くの血液が循環しており，しっかり酸素も送られるようにできています．そんな中，例えば血中に腎毒性のある物質（腎臓にダメージを与える物質）があれば，ろ過されていく過程で腎臓が傷つきますし，血圧が下がっていつもどおりの血流が腎臓に行かなくなっても腎臓は傷つきます．腎臓へのダメージは実は様々なところに潜んでいます．

詳しく言えば，腎臓のネフロンのうち，近位尿細管という部分が特に弱いです．最初に述べたとおり，腎臓でろ過されてできた尿のもと（原尿）を最終的に捨てる尿にする過程で，まだ身体

に必要な物質の再吸収が最も盛んに行われるのが近位尿細管です．仕事が多い分，より多くの酸素とエネルギーを必要とします．そのため，例えば腎臓に行く酸素が減ると，近位尿細管の細胞が真っ先に死んでしまう場合があります．

　死ぬ予定ではなかったのに死んでしまった（ネクローシス，と呼ばれる細胞死をした）細胞からは内容物が漏れ出し，その影響で周りに炎症が起きます．炎症が起きると周りはさらに反応して傷を治そうとする結果，線維組織を作ってしまいます（線維化）．腎臓のどこで炎症が起きるのかで呼び名が異なりますが，CKDではネフロンの隙間である間質で起きる炎症，間質性腎炎がよく認められます[4]．

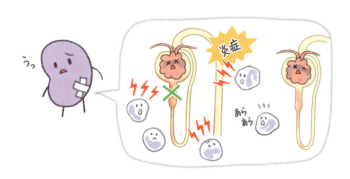

ネフロンが減っても，ノルマは減らない

　腎臓へのダメージでネフロンが減っても，身体の残りの部分はいつもどおり活動し続けているので，体液をコントロールする仕事自体は減りません．そのため，生き残ったネフロンの仕事が増えます．ろ過する血液を増やして一つのネフロンが作る尿を増やすために，生き残ったネフロンは糸球体を大きく（肥大）したり，より糸球体での圧力をかけたり（糸球体高血圧）して適応します[4]．ただし，適応しようと努力しても限界はあり，ろ過された物質の再吸収が負担になってきたり，水分をしっかり再吸収しきれなくなったりしてきます．

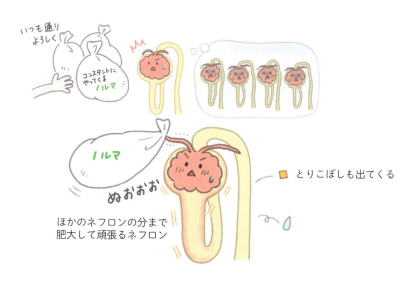

ダメージが繰り返される，悪循環

　腎臓に加わるダメージが大きければ急性腎障害（詳しくは第4章61ページ）としてこちらも認識できますが，症状も検査異常も何も出ていないけれど実は腎臓にダメージが加わっている，という場面も起こり得ます．つまり，攻撃が弱すぎて実質ノーダメージなのではなく，見えない攻撃でダメージを受けているのに検査でそれを検出できていないだけ，ということです[5]．見えないこともある攻撃が何度も連続したり，じわじわ続いたりして，時間をかけてCKDが進行していくイメージですね[6]．

　また，腎臓で起きた炎症自体がまたダメージになる悪循環や，線維化のせいで水分などのコントロールがしづらくなるなどの弊害も出てきてしまいます．こうしてCKDは進行していきます．

まとめ

　CKDは進行する一方の病気です．腎臓にダメージが加わると炎症や線維化が起きて，ダメージから腎臓が回復したように見えても完全には元に戻らず，少しずつネフロンは減っていきます．ダメージが何度も，または持続的に加わることで，少しずつCKDは進行していきます．最初生き残っていたネフロンも，増えた負担についていけなくなり，脱落していきます．

CKDになると何が起きる？

腎臓の機能が低下して出てくる弊害いろいろ

　正常な腎機能の説明（44ページ）のところでも書いたとおり，腎臓はざっくり言うと「体液」のコントロール係をしていますが，腎機能が低下すると様々な弊害が出てきます Box3-1．それぞれの項目でも説明しますが，たいていの項目は関係し合っていて，さらにCKDを進行させます．ただ，幅広い異常が出るということは，それだけケアしてあげられる面も多いということです．では，順番に説明していきましょう．

尿毒症（高窒素血症）

　尿毒症とは，腎臓がろ過して排泄していた物質が，腎機能が低下した影響で身体に溜まってきてしまうことで引き起こされる症状です．溜まると尿毒症の原因になると考えられている物質は尿毒素と呼ばれ，100種類以上あります．この中ですぐ測定できるのはBUNやCreくらいで，これらが正常範囲より上昇した状態を高窒素血症と呼びます．重度の高窒素血症では尿毒症の症状を伴う場合が多いでしょう．

Box3-1 CKDで認められる異常

- 尿毒症（高窒素血症）
- 電解質異常
- 貧血
- 高血圧
- 水和異常（多飲多尿，脱水）
- 骨ミネラル代謝異常
- 代謝性アシドーシス
- タンパク尿

尿毒症の症状は，食欲不振，嘔吐，元気消失，筋肉量の減少，神経症状，止血異常（血小板の機能不全），口腔内の潰瘍，赤血球の寿命短縮など数多くあります．また，一部の尿毒素は腎臓に炎症を起こし，さらにCKDを進行させてしまいます．

　選択肢になるケアとしては，適切な時期から腎臓の負担になりにくいよう調整された食事（腎臓病用療法食）や，食欲増進剤，制吐薬を使うことで症状を和らげることなどです．

▶▶▶▶▶ STEP UP

フィーディングチューブ（食事給与用チューブ）

　薬も飲めない，食べたがる食事も偏りが強い，注射や点滴も大暴れ……といったCKDの動物もいます．飼い主さんは身体に良いものをと頑張っても，動物にはストレスになり，困ってしまうケースもあります．そんなときは，身体が弱りきってしまう前に食事給与用チューブ（フィーディングチューブ．食道ろうチューブなど）を設置してあげるのも良い選択肢です．飼い主さんにとっては，しっかりした身体を維持する栄養・水分・薬を与えるのが楽で，動物本人にとっても，投薬や食事のたびに嫌な思いをせずに済みます．

水和異常（多飲多尿，脱水）

　先ほど，「ネフロンが減ってもノルマは減らない」と説明したとおり，CKDが進行してくると，腎臓全体でこなさなければならない仕事量は減らないのにネフロン一つの負担は増えてきます．ろ過すべき量も再吸収（回収）すべき量も増え，どこかでキャパシティを超えます．そして，ろ

過された物質（溶質）のうち回収しそびれたものに水分が引っ張られ，水分も回収しきれなくなり，尿量が増えた状態になります（利尿）．また，詳細は省きますが，ネフロンで溶質や水をテキパキと再吸収し続けるには，尿細管のすぐ横に血管が控えている構造が必要です．CKDで起こる炎症や線維化があると，炎症細胞や線維組織が挟まって尿細管と血管の隙間が開いてしまい，うまく仕事ができなくなってしまいます[4]．

こうして，腎臓は捨てる予定ではなかった溶質・水分まで再吸収できずに尿に捨てることになり，薄まった尿が大量に作られます（多尿）．この薄い尿が大量に出た分，喉が渇くので犬猫は水をたくさん飲みます（多飲）．これがCKDで起きる「多飲多尿」です．しかし，例えば猫はもともと水をあまり飲まない生き物なので，身体が必要とする水分を十分に飲めないことも多く，その場合は「脱水」に陥ります．脱水すると腎臓にうまく血流が回らない場面も出てきて，また腎臓へのダメージにつながってしまいます．

選択肢になるケアとしては，犬猫の身体に入る水分を増やすことです．とは言え，水を飲む習慣を新たにつけるよりも，缶詰フードなど食べ物に水分を足して食べてもらう方が簡単です．口から水分を摂れず脱水してしまうケースでは，先ほどのSTEP UPで述べたフィーディングチューブや，皮下点滴が使われます．

電解質異常

水和異常のところでも述べましたが，腎機能が低下してくると利尿がかかり，薄い尿が大量に出ていきます．正常時のカリウム（K）は過剰な分だけ尿中へ捨てられていますが，利尿がかかると尿中に捨てられるKの量が増えてしまいます．しかも，尿毒症のところでも述べたとおり，腎機能が低下してきた犬猫では食欲不振

も出てきます．通常Kは食事から摂取するので，ちゃんと食べていない犬猫では身体にちゃんとKが入ってこなくなります．これらが合わさって，CKDの犬猫では低K血症がよく認められます．

低K血症でも食欲不振や元気消失がみられ，ひどいと身体がうまく動かせなくなってしまいます（筋虚弱）．低K血症があると多飲多尿が悪化するほか，腎臓への血流も減って，また腎臓へのダメージが加わるという悪循環になってしまうことがあります．

選択肢になるケアとしては，Kの補充です．動物用サプリメントや飲み薬として追加されることが多いほか，多めにKが配合されている食事（腎臓病用療法食）も良いです[7]．

骨ミネラル代謝異常

正常な腎機能の説明でも述べましたが，リン（P）も腎臓がコントロールしている物質で，腎機能が低下してくると身体にPが蓄積してきます．蓄積してきたPを察知すると，腎臓に普段以上にPを捨てさせる仕組み（FGF23：骨から出る線維芽細胞増殖因子23，パラソルモン：副甲状腺〈上皮小体〉ホルモン）が作動します．それでもCKDが進行するといずれ限界を迎え，Pが

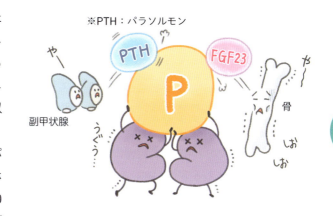

※PTH：パラソルモン

さらに蓄積した状態（高P血症）に陥ります．ここまでの過程で，P，腎臓とビタミンD，副甲状腺とパラソルモン，骨とFGF23，と多くの登場人物が巻き込まれます．もともとPは骨に最も多く含まれており，カルシウム（Ca）とバランスを取り合っていることも相まって，CKDの犬や猫では身体中の骨が薄くなったり，骨以外の部分にCaが沈着したり，低Ca血症・高Ca血症が起きてしまうなどの弊害が出てきます．こうして，高P血症は腎臓にさらに負担をかけ，CKDを進行させます．

選択肢になるケアとしては，Pの制限です．腎臓に普段以上にPを捨てさせる仕組みが作動している（FGF23が上昇している，パラソルモンが上昇している）なら，まだ高P血症ではなくても，その時点でP制限をスタートさせましょう．Pは基本的に食事に含まれます．そのため，具体的なP制限方法としては，必要な栄養素を保ったままPの含有量を減らすよう調整された食事（腎臓病用療法食）のほか，食べ物に含まれるPを吸着して便に出させるリン吸着剤があります．

貧血

正常な腎機能の説明のところで，「腎臓はエリスロポエチンという造血ホルモンも作っている」と述べました．CKDが進行してくると，腎臓に起きる炎症や線維化の影響でエリスロポエチンを作っていた線維芽細胞が減ってしまいます．少々減ったくらいではすぐ貧血にはなりませんが，だいたいステージ3以降のCKDでは貧血が出てきます．貧血があると食欲不振や元気消失にもつながるほか，酸素がうまく運ばれず，腎臓のダメージにもなります．

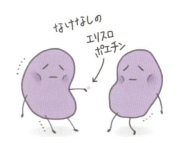

選択肢になるケアとしては，エリスロポエチンの作用を補充することです．現在最も多く使われているのは人用ダルベポエチン（エリスロポエチンのように造血作用を示す薬）の注射でしょう．近年では猫用エリスロポエチンが開発されたり，飲み薬でエリスロポエチンの作用を増強させるような薬も開発されたりと進歩してきています．まずは，定期的な血液検査で貧血がないか気をつけて見ておく必要がありますね．

代謝性アシドーシス

　腎臓は体液の酸塩基のバランスを取る仕事もしています．必要な塩基は再吸収して，身体に溜まってくる酸をしっかり捨てることでバランスを取っています．詳しくは第5章を参照いただきたいのですが，CKDが進行してくると酸塩基バランスのうち，特に酸を捨てるのがうまくできなくなってきます．そして身体が酸性に傾いてしまい，「代謝性アシドーシス」と呼ばれる状況に陥ります．代謝性アシドーシスになると，尿毒症のような症状が出たり，炎症が起きたりと動物にも腎臓にも良くありません．

　選択肢になるケアとしては，酸性に傾いた身体を正常（中性）に近づけることです．具体的には，身体に重炭酸が増えるように調整された食事（腎臓病用療法食）や飲み薬（クエン酸カリウム，重曹錠など）を使います[7]．

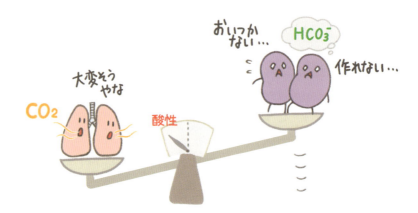

高血圧

　CKDの犬猫のおよそ半数（40～50％）で高血圧が見つかります[8]．血圧コントロールにも関わっている腎臓，RAASのほか，血管，心臓，交感神経系が複雑に関連し合って全身性の高血圧が起きます．サブステージングの説明でも述べましたが，高血圧があるとCKDの進行が早まり，タンパク尿も悪化します．腎臓だけでなく，眼（網膜剥離で急な失明など），心臓（心筋が分厚く肥大する），脳（元気消失，意識障害，発作など）にも悪影響が出ます[8,9]．

　選択肢になるケアとしては，薬を使って血圧をコントロールすることです．ただし，病院で血圧を測定する手順を誤ると（興奮させてしまってから測定するなど），治療すべきなのかどうか，薬の効果が十分かどうか正しい判断ができなくなってしまうので注意が必要です[8,9]．

タンパク尿

　腎機能が正常であれば，大きなサイズのタンパク質はそもそも糸球体でろ過されないため尿

中には出てきませんし，小さなサイズのタンパク質も糸球体でろ過された後に近位尿細管ですべて再吸収（回収）されるため，尿中にはタンパク質が出てきません．しかし，①CKDのため生き残っているネフロンに負担が集中して尿細管のキャパシティを超えてしまった場合や，②もともと尿細管に異常がある場合，③糸球体が傷ついて網（糸球体の毛細血管）に穴が開き，大きなサイズのタンパク質まで尿中に漏れるようになった場合などではタンパク尿が認められます．サブステージングの説明でも述べましたが，タンパク尿がみられるとさらにCKDが進行するほか，糸球体がダメージを受けているケースでは血栓もできやすくなります．

　選択肢になるケアとしては，過剰なタンパク質を摂らないように調整された食事（腎臓病用療法食）のほか，タンパク尿を減らす飲み薬や，血栓をできにくくさせる飲み薬を使います．

まとめ

　腎機能が低下すると出てくる弊害がいかに幅広く，それぞれまたCKDを進行させるものが多いか実感してもらえたでしょうか．影響を受けるものが多いというのは，それだけ多くの方面からケアをしてあげられるということでもあります．腎臓病用療法食が多くの箇所で登場したことに気づいた読者の方が多いと思いますが，食べてくれるなら腎臓病用療法食は本当に様々な面でCKDの犬や猫に役立ちます．実際に，腎臓病用療法食を食べている方がCKDの犬猫が長生きすることもわかっています[10, 11]．

最後に

　矢場井先生，飼い主さんに正しく説明しました．今日は入院して数日の点滴を行い，ゆくゆくは腎数値を再チェック，サブステージングもすることに．CKDは一度診断したら一生もので，どれだけうまく管理できるかが勝負の病気です．腎臓の機能が多いのでややこしいですが，飼い主さんを振り回さないように，しっかり勉強してしっかり見極めましょう．

参考文献

1. Eisenbrandt D.L., Phemister R.D. (1979): Postnatal development of the canine kidney: quantitative and qualitative morphology. Am J Anat, 154(2):179-193

2. Sadeghinezhad J., Nyengaard J.R. (2019): Cat Kidney Glomeruli and Tubules Evaluated by Design-Based Stereology. Anat Rec (Hoboken), 302(10):1846-1854

3. IRIS CKD 2023 HP, http://www.iris-kidney.com/iris-guidelines-1/ , (2025-01-21参照)

4. Jepson R.E. (2016): Current Understanding of the Pathogenesis of Progressive Chronic Kidney Disease in Cats. Vet Clin North Am Small Anim Pract. 46(6):1015-1048

5. Yerramilli M., Farace G., Quinn J., et al. (2016): Kidney Disease and the Nexus of Chronic Kidney Disease and Acute Kidney Injury: The Role of Novel Biomarkers as Early and Accurate Diagnostics. Vet Clin North Am Small Anim Pract, 46(6):961-993

6. Cowgill L.D., Polzin D.J., Elliott J., et al. (2016): Is Progressive Chronic Kidney Disease a Slow Acute Kidney Injury?. Vet Clin North Am Small Anim Pract. 46(6):995-1013

7. Quimby J.M. (2024): Chapter 301 Chronic kidney disease. In: Ettinger S.J., Feldman E.C. Eds., Ettinger's Textbook of Veterinary Internal Medicine 9th ed., 2089-2106, Elsevier

8. Acierno M.J., Brown S., Coleman A.E., et al. (2018): ACVIM consensus statement: Guidelines for the identification, evaluation, and management of systemic hypertension in dogs and cats. J Vet Intern Med. 32(6):1803-1822

9. Chalhoub S., Palma D. (2024): Chapter 236 Systemic hypertension. In: Ettinger S.J., Feldman E.C. Eds., Ettinger's Textbook of Veterinary Internal Medicine 9th ed., 1422-1433, Elsevier

10. Ross S.J., Osborne C.A., Kirk C.A., et al. (2006): Clinical evaluation of dietary modification for treatment of spontaneous chronic kidney disease in cats. J Am Vet Med Assoc. 229(6):949-957

11. Jacob F., Polzin D.J., Osborne C.A., et al. (2002): Clinical evaluation of dietary modification for treatment of spontaneous chronic renal failure in dogs. J Am Vet Med Assoc. 220(8):1163-1170

memo

4章 尿閉・急性腎障害・高K血症

腎数値が測定限界オーバーでも，ゲームオーバーとは限らない！

　6歳，去勢雄猫が「数日前から何度もトイレに行っていたがぐったりしてきた」という主訴で来院しました．身体検査では顕著な徐脈と硬く大きな膀胱が見つかり，尿道閉塞が疑われました．血液検査でも腎数値は測定限界オーバー，カリウム（K）も高値です．「こうなってはもう助からないのでは…?」と矢場井先生．たしかにかなり注意を要する重篤な症例ですが，回復してくる可能性はあります．

尿道閉塞（尿閉）でも起きる，急性腎障害とは？

尿閉とは

　尿道閉塞（俗に言う「尿閉」）では，最終的な尿の出口である尿道が塞がれて尿が排泄できなくなります．そのため，身体から老廃物やKが捨てられなくなり，命に関わります．尿を作るのは腎臓であり，腎臓-尿管-膀胱-尿道とつながっているため，尿道閉塞になると腎臓にも悪影響が出ます．

　尿道閉塞を起こす原因は主に**猫下部尿路疾患**（Feline Lower Urinary Tract Disease: **FLUTD**，フルード），尿道結石，尿道狭窄，腫瘍です．猫のFLUTDに関連する尿道閉塞では，尿道栓子と呼ばれるものが詰まってしまう場合が多いです．尿道栓子は結晶や粘液などが混ざってできますが，これが雄猫の尿道で一番細い出口近くに詰まりやすいのです．

　尿閉で特に怖いのが急性腎障害とそれに伴う高K血症です．順に見ていきましょう．

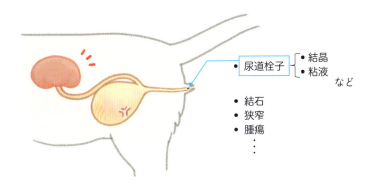

急性腎障害（AKI）とは

　急性腎障害（Acute Kidney Injury: **AKI**）とは，急性に発症する腎臓実質の障害です．実質にダメージが加わった状態と，うまく機能できなくなる機能障害との両方があります．AKIは原因となる部位によって三つに分類されているほか，どのくらい重症なのかによる5段階のグレード分けもあります．この後それぞれ説明します．

　まず，正常時の腎臓でどのように尿が作られるのかについて簡単に復習しておきましょう．詳しくは，第3章「慢性腎臓病（CKD）」（44ページ参照）の項を参照してください．

　腎臓で尿を作っているのは多くのネフロン達です．ネフロンにある糸球体にかかる圧力で血液の水成分がろ過され（ギュッと絞られるようなイメージ），原尿と呼ばれる尿の「もと」ができます．原尿はその後，尿細管やヘンレのループなどを通りながら必要なものは回収され（再吸収），不要なものは捨てられて（分泌），最終的な尿となります．ネフロンの出口である集合管から尿がどんどん集められ，腎盂から尿管，膀胱，尿道へ，そして体外に排泄されます．

　急性腎障害では尿細管やヘンレのループが傷つき，うまくろ過ができなくなります．それでも基本的にはAKIは一時的なもので，回復できると考えられています．ただし，AKIの中には回復できず腎不全状態のままになってしまう場合や，ある程度しか回復せずIRISステージ2（50ページ参照）以上の慢性腎臓病に移行する場合もあります．

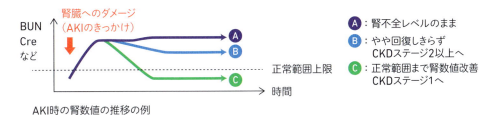

AKI時の腎数値の推移の例

AKIの原因となる部位

　AKIは，尿目線で腎臓の前・腎臓そのもの，腎臓の後ろのどこに原因があるのかにより，腎前性，腎性，腎後性の三つに分類されています．それぞれどのようなものか見ていきましょう．

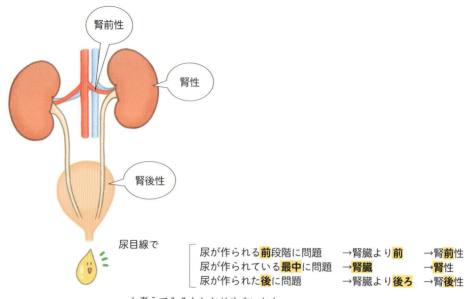

と考えてみるとわかりやすいかも

腎前性AKI

　腎臓に向かう血流が低下して，ろ過できなくなるというものです．

　前述の通り，腎臓で老廃物のろ過を行うには，いわば布巾でぎゅっと水分を漉すときのように，糸球体に圧力がかかっている必要があります．腎臓に向かう血流が低下すると，ろ過する圧力が足りなくなります．例えば，麻酔中の低血圧や，重度の脱水によるAKIが，腎前性AKIに当たります[1]．

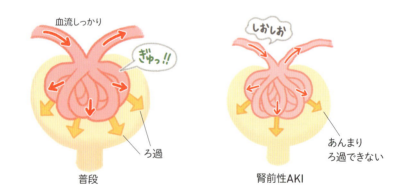

腎性AKI

　糸球体や尿細管などが様々な理由でダメージを受けると，ひどい場合は尿細管が詰まります．尿細管が詰まっているとそれ以上原尿を送り込めなくなり，糸球体でのろ過ができなくなります．例えば，猫のユリ中毒や，腎毒性を示す薬物，腎臓での炎症などが腎性AKIに当たります[1]．

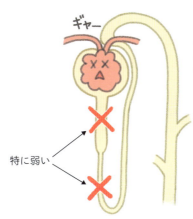

腎後性AKI

　尿管，尿道など腎臓より後ろ側が詰まっているせいで（閉塞），排泄されるべき尿が身体から出ていきません．尿がそれ以上先へ進めないのに新たな尿は作られ続けるので，いずれ尿路内の圧力が高まり始めます．尿路内の圧力がある程度高くなっても閉塞が解除できない場合，圧力は腎臓側へもかかり始めます．その結果，糸球体でろ過しようとしても押し返してくる圧が高すぎて，ろ過できなくなります．例えば，尿管閉塞や尿道閉塞が腎後性AKIに当たります[1]．

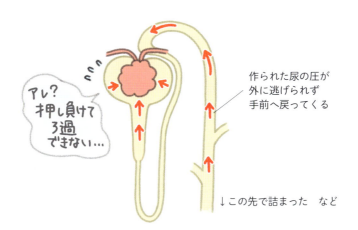

どれくらいひどいか＝IRIS AKIグレード

　第3章の慢性腎臓病（CKD）の話でも詳しく説明していますが，国際的な獣医師の専門家団体アイリスがAKIに対してはグレード（段階分け）を作りました　表4-1　．AKIではグレード，つまり重篤度（ひどさ）の度合いであり，CKDではステージ，つまり進行度の度合いです．CKDのIRISステージは基本的に一度進むと戻ることはないのですが，AKIのIRISグレードは日々変わるもので，今日より明日改善してグレードが下がることもある，というのがポイントです．IRISグレードも，身体に溜まっている老廃物・尿毒素の

表4-1　IRIS AKIグレード[2]

グレード	Cre値（mg/dL）
1	<1.6
2	1.7〜2.5
3	2.6〜5.0
4	5.1〜10.0
5	>10.0

指標としてクレアチニン（Cre）を使って分類されます．分類は1〜5までの五つあり，サブグレードもあります．

　IRISグレードを使って評価することで，「軽度」「重度」といった分け方よりも客観的に，誰が判断しても同じ分け方に統一することができます．AKIでもグレードが高く重篤なものでは，尿毒症などの症状が出て，命に関わります．

まとめ

　腎臓に急性のダメージが加わった状態を急性腎障害（AKI）と呼びます．「どこに原因があるのか」という部位での分類と，「どれくらいひどいのか」という重篤度での分類とがあります．これらを合わせて表現すると，より正確に何が起きているのかを把握しやすくなります．AKIは，まだ回復できる可能性がある病態です．手遅れにならないよう，まずは早く認識し，適切な対処をするのが大切です．

AKIの合併症，高K血症

　Kも腎臓から排泄されている物質で，尿中への排泄が滞ると身体に溜まり，命に関わります．実際に犬猫の高K血症の原因として最も多いのが，Kの尿中排泄の低下であり，高K血症はAKIの合併症の中で最も重大なものの一つです．

　Kの正常範囲は4〜5 mEq/L（多少検査機器によってブレますが），血清/血漿中K濃度が5.5 mEq/Lを超えると高K血症と診断されます．血清/血漿中K濃度が7.5 mEq/Lを超えると命の危険があります[3]．平常時でもかなり狭い範囲に保たれており，生命に危険が及ぶ濃度まであまり猶予がないことがわかります．

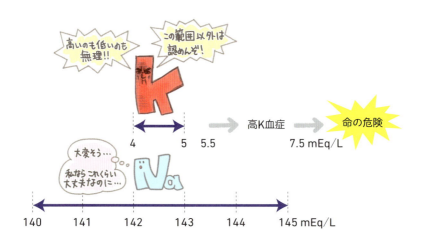

高K血症は心臓にとって毒

　高K血症になると一番困るのが心臓です．高K血症は心毒性がある，という話はどこかで聞いたことのある方も多いと思います．ここでは，なぜなのか？　を見ていきましょう．

正常ECGの復習

　高K血症による心毒性を理解するために，まずは正常時の心臓がどう動いているのかと，正常の心電図（ECG）をおさらいしましょう 図4-1 ．心臓は心筋で構成され，一つひとつの心筋は小さいですが，心臓まるごとひとかたまりとして同調した動きを規則的に繰り返すことで，全身に血液を送るポンプとしての役割を果たすことができます．それだけ多くの心筋が「せーの」と同調するために，号令係が出した指示に従ってタイミングを合わせています．この号令係は「ペースメーカー」と呼ばれている，心臓の中でも一部の特殊な細胞のことです．ペースメーカーから出されて伝わっていく号令に使っているのが電気刺激で，この微弱な電気刺激を生み出しているのがナトリウムイオン（Na^+），カリウムイオン（K^+），カルシウムイオン（Ca^{2+}）などの電気を帯びているイオンの出入りです．これらのイオンは「チャネル」と呼ばれる専用の通り道を通って，細胞の内外を出入りします．そして心臓には，号令をすばやく伝えやすいように「刺激伝導系」という，高速道路のような伝わりやすいルートが備わっています．こうして心臓全体が同調して動くための電気刺激を見える形で書き出しているのが心「電」図で，心臓内の電気的な活動（どう電気が流れているか）を表しています．

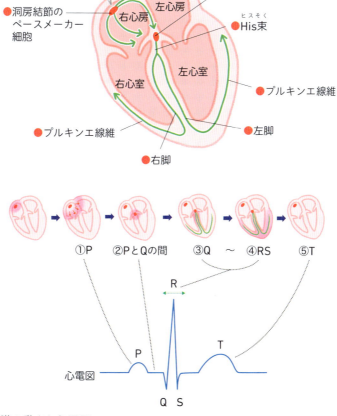

図4-1　正常な心臓の動きと心電図
心筋の赤く示す部分が興奮・収縮している．P波は心房の興奮・収縮，QRS波は心室の興奮・収縮に相当する．

正常時の心電図では規則的にP波，QRS波，T波が繰り返され，かつ適切な速さでやってきます．小さめのP波が心房の脱分極，大きなQRS波が心室の脱分極，小〜中くらいのT波が心室の再分極を検出しています．**脱分極**は陽イオンが細胞内に流入すること，または**興奮**と思っておいてください．**再分極**は必ず脱分極の後に起きるのですが，細胞内の陽イオンが細胞外へ出ていくこと，または**興奮のおさまり**と思っておいてください．ちなみに心房の再分極も起きるのですが，ちょうど心室の脱分極（大きなQRS波）と同時なので心電図上はQRS波にまぎれて見えなくなっています．

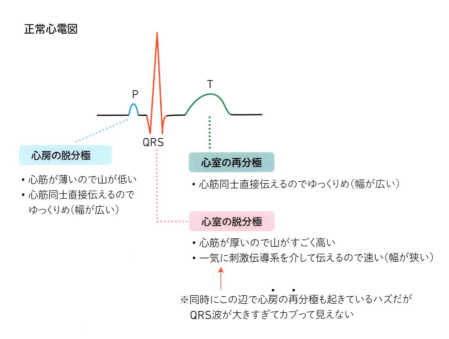

こうした正常の心臓の電気的活動を起こしているのは，Na^+，K^+，Ca^{2+}です．この次の部分でもう少し詳しく説明しますが，高K血症になると心臓の電気的活動が異常をきたし，心臓にかかる号令がおかしくなります．こうして起きるのが不整脈です．不整脈にも様々な種類がありますが，高K血症が重度になると，最悪の場合，心静止に至り死亡します．

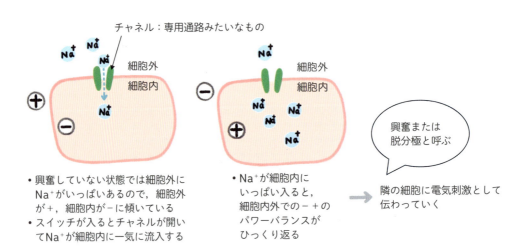

まとめ

　普段Kは腎臓から排泄されて狭い範囲に収まるようコントロールされているため，尿道閉塞などでKが排泄できなくなると容易に重度の高K血症になります．Kも，心臓が正常にポンプとして機能するための電気的な号令に必要ですが，高K血症になると号令が乱れます．こうして，心臓はいつもどおりの動きができなくなってしまうと起こるのが不整脈で，最悪の場合死に至ります．

高K血症になると何が起きる？

　先ほど，高K血症になると心臓はいつもどおりの動きができなくなってしまうと述べましたが，では何が起きるのか，なぜそうなるのか，もう少し説明していきましょう．高K血症による心毒性とはどのようなものなのか，イメージを掴みましょう．

スタンバイ状態からおかしくなる

　心臓は号令に合わせて心筋が収縮することでポンプとして仕事ができていると説明しました．号令がくるまで，心臓の細胞はスタンバイ状態にあります．電気的にはこの状態を**静止膜電位**と呼びます．そして号令を受けると瞬時にスイッチ・オン（脱分極または興奮）となりますが，電気的には号令が細胞をやや興奮させ，本格的にスイッチが入るボーダーライン（これを**閾値**と呼びます）を超えると脱分極します．閾値を超えて脱分極した後に，心筋の収縮が起こります．この静止膜電位を保つのには細胞内外でのK$^+$の濃度差が大切で，普段は細胞内の方が細胞外よりもKが非常に多い状態に保たれています．濃度差を保つために，細胞はエネルギーを使ってK$^+$を細胞内へNa$^+$を細胞外へ移動させています（この運搬係をNa$^+$-K$^+$ポンプと呼びます）．

　高K血症では，この静止膜電位が通常より閾値に近づいた状態になります．そのため，スタンバイ状態の細胞が一見すると興奮しやすくなっているのがわかります　図4-2 ．

脱分極（興奮）の仕方もおかしくなる

　さて，高K血症によってスタンバイ状態でもおかしくなる，「一見すると」興奮しやすくなって

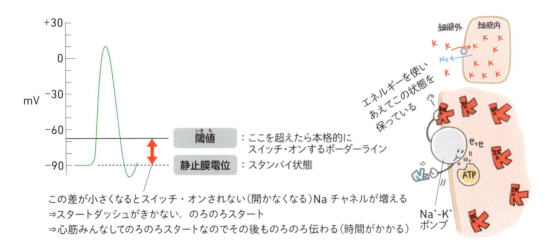

閾値：ここを超えたら本格的にスイッチ・オンするボーダーライン
静止膜電位：スタンバイ状態

この差が小さくなるとスイッチ・オンされない（開かなくなる）Naチャネルが増える
⇒スタートダッシュがきかない．のろのろスタート
⇒心筋みんなしてのろのろスタートなのでその後ものろのろ伝わる（時間がかかる）

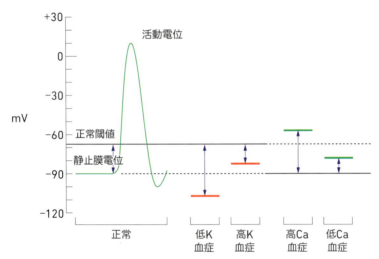

図4-2 高K血症に伴う静止膜電位の変化（文献4より引用・改変）

いると述べましたが，高K血症では脱分極（興奮）の仕方も異常をきたします．先ほど述べたとおり，心筋に電気的な号令がくると，静止膜電位（スタンバイ状態）から本格的に脱分極するボーダーライン（閾値）へと到達します．この電気的な変化を可能にするのはNaで，号令によってNaチャネル（voltage-gated Naチャネルと呼びます）が開き，細胞内へNaがチャネルを通って入ってくることによります（66ページ参照）．このとき，いくつNaチャネルが開くのかは，静止膜電位と閾値にどれだけ開きがあるかで決まるといわれており，高K血症によって静止膜電位と閾値が近づくと，普段より少ない数のNaチャネルしか開かなくなります．

　普段より少ない数のNaチャネルしか開かないと，号令が伝わってきてから閾値に達するのに時間がかかるようになります．つまり，高K血症があるときには，一見すると脱分極（興奮）しやすそうに見えて，実際には脱分極に到達するのに時間がかかり，また心臓内を刺激（号令）が伝わっていくのにも時間がかかるようになるのです．ややこしいですね．

高K血症のときのECG

では，心筋がスタンバイしている間も脱分極している間も異常をきたす高K血症では，どのような所見が心電図でみられるのでしょうか．

①テント状のT波（幅が狭く，高い）[5]

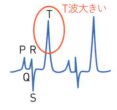

②P波の高さ減少，重度だとP波の消失，テント状T波（T波大きい）[5]

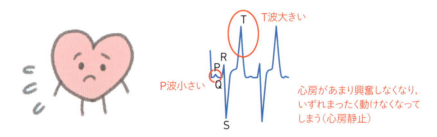

③QRS波の幅増加，陰性（下向き）で異常な形のQRS波，徐脈（心拍数の減少），T波大きい[5]

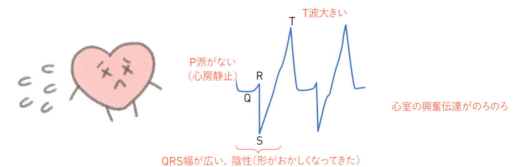

④そのほか：心房静止，心室粗動，心静止，洞性頻脈，第III度房室ブロック，心室性期外収縮も報告があります[6,7]．

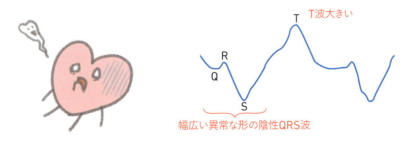

▶▶▶▶▶ **STEP UP**

心臓をCaで守れ!

　高K血症による心毒性への対策として，グルコン酸カルシウム（Ca）の静脈内（IV）投与があります．これは，グルコン酸Caを15〜20分かけてゆっくりIV投与することで，一時的に心筋を保護することができる，というものです．高K血症の影響で電気的におかしくなった心筋を，少しだけ楽にしてあげるようなイメージです．厳密にはCaを投与すると，先ほど出てきた閾値（そのラインを越えたら脱分極のスイッチが入る）を上げるので，高K血症の状況で狭まってしまった閾値と静止膜電位の間隔を広げ，正常へ近づけることができます．

　ただし，先ほども「正常の心臓の電気的活動を起こしているのは，Na^+，K^+，Ca^{2+}」と述べたとおり，Caも心臓に電気的に影響を与えます．そのため，グルコン酸CaのIV投与を急速に行ってしまうと不整脈が出ることがあります．ECGをモニターしながらゆっくり行うことが必要です．

　さらに，グルコン酸CaのIV投与により「電気的に」高K血症による心毒性を弱めることはできますが，血中のK濃度は一切変わらず高K血症のままであることにも注意が必要です．心臓が止まると亡くなってしまうので，高K血症による心毒性が出ている場合にはグルコン酸Ca投与がまず行われますが，上記の理由からもわかる通り，厳密には高K血症のための治療ではありません．効果もさほど長く続かないため，高K血症に対するほかの治療や原因対処を素早く行う必要があります．

　ちなみに本項では高K血症による心毒性に重点を置いて説明しましたが，低K血症，高Ca血症，低Ca血症などでも心臓が電気的に影響を受けて不整脈が出ます．さらに言えば，心臓内で号令を出しているペースメーカーが壊れてしまったり，号令を伝えるルートである刺激伝導系や心筋そのものが壊れてしまったりすることでも不整脈が出ます．

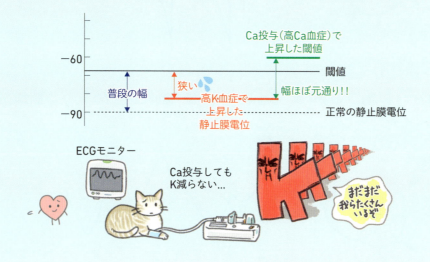

まとめ

　高K血症は心臓の細胞に電気的に影響を与えます．その結果，心筋細胞のスタンバイ状態（静止膜電位）にも，同調して興奮（脱分極）するための反応にも異常をきたします．これが高K血症による心毒性です．ECG上はテント状T波，幅広く陰性のQRS波，P波の欠如，徐脈などがみられ，最悪の場合，心静止し死に至ります．

最後に

　尿道閉塞は腎後性AKIの一つで，腎数値が測定限界オーバーになり得る緊急疾患です．それでも適切な対処が間に合えば助かる可能性は十分あるので，最初の血液検査だけで諦めるのはまだ早いです！

　閉塞解除も重要ですが，高K血症は心臓つまり命を脅かすので，高K血症の発見と対処も適切にできるようにしておきましょう．

参考文献

1. Foster J.D. (2024): Chapter 300 Acute Kidney Injury. In: Ettinger S.J., Feldman E.C., Cote E. Eds., Ettinger's Textbook of Veterinary Internal Medicine 9th ed., 2073-2088, Elsevier
2. IRIS Kidney: IRIS Grading of acute kidney injury (AKI) (2016) | IRIS Kidney HP, http://www.iris-kidney.com/pdf/4_ldc-revised-grading-of-acute-kidney-injury.pdf, (2024-08-05 参照)
3. Wigglesworth, S., Schaer M. (2023): Chapter 56 Potassium disorders. In: Silverstein D.C., Hopper K. Eds., Small Animal Critical Care Medicine 3rd ed., 326-332, Elsevier
4. Coté E., Ettinger S.J. (2016): Chapter 248 Cardiac Arrhythmias. In: Ettinger S.J., Feldman E.C., Cote E. Eds., Textbook of Veterinary Internal Medicine 8th ed., 1176-1199, Elsevier
5. Schroeder N.A. (2021): Interpretation of the Electrocardiogram in Small Animals, 28-29, Wiley-Blackwell
6. Pariaut R. (2023): Chapter 48 Bradyarrhythmias and conduction disturbances. In: Silverstein D.C., Hopper K. Eds., Small Animal Critical Care Medicine 3rd ed., 279-282, Elsevier
7. Thomas K.D. (2005): ECG Interpretation in the Critically Ill Dog and Cat, 127-128, Wiley-Blackwell

5章 アシドーシス・アルカローシス

○○性●●ーシスです．が結論ではない！

　11カ月齢，去勢済みポメラニアンが緊急で運び込まれてきました．飼い主さんの腕から飛び降り，右前肢を挙上するようになったとのことですが，ひどくハアハア（パンティング）しています．前肢と胸部のX線写真を撮影したところ，右橈尺骨骨折が見つかりましたが，胸部は明らかな異常を認めません．呼吸も苦しいのでは，と思い，最近病院に導入された血液ガス分析も実施してみた矢場井先生でしたが，「これは……アルカローシスがありますね．」とは言ったものの，その先が続かず止まっている様子です．もう少し詳しく診て，根本的な原因を突き止めなければ対処ができません．まずは，アルカローシスとは何か，というところから徐々に整理していきましょう．

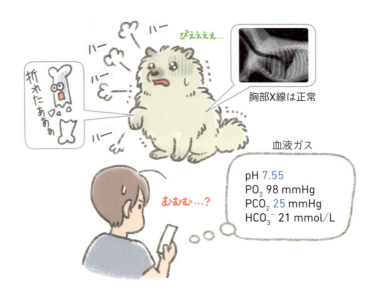

胸部X線は正常

血液ガス
pH 7.55
PO₂ 98 mmHg
PCO₂ 25 mmHg
HCO₃⁻ 21 mmol/L

アシドーシス，アルカローシスとは何か？

言葉の定義①アシドーシス，アルカローシス……の前にアシデミア，アルカレミア

　アシドーシス，アルカローシスについて説明する前に，アシデミア，アルカレミアについて定義だけ説明しておきます．**アシデミア（Acidemia，酸血症）**とは，酸（Acid）という単語に「○○が血液中にある」という意味を持つ接尾辞（-emia）がついた言葉で，血液が酸性に傾いている状態を指します．同様に**アルカレミア（Alkalemia，アルカリ血症）**とは，アルカリ（Alkali）

という単語に-emiaがついた言葉で，血液がアルカリ性に傾いている状態を指します．酸性，アルカリ性の指標としてpHがありますが，pHで表現する場合は，pHが正常範囲よりも低くなると酸性に傾いています．逆に，pHが正常範囲よりも高くなるとアルカリ性に傾いています．

アシドーシス（Acidosis） とは，酸（Acid）という単語に「病的なプロセスまたは状態」という意味を持つ接尾辞（-osis）がついた言葉で，身体に酸を蓄積させる（pHを低下させる）病的なプロセスのことを指します．同様に**アルカローシス（Alkalosis）** とは，アルカリ（Alkali）という単語に-osisがついた言葉で，身体にアルカリを蓄積させる（pHを上昇させる）病的なプロセスのことを指します．アシデミアになるにはその背景にアシドーシスが存在し，アルカレミアになるにはその背景にアルカローシスが存在することになります．

つまり，「血液のpHが正常範囲よりも低くなっていればアシデミアで，背景にアシドーシスが存在する」，「血液のpHが正常範囲よりも高くなっていればアルカレミアで，背景にアルカローシスが存在する」ということです．臨床的には血液のpHを調べる血液ガス分析の結果を見て，「アシドーシスがあるか，ないか」「アルカローシスがあるか，ないか」などを判断しているのです．詳しくはこの章の80ページで説明していきます．

言葉の定義②バッファー，酸，塩基

バッファー（Buffer，緩衝液）という言葉についても知っておく必要があります．バッファーとは，液体のpHの動きを最小限にする化学物質です．いわゆる「緩衝材」として働いており，バッファーが入っている（溶けている）液体に酸を足してもアルカリを足しても，ある程度まではpHが変化しづらくなります．これを緩衝作用といいます．ただし，完全にpHの変化を防ぎきれるものではなく，あくまで変化を和らげる（マイルドにする）イメージです．バッファーは弱酸と塩基のペアでできており，生体内で最も重要なバッファーは**重炭酸バッファー**（重炭酸緩衝系）です．

ここで，酸と塩基について復習しましょう．**酸（Acid）** とは，H⁺（水素イオン）を放出する物質です．液体中のH⁺濃度が高いほどpHは低下し，強く酸性に傾いていることになります．**塩基（Base）** とは，H⁺と結合する物質です．液体中に塩基が多ければ多いほどH⁺と結合してしまう（H⁺が持っていかれる）ためH⁺濃度が低下し，pHは上昇して，強く塩基性に傾いていることになります．なお，「塩基性」という言葉と「アルカリ性」という言葉は同じ意味です．

　例えば，X⁻という塩基があるとします．X⁻はH⁺と結合するとHXという物質（酸）となり，H⁺を持っていきます．

　ここで，HXバッファーというものがあったとします．HXは，水に溶けると一部だけがH⁺と

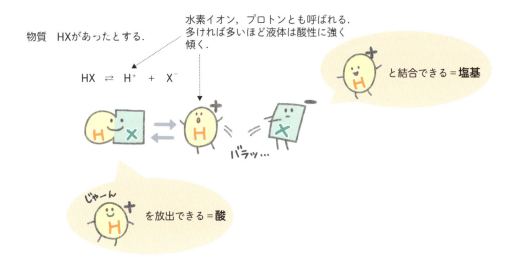

X⁻に分かれます．一部溶けた状態でバランスを取るので，化学式にすると，変化の方向を示す矢印は左右両方を指した次のような式になります※．

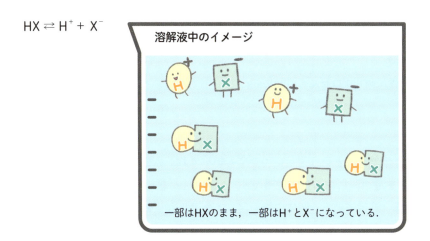

※ 念のため説明しておくと，化学式の左右で登場する原子や分子（HX, H, Xなど）の数は全く同じになると決まっています．上の化学式では，化学式の左右いずれにもHとXが一つずつ登場し，合計すると＋と－も打ち消し合ってバランスが取れるようになっています．

74

さて，バッファーの役割は緩衝作用で，液体のpHが簡単に変わらないよう，変化をマイルドにすることでしたね．バッファーの溶けている液体に酸（その酸から結果的に出てくるH$^+$）を足しても，別の塩基（Y$^-$）を足しても，バッファーがバランスを取り直してくれます．次のイラストでイメージを掴んでみてください．

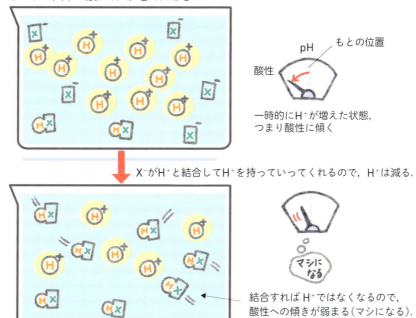

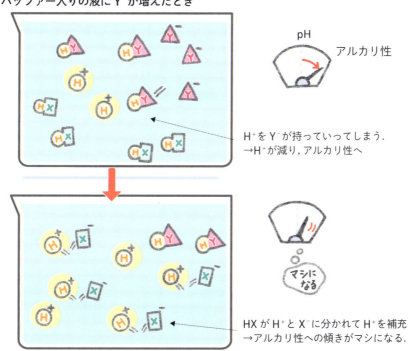

重炭酸バッファーでは，次の式のようにバランスを取っています．

$$\underbrace{CO_2 + H_2O}_{①} \rightleftarrows \underbrace{H_2CO_3}_{②} \rightleftarrows \underbrace{H^+ + HCO_3^-}_{③}$$
二酸化炭素 ＋ 水 ⇌ 炭酸(弱酸) ⇌ 水素イオン ＋ 重炭酸イオン(塩基)

HXバッファーの例ではH^+とX^-が結合した物質（弱酸）はHXでしたが，重炭酸バッファーの場合は炭酸（H_2CO_3）です．また，H^+とペアになる塩基は重炭酸イオン（HCO_3^-）です．実際の生体内ではこの反応を横から手伝う酵素（炭酸脱水酵素）が存在するため，①から③へ直通で反応が起き，生体内に炭酸が存在することはないといわれています．そこで，通常は次の式だけで表されます．

この化学式はアシドーシス，アルカローシスを考えていくうえで非常に重要です．

$$CO_2 + H_2O \rightleftarrows H^+ + HCO_3^-$$
二酸化炭素 ＋ 水 ⇌ 水素イオン ＋ 重炭酸イオン(塩基)

言葉の定義③呼吸性〜，代謝性〜

呼吸性〜（アシドーシスまたはアルカローシス）とは，「アシドーシスまたはアルカローシスの原因が肺での換気（ガス交換）にある」ということを指します．そして，**代謝性〜（アシドーシスまたはアルカローシス）**とは，「アシドーシスまたはアルカローシスの原因が腎臓などにある」ということを指します．

前項で述べたように，生体内で最も重要なバッファーである重炭酸バッファーによって，身体の酸塩基バランスは取られています．つまり，身体の酸塩基バランスはCO_2とHCO_3^-で取られているとも言えます．CO_2はガスで，HCO_3^-は体液中に溶けています．そして，生体内でガス交換をコントロールしている臓器は肺で，体液のバランスをコントロールしている臓器は腎臓です（腎臓の仕事については第3章「慢性腎臓病」を参照）．すなわち，CO_2のコントロールがうまくいかなくなる場合には肺での換気（ガス交換）に問題が，HCO_3^-のコントロールがうまくいかなくなる場合には腎臓などに問題があることになるのです．

呼吸性：CO_2のコントロールに問題アリ

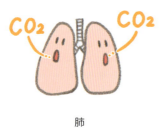

肺

代謝性：HCO_3^-のコントロールに問題アリ

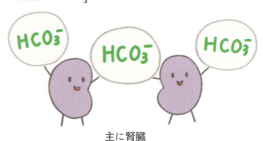

主に腎臓

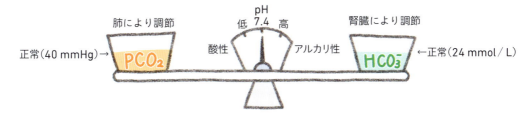

図5-1 血液pH（酸塩基）バランスのイメージ（文献1より引用・改変）
血液pHのバランスは肺により調節されるPCO₂と，腎臓により調節されるHCO₃⁻で決まる．PCO₂が正常の約40 mmHg, HCO₃⁻も正常の約24 mmol/Lのとき，ちょうどバランスが釣り合って血液pHは約7.4になる．もし片方が増えすぎたり減りすぎたりすると，どちらか重い方へ天秤(pH)が傾く．

生体内での酸塩基バランスがどう取られているかを理解するのに，図5-1のような天秤をイメージするとわかりやすいと思います．CO₂とHCO₃⁻でバランスが取れていると，血液のpHは真ん中（正常）になります．CO₂にもHCO₃⁻にも正常値があり，それぞれ正常同士なら，天秤は釣り合ってpHも正常です．

まとめ

アシドーシス，アルカローシスに関連する言葉の定義 表5-1 をまず押さえてもらいました．ややこしく感じた方もいるかもしれませんが，実はここをしっかり押さえておけば，この先の話がぐっとわかりやすく，しっくりきます．おや？　と思ったらこの表を読み返して，しっかりモノにしていきましょう．

表5-1 言葉の定義まとめ

用語	定義
アシデミア（Acidemia）(Acid)+(-emia)	血液が酸性に傾いている状態．血液のpHが正常範囲より低い．アシデミアになっている→アシドーシスが存在する．
アルカレミア（Alkalemia）(Alkali)+(-emia)	血液がアルカリ性に傾いている状態．血液のpHが正常範囲より高い．アルカレミアになっている→アルカローシスが存在する．
アシドーシス（Acidosis）(Acid)+(-osis)	血液のpHを下げる病的なプロセスや状態
アルカローシス（Alkalosis）(Alkali)+(-osis)	血液のpHを上げる病的なプロセスや状態
バッファー（Buffer）	液体のpHの動きを最小限にする緩衝材役の化学物質
酸（Acid）	H⁺（水素イオン）を放出する物質→液体に足されたときpHを下げる物質
塩基（Base）※1	H⁺と結合する物質→液体に足されたときpHを上げる物質
呼吸性〜（Respiratory-）※2	アシドーシスまたはアルカローシスが，肺での換気（ガス交換）の問題により起こっているということ
代謝性〜（Metabolic-）※2	アシドーシスまたはアルカローシスが，腎臓そのほかの問題により起こっているということ

※1　塩基性=アルカリ性
※2　アシドーシスまたはアルカローシスと続く．

そもそもなぜpHを気にする必要があるのか？

酸塩基バランスの正常範囲はとても狭い

　我々の身体は，色々とバランスが取れてちょうど良い状態でないとうまく働きません．水分も，摂取カロリーも，血糖値も，ミネラルバランスも，赤血球の数なども，バランスが崩れてしまうと身体がうまく動きません．酸塩基バランスも，普段意識することは少ないかもしれませんが，例外ではありません．うまくバランスが取れていなければならないのです．

　血液のpHの正常範囲はpH7.35～7.45（真ん中はpH7.4）で，若干アルカリ性に傾いています（pH7.0が中性）．身体はpHを上記の狭い正常範囲内に保つような仕組みを持っていますが，そもそもなぜこんなに狭い範囲内に保つ必要があるのでしょうか？

酵素などのタンパク質は電気を帯びていて，H^+の影響を受けている

　我々の身体に存在する細胞や酵素などのタンパク質は，立体的な3Dの構造をしています．タンパク質を構成しているのは様々なアミノ酸ですが，それぞれのアミノ酸が帯びている電気（荷電，と言います）によってもタンパク質の3D構造は決まっているのです．

　ここで，正常時よりも酸性に傾いてH^+濃度が高くなると，プラスの電気を帯びている（陽イオンである）H^+とタンパク質とが遭遇する機会が正常時よりも増えます．その結果，タンパク質の荷電と状態が正常時から変化し，タンパク質の構造も変わってしまいます．身体がアルカリ性に傾くと逆のことが起きますが，タンパク質の構造が正常時と変わるのは同じです．

　タンパク質は構造が変わってしまうと，うまく機能できなくなってしまいます．一般に酵素は，扱う対象とぴったり合う形をしているので，「手と手袋」や「鍵と鍵穴」に例えられることもあります．手袋をイメージすれば，片方の形が変わってしまうとしっくり来なくなり，場合によっては全く仕事にならなくなる場合もあるのが想像しやすいのではないでしょうか．

タンパク質の3D構造のイメージ．酵素（手袋）の形がくずれると，しっくり来ず仕事にならない

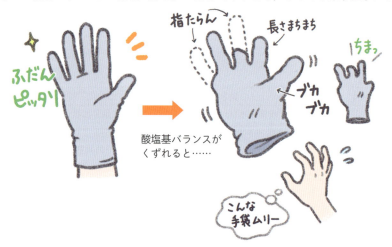

ちなみに，pHが0.3低下すると，H^+濃度はなんと倍（pHが0.3上昇するとH^+濃度は半分）になっています．ここまで変化すると生体を構成するタンパク質への影響も甚大です．また，ヒトの場合，おおよそ血液中のpH＜6.8またはpH＞7.8ではもう生きていられないレベルとされています．

生体内で最も重要なバッファーは重炭酸バッファー

ここで再度強調しておきたいのが重炭酸バッファーの重要性についてです．前述のとおり，我々の身体は，酸塩基バランスが大きく崩れると生きていけません．そこで，酸塩基バランス（要はpH）を正常範囲に安定させておくことがとても重要なのです．その役割を果たす最も重要なシステムが重炭酸バッファーです．CO_2とHCO_3^-の間でバランスを取ることができる限り，命に関わることがないようにしてくれる，セーフティーネットのようなものです．

$$CO_2 + H_2O \rightleftharpoons H^+ + HCO_3^-$$
二酸化炭素　＋　水　⇌　水素イオン　＋　重炭酸イオン（塩基）

バッファーがあってもpHの変化を完全に防ぐことはできないため，正常範囲を超えてアシデミア，アルカレミアになってしまうと二次的な弊害（合併症）が出てきます．例えば，アシデミアなら低血圧，アルカレミアなら低K血症などです．これらの合併症も重度になると命に関わるため，「重炭酸バッファーが頑張ってくれるから大丈夫」とタカをくくらずに，アシドーシス，アルカローシスの原因を探して対処していく必要があります．

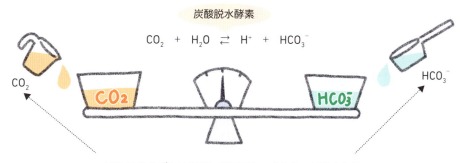

たのもしいけど完ペキには守り切れないぜ！　重炭酸バッファー

バランスをくずしに来ている原因をつきとめ，対処する！

まとめ

実は，血液のpHはかなり狭い範囲にコントロールされています．大きく正常からズレるとタンパク質の構造が変わってしまい，ひどければ命に関わります．そんな精密なコントロールを可能にしているのが重炭酸バッファーで，生体内のバッファーの中で最も重要な役割を担っています．アシデミア，アルカレミアでの二次的弊害も命に関わることがあるので，きちんとpHの変化を見つけて対処していく必要があります．

代謝性/呼吸性・アシドーシス/アルカローシスの例

ここで，代謝性/呼吸性・アシドーシス/アルカローシスの組み合わせ四つについて，どのような状態なのか，どういった疾患や病態に関連している場合が多いかを説明していきましょう．イメージが湧きやすくなると思います．

代謝性アシドーシス（最も多い）

代謝性アシドーシスでは身体に酸が溜まり，そこでHCO_3^-が消費されてしまいます．通常，酸を捨てている臓器は腎臓なので，腎機能が低下する慢性腎臓病（CKD）や重度の急性腎障害（AKI）などがこれに当たります．ほかにも，酸が溜まる病態（乳酸アシドーシス，糖尿病性ケトアシドーシス）や，逆にHCO_3^-を失いすぎる病態（下痢など）でも起きます．

肺での換気には問題がないので，CO_2が溜まるわけではありません．減ってしまったHCO_3^-に比べると，正常範囲にあるCO_2でも相対的に「重く」なるのでバランスが崩れ，CO_2側（酸性）へ傾くのです．

代謝性アルカローシス

代謝性アルカローシスでは身体が酸を失ってしまい，結果的にHCO_3^-が溜まりすぎてしまいます．代表的な原因は，嘔吐で胃酸を失った状態です．胃液中の胃酸はHCl（H^+＋Cl^-）なので，頻回嘔吐では過度に酸が失われることになります．特に，異物による上部消化管閉塞では，本来腸まで流れて吸収されるはずのH^+やCl^-が，嘔吐などで失われてしまうため，低クロール（Cl）血症と代謝性アルカローシスが同時に認められやすいです．

代謝性アルカローシスの場合も，肺での換気には問題がないのでCO_2が減るわけではありませんが，溜まってしまったHCO_3^-の方が相対的に「重く」なってバランスが崩れるので，HCO_3^-側（アルカリ性）へ傾くのです．

呼吸性アシドーシス

CO_2がうまく吐き出せない，いわゆる換気不全の状態だとCO_2が溜まってきてしまいます．代表的な原因としては，パグなどの犬で多い短頭種気道症候群です．このような症例では鼻孔や喉頭，気管で空気の通りが悪く，CO_2が溜まってしまうことがあります．また，重度の肺水腫などの症例で，呼吸をしても肺に問題があるせいで換気が十分にできないケース，あるいは麻酔や鎮静の影響で一時的に呼吸が弱まり，換気が十分にできないケースでも，同様に呼吸性アシドーシスが認められやすいです．

腎臓でのHCO_3^-のコントロールには問題がないので，HCO_3^-は正常範囲内のままですが，溜まってしまったCO_2の方が相対的に「重く」なってバランスが崩れるので，CO_2側（酸性）へ傾くのです．

呼吸性アルカローシス

CO_2を吐き出しすぎている，いわゆる過換気の状態ではCO_2が減りすぎてしまいます．代表的なのは過換気になる理由がほかにあるケースで，例えば骨折や椎間板ヘルニアの痛みでパンティングしている犬などです．冒頭で登場した矢場井先生の症例もこれに当たります．

腎臓でのHCO_3^-のコントロールには問題がないのでHCO_3^-は正常範囲内のままですが，減ってしまったCO_2よりもHCO_3^-が相対的に「重く」なってバランスが崩れるので，HCO_3^-側（アルカリ性）へ傾くのです．

これらを調べるために必要なのが，血液ガス分析

　ここまで説明したような身体の酸塩基バランスがどうなっているのか，CO_2やHCO_3^-はどうコントロールされているのかを調べるために，血液ガス分析が使われます．血液ガス分析では，ガスであるCO_2やO_2が血中にどれだけ溶け込んでいるかを見ているわけです．厳密には，血中のCO_2濃度からその濃度に達するために必要な分圧（PCO_2：肺胞内のガス中でのCO_2の圧力）を機械が計算して数字を出します． 図5-1 で，CO_2をPCO_2として表記しているのはそういうわけです．イメージとして掴みやすくするために単純に「CO_2」と呼んできましたが，正しくはPCO_2です．

　さて，血液ガス分析（血液ガス，とも呼びます）には，動脈から採血して行う動脈血液ガスと，静脈から採血して行う静脈血液ガスがあります．PCO_2とHCO_3^-は動脈・静脈間でズレが小さいため，臨床的には，酸素分圧（PO_2）以外は静脈血液ガスでも評価が可能です．すなわち，代謝性/呼吸性・アシドーシス/アルカローシスの区別は静脈血液ガスでわかります．動脈血液ガスのPO_2は，肺での酸素化能力（どれくらい身体に酸素を取り込めているか）を見るのに必要です．非常に高濃度の酸素を吸入している割にあまり身体に酸素を取り込めていないのでは，と疑って調べる際などに使われます．

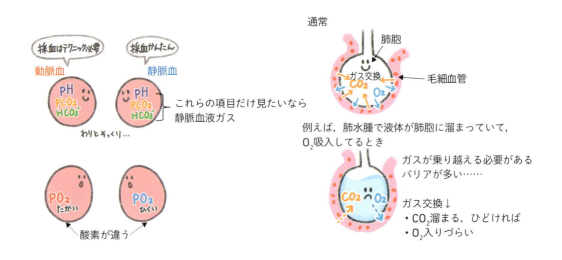

まとめ

　代謝性/呼吸性・アシドーシス/アルカローシス 表5-2 は，「呼吸に関連した問題かどうか」「酸/塩基が溜まるのか失われすぎるのか」に着目するとイメージしやすいかもしれません．今どういう酸塩基バランスにあって，原因がどこにあるのかを知れば，打てる対処がわかってきます．血液ガス分析で調べましょう．

表5-2 代謝性/呼吸性・アシドーシス/アルカローシスのイメージ図（文献1より引用・改変）

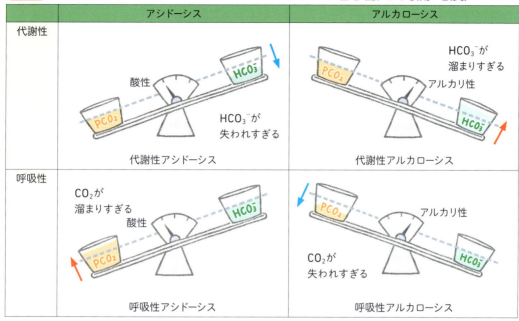

▶▶▶▶▶ STEP UP

"4"の法則

　血液ガスの正常範囲を覚えやすくする方法があります．それが，「"4"の法則」です 表5-3 ．4に注目しながら見てもらうと，なかなか面白いと思います．それでは早速，静脈血液ガスで評価されるメインの項目であるpH，PCO₂，HCO₃⁻に，Base Excess（BE，基本的にHCO₃⁻と同じ挙動を示します）を加えた4項目を見ていきましょう．いずれも，「**正常範囲真ん中＋/－幅**」という表記になっています．また，覚えやすくするために厳密な正常範囲より1だけ（pHは0.01だけ）ズレることも許容しています．

表5-3 "4"の法則

項目	"4"の法則	正常範囲
pH	7.4+/−0.04	7.35〜7.45
PCO₂（mmHg）	40+/−4	35〜45
HCO₃⁻（mmol/L）	24+/−4	21〜27
BE（mmol/L）	0+/−4	−4〜4

どうすれば○○性●●ーシスを見分けられるか？

　実は、簡単に代謝性/呼吸性・アシドーシス/アルカローシスを分類できる方法があります[2]．ちなみに，血液ガスの評価に限った話ではないですが，決まった順番で評価するクセをつけておくと，何か一つ目立つ異常に気を取られて，ほかの異常を見落とすリスクが減らせます．

①まずpHを見る

　酸性とアルカリ性どちらに傾いているかを評価します．酸が溜まっているかどうかを評価しているとも言えます．酸性ならばアシドーシス，アルカリ性ならばアルカローシスがあると判断して②へ進みます．

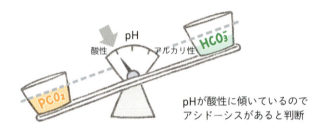

pHが酸性に傾いているのでアシドーシスがあると判断

②CO_2を見る

①でアシドーシスがある場合（酸が多いとき）
- CO_2が多ければ肺のせい，つまり呼吸性アシドーシスと判断します．
- CO_2が少なければ（または正常ならば）肺のせいではない，つまり代謝性アシドーシスと判断します．

①でアルカローシスがある場合（酸が少ないとき）
- CO_2が少なければ肺のせい，つまり呼吸性アルカローシスと判断します．
- CO_2が多ければ（または正常ならば）肺のせいではない，つまり代謝性アルカローシスと判断します．

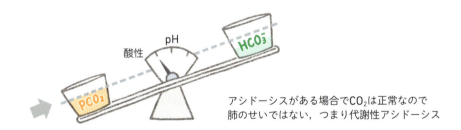

アシドーシスがある場合でCO_2は正常なので肺のせいではない，つまり代謝性アシドーシス

③HCO_3^-を見て確かめる

　今度はHCO_3^-を使って，②のステップでCO_2から分類したものに一致するかを確かめます．一致していれば評価はそのままですし，まれに呼吸性も代謝性も併発しているケースもあります．HCO_3^-に関しては，「**HCO_3^-とpHが同じ方向に動いていれば，代謝性**」と思っておいても良いです．

①でアシドーシスがある場合（酸が多いとき）
- HCO_3^-が下がっていれば腎臓などのせい，つまり代謝性アシドーシスと判断します．
- HCO_3^-が上がっていれば（または正常ならば）腎臓などのせいではない，つまり呼吸性アシ

ドーシスと判断します．

①でアルカローシスがある場合（酸が少ないとき）
- HCO_3^- が上がっていれば腎臓などのせい，つまり代謝性アルカローシスと判断します．
- HCO_3^- が下がっていれば（または正常ならば）腎臓などのせいではない，つまり呼吸性アルカローシスと判断します．

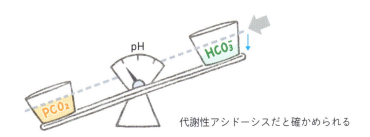

代謝性アシドーシスだと確かめられる

練習

ここで，冒頭で激しくパンティングしていたポメラニアンの症例を考えてみましょう．動脈血液ガスの結果は次のとおりでした．なお，○○性●●—シスを分類するのに必要な部分だけ抜粋してあります 表5-4 ．

表5-4 激しくパンティングしている犬の血液ガス結果

結果	正常範囲
pH 7.55	7.35〜7.45
PCO_2 25 mmHg	35〜45
HCO_3^- 21 mmol/L	21〜27

①まずpHを見る：アルカリ性に傾いているので，アルカローシスがあると判断します．
②CO_2を見る：アルカローシスがある場合で，CO_2が少ないので肺のせい，つまり呼吸性アルカローシスと判断します．
③HCO_3^-を見て確かめる：アルカローシスがある場合で，HCO_3^-が正常なので腎臓などのせいではない，つまり呼吸性アルカローシスと確かめられます．

このように，冒頭ではアルカローシスだということしか分類できていなかった矢場井先生も，スムーズに呼吸性アルカローシスだと分類できました．この症例では過剰なパンティングによってCO_2が失われたことによる異常であることが最も疑われます．そのため，過剰なパンティングの原因となりそうな骨折の痛みに対する処置が適切だと分かります．ここで，例えばパンティングしているから酸素が必要だ！　というのは本当に症例が必要としていることとは違うわけです．

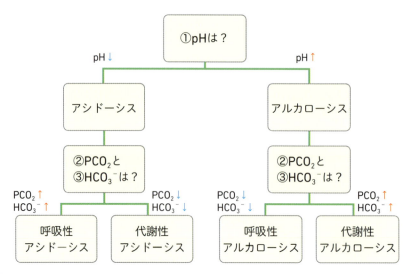

図5-2 血液ガスで代謝性／呼吸性・アシドーシス／アルカローシスを分類するフローチャート

まとめ

血液ガス分析は決まった順番で毎回評価するクセをぜひつけましょう **図5-2**．間違えにくくて，わかりやすいです．このように代謝性／呼吸性・アシドーシス／アルカローシスを分類することで，先ほどの例のような原因疾患を突き止めやすくなります．そして，どんな治療ができるのかを考えていくことができます．

▶▶▶▶▶ STEP UP

代償性変化

身体には，どこかが異常になる（病的変化）とバランスを取ろうとする代償性変化というものが備わっています．酸塩基バランスにも代償性変化は存在し，これを知っていると，実際の症例をより詳細に評価することができます．

酸塩基バランスを主にコントロールしてくれているのは肺と腎臓でした．肺ではCO_2をコントロールし，腎臓ではHCO_3^-をコントロールしています．肺での換気がおかしくなってアシドーシスやアルカローシスが起きれば，残る腎臓がバランスを取ろうとします．

逆に，腎臓などがおかしくなってアシドーシスやアルカローシスが起きれば，残る肺がバランスを取ろうとします．

天秤の例をもう一度見てみましょう．例えば，呼吸性アシドーシスがあったとします．pHは酸性側へ傾いていて，CO_2が溜まってしまっています．肺での換気（CO_2）にもともと異常があるからCO_2が溜まっているので，本人は原因を取り除けません．その状況でこの天秤のバランスを取るには，もう片側のHCO_3^-を増やせば良いのです．

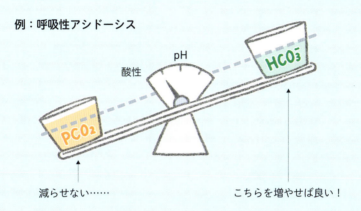

例：呼吸性アシドーシス

減らせない……　　こちらを増やせば良い！

このように，天秤の片方が重くなったせいで崩れたバランスは，もう片方も重くすることで代償しようとします．一方で，天秤の片方が軽くなったせいで崩れたバランスは，もう片方も軽くすることで代償しようとします．代償性変化をしている項目（PCO_2またはHCO_3^-）は，先に病的変化を起こした項目と同じ方向へ変化（上がったり下がったり）します 表5-5．

表5-5　それぞれの病的変化に対応する代償性変化

病態	病的変化	代償性変化
代謝性アシドーシス	HCO_3^- ↓	PCO_2 ↓
呼吸性アシドーシス	PCO_2 ↑	HCO_3^- ↑
代謝性アルカローシス	HCO_3^- ↑	PCO_2 ↑
呼吸性アルカローシス	PCO_2 ↓	HCO_3^- ↓

最後に

アシドーシス，アルカローシス（アシデミア，アルカレミア）になると，身体は二次的に弊害を受けます．血液ガスはややこしい，と思われがちですが，まずは実際の血液ガスの結果を本書と同じやり方で分類するところから始めてみましょう．結局のところ何がアシドーシス，アルカローシスの原因なのか分析し，修正できる原因なら修正して，修正できない原因なら二次的弊害を避けるために，酸塩基のバランスを修正するような治療が必要になります．

さて，冒頭での矢場井先生の症例は，骨折の疼痛による過換気（パンティングのしすぎ）で呼吸性アルカローシスに陥っていることが疑われました．そこで，十分な鎮痛薬を投与して固定用包帯を巻いたところ，パンティングも落ち着き，しばらくしてから血液ガスを再測定するとpHも正常化していました．原因の修正がうまくできましたね．

参考文献
1. Abelow B. (2016): The Painless Guide to Mastering Clinical Acid-Base, CreateSpace Independent Publishing Platform
2. 古川力丸(2016): ナース・研修医のための世界でいちばん簡単に血ガスがわかる, 使いこなせる本, メディカ出版

memo

6章 高血圧

眼に異常が出るのは眼科疾患だけじゃない！

「急に黒目が大きくなってしまいました！」という主訴で，12歳，避妊雌の短毛雑種猫がやってきました．自宅で驚いたり緊張したりするような出来事はあったかと飼い主さんに尋ねましたが，特に心当たりはない様子です．「とりあえず眼科検査して状況チェックしようと思うんですが，ほかに見ておいた方が良いものってありますか？」という矢場井先生．グイグイと眼科検査をする前に，「まず先に血圧」を「ちゃんと」測定しましょう！　理由はこの後説明しますね．

正常な血圧のコントロール

"The tree of life"を押さえよう

　動脈血圧は，血管が脈を打つたびに常に変化していて，脈の拍動1回のうちで最も圧が高い収縮期血圧（Systolic Blood Pressure: SBP，心臓の収縮期），最も圧が低い拡張期血圧（Diastolic Blood Pressure: DBP，心臓の拡張期），そして平均血圧（Mean Arterial Pressure: MAP，MAP＝DBP＋1/3×脈圧※で計算される）があります．この中で，SBPはそれぞれの臓器に最大どれくらい高い圧（高すぎれば負担）がかかっているかの指標になります．一方で，それぞれの臓器にどれだけ血流が行くか，に最も関わっているのがMAPです．

　ここで示す 図6-1 は"The tree of life"と呼ばれ，血圧のコントロールについて考えるときに避けては通れません．一見するとややこしく感じるかもしれませんが，一つひとつ見ていくと

※ 脈圧＝SBP－DBP

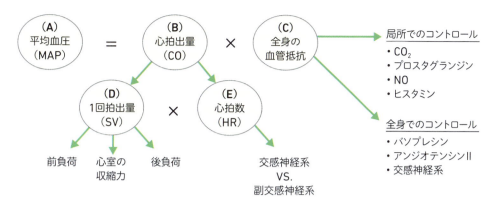

図6-1 "The tree of life"(文献1より引用・改変)
図中の(A)〜(E)は本文中の説明と対応している．

シンプルです．ここに続く説明と 図6-1 を見比べながら，押さえていきましょう．

(A) 平均血圧

まず，**平均血圧（MAP）**は，**心拍出量**（1分あたり心臓からどれだけの血液が流れてくるか）と**血管抵抗**（どれくらい血管をギュッと締めるか）とで決まります．心拍出量が増えてもMAPは上がりますし，血管抵抗が上がってもMAPは上がります．逆に，心拍出量が低下したり血管抵抗が下がったりする（血管拡張する）とMAPは下がります．

(B) 心拍出量

心拍出量（Cardiac Output: CO）は，**1回拍出量**（心臓の収縮1回あたりどれだけの血液が押し出されるか）と心拍数（回/分）との掛け算で算出されます．

(C) 血管抵抗

血管抵抗は，血管を「収縮させる刺激」と「拡張させる刺激」のバランスで決まります．より収縮した血管の方が内部の抵抗が高いので，その中をギュッと押し通すためにはより大きな力が要る（＝圧力が高くなる/高い圧力が必要）ということになります．

この血管抵抗は，全身まるっと大きい規模でコントロールするのか，それぞれの臓器や組織といった小さい規模でコントロールするのかによって登場する要素が異なります．本稿で扱う全身性高血圧は全身の血管に関わることなので，**交感神経系・アンジオテンシンⅡ・バソプレシン**などが関わっています．

(D) 1回拍出量

1回拍出量（Stroke Volume: SV）は，どれだけ心臓に血液が返ってきているか（**前負荷**＝心臓を通る血液目線で心臓より前），どれだけ心臓から血液を押し出すのに圧力が必要か（**後負荷**＝心臓を通る血液目線で心臓より後ろ），**心室の収縮力**（ギュッと押し出すパワー）で決まります．血液がより多く返ってきていて，血液を押し出すのに必要な圧力がより低く，心室の収縮力がよ

り高い方が，心拍1回あたり多くの血液をポンプとして押し出せるわけです．

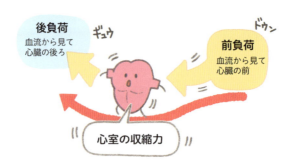

(E) 心拍数

心拍数 (Heart Rate: HR) は，自律神経系（交感神経系と副交感神経系）でコントロールされています．緊張・興奮したときに活発になる**交感神経**の刺激は**心拍数を上げ**，リラックスしたときに活発になる**副交感神経**の刺激は**心拍数を下げ**ます．

循環血液量は常に「ほどほど」をキープしたい

先ほど出てきた"The tree of life"で言う心拍出量・1回拍出量・前負荷に関わるのが循環血液量です．すなわち，血管内にどれだけ血液があるか，ということです．血液が足りなければ，心臓に戻ってくる血液も少なく，1回拍出量も少なく，心拍出量も少なくなり，進行すると血圧も下がってしまいます．我々の身体は，脳を始めとした全身の臓器に，常に適切な血流が確保されていなければ生きていけません．脱水や失血などで大幅な循環血液量の低下があると，命に関わります．そのため，もともと身体には「循環血液量が減ったらすぐもとに戻す」「逆に循環血液量が増えたらそれももとに戻す」仕組みがあり，それぞれの仕組みも複数の手段を組み合わせて目標を達成するようになっているので，身体にとって適切な状態をより確実に維持できるようになっています．もう少し具体的に説明しましょう．

①循環血液量が減った場合 図6-2 [2]

血液量が減ると，レニン-アンジオテンシン-アルドステロン系（Renin-Angiotensin-Aldosterone System: RAAS）という一連の流れ（身体の反応）が活性化して対応します．まず，減った血液量は，それをもとに作った原尿の量も減ったことで感知されます．感知するのは遠位尿細管の細胞で，そのすぐ隣の傍糸球体細胞からレニンというホルモンが分泌されます．レニンの作用でアンジオテンシンIが分泌され，より活性のあるアンジオテンシンIIに変換されます．

このアンジオテンシンIIには強力かつ様々な作用があり（99ページのSTEP UPで扱っています），その一部にアルドステロン分泌増加，バソプレシン分泌増加，渇中枢刺激があります．アルドステロンは腎臓（集合管）でのナトリウム（Na）の再吸収を増加させ，バソプレシンは腎臓（集合管）での水の再吸収を増加させます．渇中枢が刺激されると，生体は喉が渇いて水を飲もうとします．これらの仕組みが合わさって，身体に水分・塩分を取り戻し（これ以上失わないよ

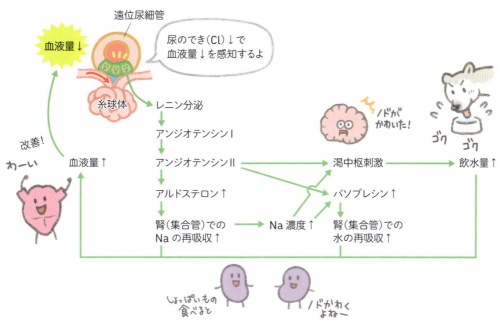

図6-2 血液量のコントロール（減った場合）（文献2より引用・改変）

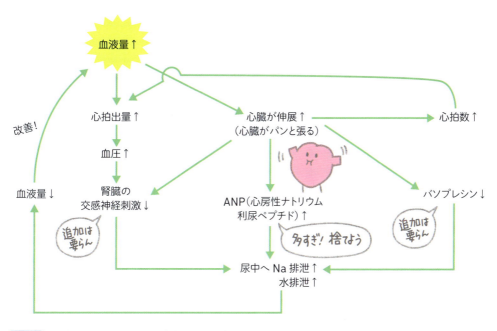

図6-3 血液量のコントロール（増えた場合）（文献3より引用・改変）

うにして），減少した血液量を増やして対応するのです．

②循環血液量が増えた場合 図6-3 [3]

血液量が増えると，全身から血液が戻る右心房の圧が上がります．すると，心拍数や心拍出量が増えるだけでなく，心房が「張っている」刺激で，心房性ナトリウム利尿ペプチド（Atrial

Natriuretic Peptides: ANP）というホルモンが心房から分泌されます．ANPは名前のとおりナトリウム利尿，つまり尿中にNaを捨てさせるホルモンです．Naは水を引っ張る（浸透圧）ので，間接的に尿中に水も捨てることになります．また，血液量が十分なら「追加の水は要らないね」と身体が判断して，バソプレシンの分泌は減少します．腎臓で水を再吸収させるホルモンが減るので，尿中への水排泄が増えることになります．そして，増加した心拍出量の影響で血圧も増加し（図6-1 も参照してください），結果的に利尿作用をもたらすので，腎臓ではNa排泄と水排泄の両方が増えます．このように複数の仕組みで尿中へNaと水を排泄することで，増えた血液量を減らして対応するのです．

血圧のコントロールには交感神経系が重要

最初に出てきた"The tree of life"の血管抵抗，心拍数に関わるのが交感神経系です．交感神経系・副交感神経系を合わせて自律神経系と呼びます．循環のコントロールに関わるのは，ほぼ完全に自律神経系だけです．中でも，血圧のコントロールにおいては交感神経系が特に重要です．

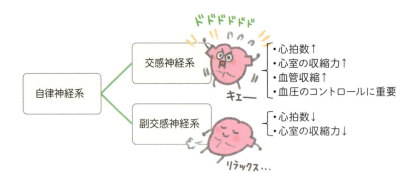

さて，全身の血管のうち，毛細血管以外の血管には交感神経が分布しています．その中でも小動脈や細動脈にある交感神経が興奮すると，血管壁にある平滑筋が収縮して血管が収縮し，血管抵抗が上がるので血圧が上がります．ちょうど，水を流しているホースを押しつぶしたときに流れ出る水の勢い（圧力）が増すのと同じ原理です．これが，交感神経が直接血圧を上げる仕組みです．

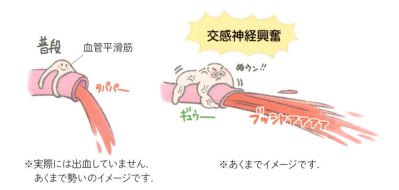

また，大きな静脈にも交感神経は走っていて，その交感神経が興奮すると，静脈も血管収縮します．もともと静脈の血圧はかなり低いので，静脈の血管収縮が全身の血圧を直接上げるというよりは，静脈内をゆっくり流れる血液をギュッと早く心臓へ戻すのに役立ちます．

　交感神経は心臓にも直接作用して心拍数を上げ，心室の収縮力も上げます．心臓がより力強く効率良いポンプになり，心臓から血液を押し出すのです．副交感神経は交感神経とは逆の作用があり，心拍数を下げて心室の収縮力も下げます．

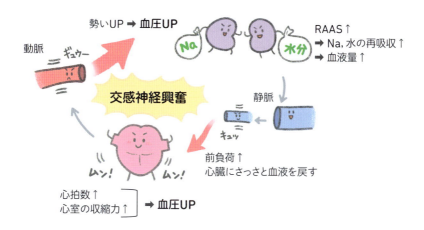

　92ページで解説した循環血液量は，血圧のコントロールそのものには重要ですが，本項で説明する自律神経による循環のコントロールの方が，全身的な血圧に対する影響は大きいです．このように基本的には，血管の収縮は「普通の状態」か「普通よりさらに収縮させる」のいずれかです．

　なお，身体には血圧が下がったことを感知するセンサー（圧受容器）も備わっています 図6-4．圧受容器は，特に重要な大きい動脈（大動脈弓と頸動脈洞）に存在します．血圧が下がると圧受容器がそれを感知します．圧受容器からの情報は脳の延髄にあるコントロールセンター（心臓血管中枢）に伝えられ，交感神経系の興奮として心臓と血管へ伝わっていきます．そして先ほどのような仕組みで血圧を上げて，下がった血圧に対応するようにできています．

まとめ

　全身の血圧は，"The tree of life"で説明されるように，血液の量，心臓のポンプ，そして全身の血管抵抗（全身の動脈がどの程度ギュッと収縮しているか）で決まります．それぞれの主な

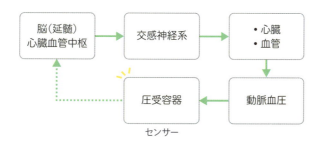

図6-4 圧受容器が低血圧のセンサーとして働く仕組み（文献4より引用・改変）

コントロール係は，血液量なら腎臓とRAAS，心臓のポンプなら血液量と交感神経系，血管抵抗なら交感神経系とアンジオテンシンⅡ，RAASなどです．複雑な仕組みのようですが，それだけ血圧が下がらないように発達してきたとも言えるでしょう．

犬猫でも高血圧ってあるの？

　犬でも猫でもいわゆる「高血圧」はあります．厳密には，この章で扱うのは「**全身性高血圧**」のことです．ほかにも肺高血圧症など高血圧が名前に入る全く別の病態が存在するので，区別のためここからは全身性高血圧，と呼んでいきましょう．全身性高血圧の定義は，「**長期間，収縮期血圧が異常に高い状態が続いているもの**」です．

　さて，この全身性高血圧は，犬の13％（7〜8頭に1頭），猫の19.5％（5頭に1頭）が患っていると報告されています[5]．特に高齢（＞9歳）の方が全身性高血圧と診断されやすいです．犬猫では，ヒトとは違う理由で全身性高血圧になる場合が多いです．犬猫での全身性高血圧は，基本的に「全身性高血圧を引き起こす別の疾患」があって二次的に起きる，二次性高血圧と呼ばれるものです．一方，ヒトでは「原因はわからないが高血圧だけが見つかる，ほかの病気はない」という，本態性高血圧と呼ばれるものが多いのですが，犬猫では本態性高血圧は珍しいです．どのくらい珍しいかというと，犬ではほぼない，猫でも全身性高血圧症例の1〜2割ともいわれますが，おそらくほかの疾患を見逃しただけとも考えられているくらいです[2]．

　犬猫の全身性高血圧を引き起こすと考えられている併発症には様々なものがありますが，**最も多いのは腎臓病**です．犬では様々な併発症において，慢性腎臓病（〜90％），急性腎障害（〜90％），クッシング症候群（〜80％），糖尿病（〜70％弱），褐色細胞腫（〜90％弱）などの割合で全身性高血圧が認められます[5]．一方の猫では，慢性腎臓病（〜70％），甲状腺機能亢進症（〜90％），原発性高アルドステロン症（〜100％），糖尿病（〜20％），クッシング症候群（〜20％）などの割合で全身性高血圧が認められます[5]．報告によってはもっと低い割合のものもありますが，今回は報告されているもので一番高かった割合を紹介しています．また，これらの併発症のほかに，薬剤によって起こる全身性高血圧もあります．例えば，犬でのグルココルチコイド，リン酸トセラニブ（パラディア®），犬猫でのダルベポエチンなどです[2]．

全身性高血圧の診断

　全身性高血圧を診断するためには，血圧を正確に測定する必要があります．最も正確な数値が測れるのは，動脈に直接カテーテルを入れて動脈血圧を測定する方法（**観血的血圧測定**）ですが，静脈よりも細い・穿刺した際に痛みが強い・扱いを間違うと大量失血のリスクがあるなど，侵襲が高い（動物への負担が大きい）うえに手間も多いので，手術中など限られた状況でしか使われません．外来などの状況では，間接的に動脈血圧を測定する方法（**非観血的血圧測定**）が使われます．私達（ヒト）が健康診断や病院の受診時などに血圧測定するのと似た方法で，使いやすくてある程度正確なものが用いられています．非観血的血圧測定には，**ドプラ法**と**オシロメトリック法**があります．

　正確に血圧を測定したら，評価です．下記 Box6-1 のようなポイントに気をつけて測定され

た血圧の平均値の，収縮期血圧を見ていきます．ここで注意が必要なのは，白衣高血圧や環境性高血圧と呼ばれる現象です．要は緊張したせいで測定中には全身性高血圧のような結果が出たものの，家でリラックスしていれば実は高血圧ではない，というものです．環境性高血圧の個体に誤って血圧を下げる治療をしてしまうと，家で低血圧を起こすため危険です．

観血的血圧測定	非観血的血圧測定
動脈に直接カテーテル／専用のライン／生体モニター	ドプラ法：プローブ／カフ／音を聴きながら圧をかけたりぬいたり／圧メーターを自分で見る　　オシロメトリック法：機械が計算してくれる

Box6-1 正確な血圧測定のためのポイント[5]

- 血圧測定機器は定期的にキャリブレーション（校正）しておく．
- 測定に慣れたスタッフが実施する．
- 動物をできるだけ緊張させず，まず静かな環境に慣らしてから実施する．
- 5～7回安定した血圧が測定できるまで続ける．
- カフは適切なサイズを用い，心臓と同じ高さ（～10 cm以内の差）に巻く．
- 最初の測定値は使わない．
- 動物が動いたり興奮したりした場合の測定値は使わない．
- 除外されずに残った数値の平均をとって評価する．

※個室　飼い主さん　慣れたスタッフ

まとめ

犬猫でも全身性高血圧はありますが，ヒトとは違い，ほかの併発症のせいで起こる二次性全身性高血圧がほとんどです．その併発症としては慢性腎臓病，急性腎障害，クッシング症候群，甲状腺機能亢進症，糖尿病などが挙げられます．きちんとした診断・治療のために，血圧の測定方法から気をつける必要があります．

なぜ高血圧になる？

正常なコントロールでも仕組みは複雑だった

先ほど説明したとおり，血圧のコントロールには正常時でも様々な仕組みが複雑に関与しあっていました．大まかなところだけでも自律神経系，ホルモン，腎臓，血管，心臓と多く，いずれかが異常をきたすと全身性高血圧になってしまいます．特に，犬猫では腎疾患による全身性高血圧

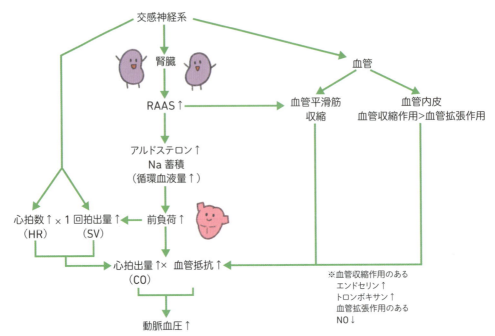

図6-5 腎疾患での全身性高血圧が起きるメカニズム（文献2より引用・改変）

が多いので，そのメカニズムとして考えられているものを次の 図6-5 で示しています．このように，交感神経刺激，RAASの活性化（↑），血管収縮は互いに関連しあっています．また，RAASで登場するアンジオテンシンIIは，特にAT1という受容体に作用すると血管収縮などの作用を及ぼします．

メジャーな疾患での全身性高血圧

前項では犬猫での全身性高血圧は二次性がほとんどと述べました．それらの併発症の中でも，機序（メカニズム）がわかっているものや，ある程度しっかり推測されているものを紹介しておきます．犬猫どちらで遭遇しやすいかも示しています[2,5]．

慢性腎臓病 🐶 🐱

多数の要因が絡み合って全身性高血圧になると考えられていますが，特に全身性のRAAS↑（特に犬），腎臓組織内部でのRAAS↑，Na蓄積，血管内容量（循環血液量）↑，交感神経刺激，動脈の構造変化，血管内皮（普段は血管拡張に一役買う）の機能不全，NOを介した血管拡張作用↓，血管のエンドセリン産生の増加（エンドセリンは血管収縮させる物質），活性酸素種の産生増加/酸化障害などがあります．大まかな流れは先ほどの 図6-5 に示しています．

アンジオテンシンIIとアルドステロンが過剰に存在すると，腎臓に障害が加わるため，アルドステロン濃度上昇も慢性腎臓病（Chronic Kidney Disease: CKD）で全身性高血圧が生じる理由の一つかもしれません．また，糸球体性疾患がある場合，Na蓄積とRAAS↑，交感神経刺激から全身性高血圧と関連があることがわかっています．犬の場合，CKDの中でも糸球体疾患のある場

▶▶▶▶▶ STEP UP

実は広い！ アンジオテンシンIIの作用

何度も登場するアンジオテンシンIIですが，その作用（AT1受容体での作用）は多岐にわたります．ざっくりとしたイメージで言うと，血管を収縮させ，血液量を増やし（血圧を上げ），様々な組織を壊し，硬くします．次の Box6-2 で紹介しています．

Box6-2　AT1受容体を介したアンジオテンシンIIの作用

- 血管収縮　　・末梢血管抵抗↑
- 腎臓の近位尿細管からのNa再吸収↑（水の再吸収も↑）
- アルドステロン↑により，集合管でのNa再吸収↑（水の再吸収も↑）
- 血管増殖因子↑
- アテローム形成（動脈壁に，主に脂肪で構成される沈着物が溜まり，動脈硬化を起こすこと）
- バソプレシン分泌↑，渇刺激↑（飲水したくなる），心拍出量↑
- 糸球体ろ過量（GFR）↓　・心肥大　・組織の線維化　・活性酸素種↑
- 炎症性サイトカイン↑

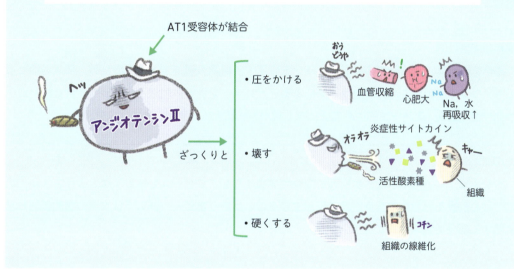

合に全身性高血圧が特に多いとされています．

急性腎障害 🐱🐱

先ほどのCKDでの全身性高血圧と同様交感神経刺激なども関連しているかもしれません．CKDとは異なり，急性腎障害（Acute Kidney Injury: AKI）ではさらに医原性の容量過負荷（輸液のしすぎで血管内容量が過剰になること．要はパンパンになっている状態）も大きな原因と考えられています．確かに輸液が必要なことが多いですが，輸液のしすぎは害です．

クッシング症候群 🐱

グルココルチコイド過剰によって，心拍出量↑，全身の血管抵抗↑，腎血流↑などが生じます．

糸球体の機能不全やタンパク尿も関係していると考えられています. そのほかに, ミネラルコルチコイド作用の過剰, RAAS↑, NO濃度↓なども理由として考えられています.

甲状腺機能亢進症 🐱

甲状腺機能亢進症が全身性高血圧を起こす理由はあまりよくわかっていません. ヒトでは, 甲状腺ホルモン (サイロキシン) が過剰になると, 初めは末梢の血管抵抗↓, 反射性に心拍出量↑, それに刺激されRAAS↑, という流れが血圧上昇に関与していると考えられています. また, 甲状腺ホルモンはカテコラミン (アドレナリンなど) への身体の感受性も高め, 心室の収縮力と心拍数も上げるため, そこからも血圧上昇につながる可能性があります.

糖尿病 🐶🐱

糖尿病の猫での全身性高血圧はまれで, 犬でもそれほど重度の全身性高血圧にはなりません. インスリン欠乏によって生じるNO↓, Naと水の蓄積↑, 細胞内Ca^{2+}↑による血管平滑筋の収縮↑, 血管平滑筋の増殖, 交感神経刺激↑などが理由になり得ると考えられています.

褐色細胞腫 🐶

褐色細胞腫は, 副腎髄質のアドレナリンを分泌する細胞の腫瘍です. そのため, 腫瘍細胞によるカテコラミン分泌↑, カテコラミンによるアドレナリン受容体刺激↑によって, 全身性高血圧や発作性高血圧 (突然一時的に高血圧になる現象) が起きると考えられています.

その他

ちなみに, ヒトでは心疾患が原因で全身性高血圧を起こすケースも珍しくないようですが, 犬猫では心疾患それ自体で全身性高血圧が生じることはありません. 詳しくは次項の標的臓器障害に関する部分で説明します.

まとめ

正常な血圧コントロールに関わる自律神経系, ホルモン, 腎臓, 血管, 心臓などが異常をきたすと, 血圧コントロールの様々な部分で血圧が上がる方へ上がる方へと傾いていき, 全身性高血圧になります. 特に, 交感神経, RAAS, アンジオテンシンIIなどが深く関わります.

高血圧になると何が起きる？

パッと見では気づけないことも多い

全身性高血圧があるだけでは, ハッキリとした症状, 特に飼い主さんが気づくようなわかりやすい症状は出ません. 異常に気づくのは全身性高血圧の結果として**標的臓器障害** (Target Organ Damage: **TOD**) が出てきたときくらいのものです. TODとは, 全身の様々な臓器の中でも特に全身性高血圧に弱い臓器 (標的臓器) が受けるダメージや影響のことで, 気づいたときには重篤な障

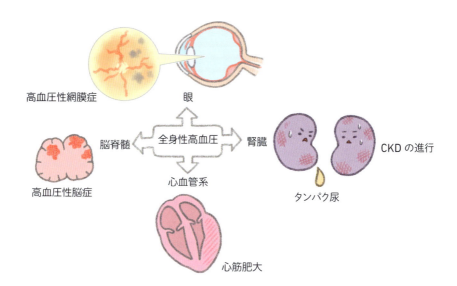

害を出した後であることも珍しくありません．TODのターゲットとなる臓器は四つ（眼，腎臓，心血管系，脳脊髄）あり，全身性高血圧が重度であるほどTODのリスクが上がっていきます．

TODのリスク分類

全身性高血圧はその程度によって正常血圧〜重度高血圧まで段階分けされていて，それに対応してTODのリスクも最小限〜高リスクまで変わります．この関係を 表6-1 に示します．全身性高血圧の分類は，適切な方法（97ページの Box6-1 で説明しています）で測定された収縮期血圧を用いて行います．

TODはそれぞれどんなもの

眼：高血圧性網膜症

眼，特に網膜は全身性高血圧の影響を受けやすい臓器です．網膜の下には血管豊富な脈絡膜が存在しますが，全身性高血圧があると網膜・脈絡膜の血流異常が起きて，眼底検査で見える範囲では網膜血管の怒張や蛇行，浮腫などの影響が出やすいです．また，血管が破れたり，網膜と脈絡膜との間で浮腫などが起きたりすると，網膜が剥がれる（網膜剥離）ほか，網膜出血なども出てきます[2]．急性発症の盲目（に伴う散瞳）には注意が必要です．一旦網膜が剥離してしまうと，高血圧治療が間に合って網膜が再度接着できたとしても，視覚は戻らないこともあります[5]．

表6-1 収縮期血圧による分類と標的臓器障害（TOD）のリスク（文献5より引用・改変）

分類	収縮期血圧（mmHg）	TODのリスク
正常血圧	<140	最小限
前高血圧	140〜159	低
高血圧	160〜179	中
重度高血圧	≧180	高

そのほかの臨床徴候には，網膜血管周囲の浮腫，視神経乳頭の浮腫，前房出血，硝子体出血，網膜変性，二次性緑内障などもあります．

腎臓：CKDの進行とタンパク尿

腎臓は血流が豊富で，糸球体という特殊な構造を持っていることもあり，全身性高血圧の影響で負担がかかりやすい臓器の一つです．CKDの進行は，見た目にはあまりわかりません．しかし，経時的に腎機能（糸球体ろ過量：GFR）の指標となる血液検査項目のSDMAやCreをモニターしていると，徐々に上昇していきます．CKDは一旦進行すると戻すことのできない病気ですが，高血圧がある方が，より進行が早まってしまいます．

また，全身性高血圧は糸球体にぎゅっと圧をかけることなどから，尿中へのタンパク質の漏出（タンパク尿）の原因にもなります．タンパク尿があると，さらにCKDの進行が早まります．CKDについて，詳しくは第3章「慢性腎臓病」を参照してください．

心血管系：心筋肥大など

序盤の"The tree of life"の部分でも出てきましたが，全身性高血圧があるということは，心臓にとっては後負荷が増していることになります．つまり，心臓はより強い力で血液を押し出さなければ，今までと同じ量の血液を送ることができなくなるのです．そのため，心筋（中でも，全身へ血液を送り出している左心室）が鍛え上げられて，心筋が分厚くなります．この左心室の厚みの増大を，左心室の求心性肥大と呼びます．左心室の求心性肥大が起こると，収縮期の心雑音やギャロップ音，不整脈なども関連して認められる場合があります．ややまれですが，心臓に負担がかかりすぎた結果，左心のうっ血性心不全（肺水腫）に陥ることもあります．また，こちらもまれですが，全身性高血圧の影響で血管壁が破綻してしまうことで発生する，鼻出血や大動脈解離なども報告されています[5].

脳脊髄：高血圧性脳症，脳卒中

脳も血流がとても豊富な臓器であり，頭蓋骨という伸び縮みしないスペースにぴっちり収まっているため，脳の中の血管の血圧が高まれば，脳に負担がかかります．脳の一部に血管性浮腫（血流が過剰なことによって起こる浮腫）や出血が生じ，その結果として神経障害に至るケースもあります．

ちなみにヒトでは，全身性高血圧があるとひどい頭痛がするそうです．犬や猫での頭痛の評価は難しいですが……臨床徴候として元気消失，食欲不振，意識障害，発作，麻痺などは実際に報告されているため，ぼんやりとした不快感などはあるのかもしれません．

まとめ

全身性高血圧になると，静かにダメージが進行していきます．特に被害を受けやすい四つの臓器（眼，腎臓，心血管系，脳脊髄）のTODがないか気をつけて探す必要があります．逆に，TODを疑う臨床徴候のある症例が来た場合にも，その背景に全身性高血圧が隠れていないか探す必要があります．

▶▶▶▶▶ STEP UP

高血圧治療は，複数回の測定で確かめてからスタート！（例外あり）

　血圧の測定方法についての部分でも説明したとおり，うっかり環境性高血圧（白衣高血圧）の症例を治療してはいけません．そのため，1回だけの血圧測定で治療を開始せず，複数回（3回以上）にわたって高血圧があることを確認してから治療に入ることが推奨されています．

　ただし，例外もあります．TODがあって，全身性高血圧と判断される血圧だった場合です．TODがすでに出ている場合，さらに数週間かけて再測定……などとのんびりやっていては手遅れになることもあります．そのため，例外的に1回の血圧測定でOKとします（その1回も，測定自体は5～7回行って平均をとるべき，ということは書き添えておきます）．

　全身性高血圧の治療には，Caチャネルブロッカー（アムロジピン），アンジオテンシン受容体阻害薬（テルミサルタン）などがよく使われます．これらはいずれも内服する薬ですが，もしTODのある重度高血圧の症例がいたら，緊急と判断して可能な限り入院させ，注射薬を用いたよりスピーディーな降圧治療が推奨されます．

最後に

　低血圧も困りますが，高血圧も無視できません．もともと複数の仕組みが関わりあってコントロールされている血圧は，様々な疾患に関連して異常（高血圧）になってしまいます．ただし，全身性高血圧になっただけでは明らかな臨床徴候がないため，全身性高血圧を併発する疾患やTODを疑う臨床徴候を見つけたら，積極的に血圧を測定しにいく必要があります．

　さて，矢場井先生の症例は，測ってみたら重度高血圧がありました．眼の検査も行ったところ高血圧性網膜症で，網膜剥離になっていました．ここ数年は来院していなかったので，血液検査や尿検査も行い，CKDと甲状腺機能亢進症も見つかりました．積極的な降圧治療と甲状腺機能亢進症の治療も合わせて行い，視覚は戻ってくれました！　よかったですね（戻らないこともあるからねぇ）．

参考文献
1. Cooper E. S. (2023): Chapter 53 Systemic hypertension. In: Silverstein D.C., Hopper K. Eds., Small Animal Critical Care Medicine 3rd ed., 304-308, Elsevier
2. Chalhoub S., Palma D. (2024): Chapter 236 Systemic Hypertension. In: Ettinger S.J., Feldman E.C., Cote E. Eds., Ettinger's Textbook of Veterinary Internal Medicine 9th ed., 1422-1433, Elsevier
3. Hall J.E., Hall M.E. (2021): Chapter 18 Nervous Regulation of the Circulation and Rapid Control of Arterial Pressure. In: Hall J.E., Hall M. E. Eds., Guyton and Hall Textbook of Medical Physiology 14th ed., 217-227, Elsevier
4. Hall J.E., Hall M.E. (2021): Chapter 1 Functional Organization of the Human Body and Control of the "Internal Environment". In: Hall J.E., Hall M. E. Eds., Guyton and Hall Textbook of Medical Physiology 14th ed., 3-12, Elsevier
5. Acierno M.J., Brown S., Coleman A.E., et al. (2018): ACVIM consensus statement: Guidelines for the identification, evaluation, and management of systemic hypertension in dogs and cats. J Vet Intern Med, 32(6):1803-1822

7章 クッシング症候群：副腎皮質機能亢進症

あれもこれも，本当にクッシング…？

　トイレの失敗を主訴に8歳，避妊雌のミニチュア・ダックスフンドが来院しました．問診をしっかり行う矢場井先生．トイレの失敗というのは，どうやらしばらく前からの多飲多尿のようですが，最近になって血尿も出てきたとのこと．食欲はたいへん良好ですが，皮膚が荒れていて，被毛も薄く，かゆがっている様子がありました．「最初はクッシングかなって思ったんですけど，なんかしっくりこない気がする部分もあって．どう思いますか？」と矢場井先生．そうね，確かに一見しっくりこない気がするかも知れないけど，実はつじつまが合うかも．合併症について考えるために，正常からちょっと復習しましょう．

正常な副腎，副腎機能とは？

副腎の解剖

　まずは副腎の解剖から簡単に復習しましょう．副腎は，名前のとおり腎臓の側に控えているような位置（具体的には，両側の腎臓のやや内側・やや頭側）にあり，一対あります 図7-1．大きさ（厚み）は 表7-1 に示したとおりで，小さな臓器です．

　副腎自体をもう少し詳しく見てみると 図7-2，副腎皮質と副腎髄質の2層に分かれています．副腎皮質はさらに，球状層（球状帯），束状層（束状帯），網状層（網状帯）という3層に分かれています．球状，束状，網状というのは，顕微鏡で副腎皮質を観察したときの細胞の配置がそれぞれそのように見えるために呼ばれています．

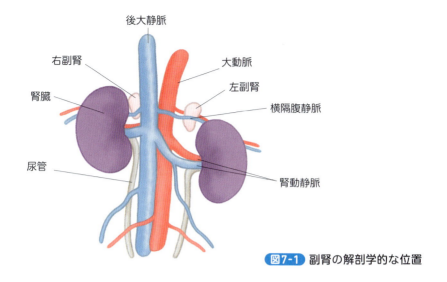

図7-1 副腎の解剖学的な位置

表7-1 超音波検査で測定した，正常な副腎の大きさ

動物種	体重	下限	上限	症例数
犬	2.5〜5.0 kg	3.0 mm	5.1 mm	n=21 [文献1]
	5.0〜10 kg	3.1 mm	6.4 mm	n=22 [文献1]
	≦12 kg		6.2 mm	n=118 [文献2]
	>12 kg		7.2 mm	n=148 [文献2]
猫	≦4.0 kg	2.4 mm	3.9 mm	n=13 [文献3]
	4.0〜8.0 kg	2.6 mm	4.8 mm	n=26 [文献3]

副腎の機能＝ホルモン分泌

さて，副腎は内分泌器官です．すなわち，副腎の仕事とはホルモンを分泌することです．副腎からは複数の種類のホルモンが合成，分泌されており，先ほどの球状層，束状層，網状層からそれぞれ異なるホルモンが分泌されます 図7-2．本稿では副腎皮質に着目していますが，ちなみに副腎髄質からは，アドレナリン，ノルアドレナリンが分泌されています．

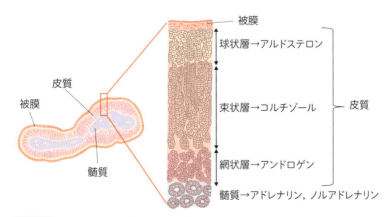

図7-2 副腎の構造と分泌される代表的なホルモン

7 クッシング症候群：副腎皮質機能亢進症

表7-2 副腎皮質ホルモンの機能と分泌される部位

ホルモン	機能	分泌される部位
アルドステロン	電解質コルチコイド（ミネラルコルチコイドまたは鉱質コルチコイドとも）．腎臓の遠位尿細管と集合管でNa再吸収とK排泄を促進する．間接的に水の再吸収も促進するので，循環血液量を保つのにも重要な役割を果たす．	球状層（球状帯） G：zona glomerulosa
コルチゾール	糖質コルチコイド（グルココルチコイドとも）．血糖値を上げる，ストレスに対応する作用のほか，抗炎症，免疫抑制，タンパク質の異化，腸粘膜の恒常性を維持する役割もある．	束状層（束状帯） F：zona fasciculata
アンドロゲン	性ホルモン．雄でも雌でも副腎から分泌される．男性ホルモンであるテストステロンと似た作用があるが，副腎からはごく微量しか分泌されないのでほぼ問題にならない．	網状層（網状帯） R：zona reticularis

球状層，束状層，網状層を覚えるのに，それぞれの略語を取って「GFR」というのが筆者のおすすめである．腎臓の糸球体ろ過量の略語と同じで気に入っている．

それぞれのホルモンの機能とは？

　それでは副腎皮質から分泌されるホルモンの機能とは，それぞれどのようなものでしょうか **表7-2**．

　それぞれのホルモンが分泌される部位の外側から内側の順で，球状層からのアルドステロン，束状層からのコルチゾール，網状層からのアンドロゲンについて少し説明します．まず，アルドステロンは電解質コルチコイドまたはミネラルコルチコイドとも呼ばれ，腎臓でNaの再吸収とKの排泄を促進します．再吸収されたNaの浸透圧で間接的に水の再吸収も促進されます．そのため，循環血液量・体液量を保つのに重要な役割を果たします．Kの排泄はほとんどが腎臓に頼っていることから，Kはアルドステロンの作用によって適切な血中濃度に保たれていると言えます．

　次に，コルチゾールは糖質コルチコイドまたはグルココルチコイドとも呼ばれ，「ストレスに対応する」様々な作用を持ちます．ストレス要因について詳しくは第8章123ページを読んでもらいたいのですが，例えば肝臓での糖新生を促進して血糖値を上げれば，そのグルコースを用いて脳や筋肉がすぐに活動できるようになります．その他，食欲増進作用，炎症・免疫を抑制する作用，タンパク質を壊す（異化する）作用，脂質を分解させる作用，腸粘膜が健康で丈夫な状態であることを維持する作用，血圧をしっかり維持させるような作用などもあります．これらの作用が総合的に，身体が受けているストレス・負担を和らげます．

　アンドロゲンは性ホルモンの一つで，テストステロン（男性ホルモン）と似た作用がありますが，副腎皮質から分泌されるアンドロゲンはごくごく微量のため，これといって特別な作用を気にする場面は通常ありません．

まとめ

　腎臓の横に控えている副腎という一対の臓器があります．副腎も腎臓のように皮質と髄質に分かれていますが，機能は腎臓とは全く異なり，内分泌器官として重要な役割を果たしています．副腎皮質からは主に糖質コルチコイド（コルチゾール）と電解質コルチコイド（アルドステロン）が分泌されています．今回は，副腎皮質，特にコルチゾールに着目して話をしていきます．

副腎機能を正常にコントロールする，ネガティブ・フィードバック

　副腎の機能はホルモンの合成と分泌だ，とは説明しましたが，ホルモンも「必要なときに」「必要なだけ」分泌することが必要です．そのため，身体にはホルモンの分泌を調節する仕組みが備わっています．本章で特に注目するコルチゾールには，分泌しすぎないようにする**ネガティブ・フィードバック**という仕組みが備わっています．要は，ゴールを達成（コルチゾールの十分な分泌）したならば，それ以上分泌せよという指令が出てこないようにするしくみです．

　では，コルチゾールの分泌がどのようにコントロールされているかを説明しましょう．コルチゾールの分泌の指令（刺激）の大元はストレスです（ストレス要因について詳しくは8章で解説します）．しかし，ストレスが直接副腎に指令を出すわけではなく，ストレスを感知するのは脳です．脳の中でも**視床下部**と呼ばれる部分が刺激され，そこから副腎皮質刺激ホルモン（コルチコトロピンまたはACTH）放出ホルモン（Corticotropin Releasing Hormone: **CRH**）が分泌されます．視床下部から出たＣＲＨは，**脳下垂体前葉**に働きかけ，ここから副腎皮質刺激ホルモン（Adrenocorticotropic Hormone: **ACTH**）というホルモンが分泌されます．このACTHが名前のとおり，副腎皮質を刺激するホルモンです．こうしてACTHにより刺激された副腎皮質から，コルチゾールが分泌されるのです．分泌されたコルチゾールは，大元のストレスに対応するだけでなく，視床下部と脳下垂体前葉に「もう対応してるから，出せ出せ言わなくていいよ」というフィードバックを返します．そして**視床下部**からの**CRH分泌抑制**，**脳下垂体前葉**からの**ACTH分泌抑制**がかかります．これが，**ネガティブ・フィードバック**です．

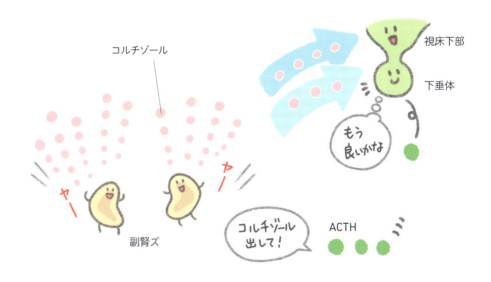

まとめ

　健康な状態でもストレス下でも，副腎皮質からのホルモンは重要な役割を果たしています．コルチゾールは，必要なときに，指令に従って必要な分だけが分泌されるようになっています．し

かし同時に，分泌しすぎないように，ゴールを達成したら指令が止まるようにできています．これがネガティブ・フィードバック機構です．

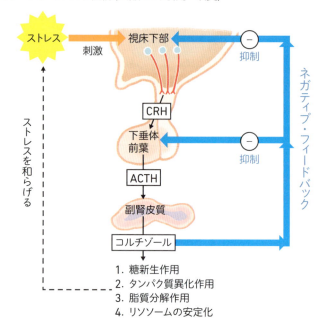

ネガティブ・フィードバック機構（文献4より引用・改変）

クッシング症候群とは何か？

クッシング症候群（副腎皮質機能亢進症）とは，コルチゾールの過剰によって引き起こされる様々な症状をまとめて呼ぶ名前です．コルチゾール過剰症と呼ばれることもあります[5]．犬では比較的よく遭遇しますが，猫ではややまれです．クッシング症候群はどんな犬種でも起こりますが，特に多く報告されている犬種にはミニチュア・プードル，ダックスフンド，テリア系，ボクサー，スタンダード・シュナウザーなどがあります（好発品種には地域差があります）[5]．

クッシング症候群は3種類

クッシング症候群には，自然発生によるものが2種類あり，それと医原性クッシング症候群を合わせて全部で3種類があります．自然発生によるクッシング症候群のうち，大多数は**ACTH依存性クッシング症候群**（80〜85％）です．ACTH依存性クッシング症候群には，**下垂体依存性クッシング症候群**と**異所性ACTH症候群**[※1]があり，**ほとんどが前者**です（後ほどもう少し詳しく説明します）．ちなみに，ヒトでは下垂体依存性クッシング症候群だけを指して「クッシング病」とも呼びます．そのため，ややこしいですが「病」「症候群」はきちんと使い分けましょう．

※1 異所性ACTH症候群はまれなのでここで簡単に説明すると，下垂体以外の組織が腫瘍化してACTHを過剰に分泌し，その影響でクッシング症候群になるというものだ．

自然発生によるクッシング症候群のもう一つは**ACTH非依存性クッシング症候群**（15〜20％）で，**副腎腫瘍**からコルチゾールが過剰に分泌されているもの（**副腎依存性クッシング症候群**）と，**食事誘発性クッシング症候群**など（原発性ACTH非依存性副腎皮質過形成）が含まれます．こちらも**ほとんどが前者**で，後者はまれです．

　自然発生ではないクッシング症候群が**医原性クッシング症候群**です．医原性（医療行為のせい）という名前のとおり，糖質コルチコイド製剤（ステロイド剤）の過剰投与により発生するものです．短期間ならば大きな問題にならない用量だとしても，長期間継続で使用し続けることで発症する場合が多いです．

下垂体依存性クッシング症候群

　腫瘍化した脳下垂体からACTHが過剰に分泌されることで起こるクッシング症候群です．副腎は素直にACTHの指令に従い，コルチゾールを過剰に分泌してしまいます．身体はコルチゾール過剰な状態なのに，もっと分泌せよという指令（ACTH）が出続けているので，左右両方の副腎が腫大していきます（両側性の副腎腫大）．脳下垂体は腫瘍化しているため，ネガティブ・フィードバックによるコントロールが効かなくなっています．そのため，血中のホルモンを測定するとコルチゾールが高く，ACTHも抑制されていないのが特徴です．自然発生する犬のクッシング症候群の多く（80〜85％）がこのタイプです．

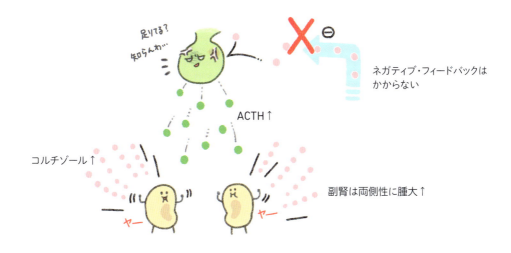

副腎依存性クッシング症候群

　副腎自体が腫瘍化し,コルチゾールを過剰に分泌することで起こるクッシング症候群です.通常,腫瘍になるのはどちらか片側の副腎です.身体はコルチゾール過剰な状態で,脳下垂体には過剰なコルチゾールがネガティブ・フィードバックをかけるので,ACTH分泌が抑制されています.そのため,腫瘍になっていない（正常側の）副腎にはコルチゾールを分泌せよという刺激（ACTH）が来ません.コルチゾールを分泌する必要がないので,正常側の副腎は萎縮していきます.そのため,血中のホルモンを測定するとコルチゾールが高く,ACTH分泌は抑制されているのが特徴です.自然発生する犬のクッシング症候群でより珍しい方（15～20％）がこのタイプです.

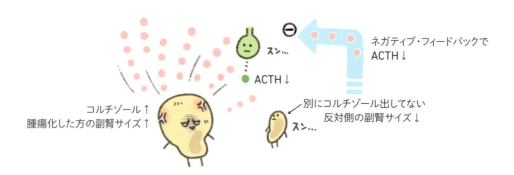

医原性クッシング症候群

　医原性クッシング症候群は,ステロイド剤を投与しすぎることで発生します.身体にとってはコルチゾール（様の作用）が十分にあるのでネガティブ・フィードバックが働き,ACTHが分泌されなくなります.つまり,副腎からコルチゾールを分泌させる指令が来ないためコルチゾールは分泌されなくなり,副腎皮質が萎縮していきます.使われなくなった筋肉が弱っていってしまうようなものですね.表面上の臨床徴候は自然発生のクッシング症候群と似ていますが,原因と副腎の状態が大きく異なります.

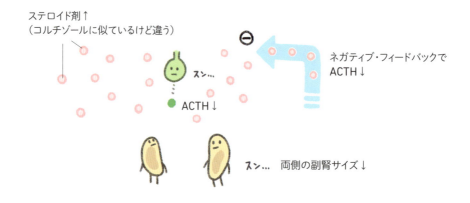

まとめ

コルチゾールが過剰になって起きてくる様々な症状をまとめてクッシング症候群と呼びます．最終的にコルチゾールを分泌するのは副腎皮質ですが，副腎皮質への指令の行き方のどこがおかしくなるかによって，いくつかの種類があります．ほとんどはACTH依存性で，中でも下垂体依存性クッシング症候群が代表的です．

クッシング症候群になると何が起きる？

コルチゾール過剰な状態であるクッシング症候群では，幅広い身体の変化が起きます．コルチゾールの作用が多岐にわたるためですが，主に以下の作用の組み合わせ Box7-1 によって様々な臨床徴候が発現します．これらの臨床徴候はゆっくり進行するのも特徴です．そして，コルチゾールは糖質コルチコイドに分類されるホルモンですが，あまりに量が過剰だと電解質コルチコイドとしての作用も現れてきます（電解質コルチコイドの受容体に作用しはじめます．表7-2 も参照）．

では，どのような臨床徴候が出るのか見ていきましょう．

Box7-1 コルチゾールの作用

- 糖新生作用
- 免疫抑制作用
- 抗炎症作用
- タンパク質異化作用
- 脂質分解作用
- 食欲増進作用
- 利尿作用

多飲多尿

多飲多尿の理由は，コルチゾールが腎臓に作用してバソプレシン（抗利尿ホルモン）の作用を腎臓の尿細管レベルで抑制したり，バソプレシンを分泌しづらくさせたりするためです．もし下垂体腫瘍が顕著に大きければ，バソプレシンを作る下垂体後葉まで押しつぶしたり，食い込んだりすることでバソプレシンが分泌しづらくなることの影響もあると考えられています．また，近年では心因性（つい水を飲みたくなってしまうことによる）多飲も関与していると考える説もあります．飼い主は，飲水量が増えたこと，尿もれ，トイレの失敗などによって気づくでしょう．血液検査ではBUNが下がることがあるほか，尿検査では尿比重の低下が認められます（＜1.020が多い）．

多食

コルチゾールには食欲増進作用もあります．それが過剰になって食事をすぐ欲しがるようになった，ヒトの食べ物を奪うようになったなどのような気づかれ方をするでしょう．しかし，「すごくしっかり食欲がある」ということ自体は，良い兆候だと思う飼い主もいるので，多食を理由に来院するケースは多くないかもしれません．

腹囲膨満（ポットベリー）

ポットベリー（Potbelly）のpotとは「深めのお鍋」のこと，bellyとは「おなか」のことで，深めの鍋のようなぽっこりしたお腹のことをこう呼びます．コルチゾールの作用で腹腔内のスペースを占める内容物が増大し，腹壁も薄く弱くなることで起きます．腹腔内のスペースを占める内容物が増大する原因には，肝腫大（後述），

腹腔内の脂肪蓄積，多飲多尿で拡大した膀胱が挙げられます．腹壁が弱くなるのは，腹壁を含む全身の筋肉に起きるタンパク質の異化亢進作用の一環です．

パンティング

腹囲膨満により腹腔側から胸腔側がギュッと押されて肺が膨らみにくくなること（「肺のコンプライアンス低下」と呼びます）や，呼吸筋がタンパク質の異化亢進によって弱ること，肺の血栓症に続発する肺高血圧によりパンティングが起こると考えられています．

全身性高血圧，タンパク尿

コルチゾールによる電解質コルチコイド作用（活性）の増加，血管拡張（圧を下げる）作用を持つ一酸化窒素（NO）濃度の低下，腎臓の血管抵抗の増大などにより全身性高血圧が起こると考えられています．無治療のクッシング症候群の犬の約40〜80％強で全身性高血圧が認められると報告されています[5]．

全身性高血圧では腎臓の血流が増加したり，糸球体により高い圧がかかったりすることなどによって，タンパク尿も発現すると考えられています．慢性的なコルチゾール過剰は，糸球体の機能不全（糸球体ろ過量の低下）や糸球体硬化症（糸球体が傷つき，もう治癒しなくなった状態）にもつながるといわれています．ちなみに，クッシン

グ症候群の犬のうち尿タンパク/クレアチニン比（UPC）＞0.5（正常値＜0.2）である症例は約70％もいて，そのうちUPC＞1であるのは45％ほどと報告されており[5]，いかにタンパク尿も多いかがわかります．

尿路感染

コルチゾールの免疫抑制作用や，多飲多尿の影響で尿が薄くなった結果，尿路感染も起きます．もともと尿は濃い状態が正常で，濃い方が細菌の増殖が起こりづらいので，身体にとっては防御機構のようになっています．尿が薄くなって（尿比重が低下して）しまうと，この防御機構が弱ってしまいます．

尿検査では，沈渣中に細菌が検出されることもあります．クッシング症候群の犬のうち尿培養陽性（細菌の存在が確認される）になるのは10～50％ほどですが，

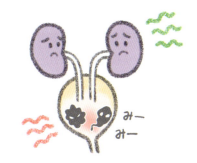

そのうち頻尿や血尿など，いわゆる膀胱炎らしい下部尿路徴候を示す犬は＜5％しかいません[5]．それだけ免疫抑制作用が効いてしまっているということなのかもしれませんね．

肝腫大（グリコーゲン蓄積），肝細胞の空胞変性

コルチゾールの影響で，肝細胞にはグリコーゲン（余剰分のグルコースを蓄えておくための物質）が蓄積していきます．顕微鏡で肝組織を観察すると，溜まったグリコーゲンは肝細胞の空胞として見えてくるため，空胞変性（グリコーゲンによるもの）を起こすとも言いかえられます．グリコーゲンが蓄積して膨れた肝細胞が集まれば，肝臓全体も腫大します．これも，先ほど出てきた腹囲膨満につながります．

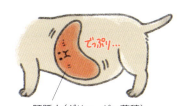

肝腫大（グリコーゲン蓄積）
肝細胞の空胞変性

血液検査ではクッシング症候群の犬の80～95％でALTの上昇，76～100％でALPの顕著な上昇が認められます．ALPに関しては，犬ではステロイド誘導性といってステロイドに反応して合成が増える肝酵素があるため（第2章参照），肝臓実質の変化以上にコルチゾールの直接的影響が考えられます．特にALPは，正常値の10倍を超えるほど顕著な上昇を示すこともあります．

筋肉の萎縮

コルチゾールによるタンパク質の異化亢進作用で，筋肉が萎縮します．先ほど出てきた腹囲膨満（腹壁の筋肉が萎縮して薄く，弱くなる）やパンティング（呼吸筋が萎縮して弱くなる）のほか，頭部や胴体，脚など，全身の筋肉が萎縮します．皮下脂肪はしっかりついたままの個体が多いため，一見すると「体格が良い」と見えたり，腹囲膨満によってむしろ「太っている」と見えたりすることに注意が必要です．きちんと触診して，筋肉量が低下（筋萎縮）していないか

評価しましょう．ちなみに，クッシング症候群の犬に限らず一般的な身体検査の一環として，マッスル・コンディション・スコア（Muscle Condition Score: MCS）を使った筋肉量の評価が推奨されています．

高コレステロール血症

コルチゾールによる脂質分解作用によるものです．クッシング症候群の犬の90％で認められるとされていますが，高コレステロール血症がないからクッシング症候群ではない，と決められるほどの基準ではありません．

皮膚症状

以下のような様々な皮膚症状が認められます．これらの一部だけ認められる場合もあれば，すべて認められる場合もあるでしょう．

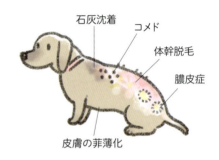

- かゆみのない脱毛，毛の生え変わりにくさ（抜けた毛が生えてこない）：慢性のコルチゾール過剰によって，毛包が萎縮してしまうためです．内分泌疾患に特徴的な，左右対称性で胴体部分に脱毛が認められる，いわゆる「内分泌脱毛」になります．
- 色素沈着
- コメド※2形成
- 皮膚の菲薄化，創傷治癒遅延：コルチゾールによって，皮下の結合組織や傷を治す際にも重要な役割を果たす線維芽細胞の増殖が抑制されて，コラーゲンの生成も抑制されるためです．その結果，皮膚を厚く保てなくなり，傷の治癒にも支障が出てしまいます．
- 皮膚の石灰化：異所性カルシウム沈着が起こり，皮下にボコボコと不整形の石灰沈着が起きます．
- 膿皮症になりやすい，再発しやすい：コルチゾールの免疫抑制作用によるものです．繰り返す膿皮症，なかなか改善しない膿皮症の症例ではクッシング症候群の可能性も考える必要があります．膿皮症になっている間はかゆみも出ることがあります．

その他

- 白血球のストレスパターン：白血球の中でも好中球数と単球数が増え，リンパ球数と好酸球数が減るパターンをストレスパターンと呼びます．コルチゾールの影響で骨髄・血管中の白血球の分布が変わるせいだと考えられており，コルチゾールがストレスに反応するために分泌され

※2　毛穴の詰まった状態で，面皰（めんぽう）とも呼ぶ．黒くブツブツして見える．

るホルモンであることから，このように呼ばれています．
- 低カリウム血症：コルチゾールが多すぎると電解質コルチコイド（アルドステロン）の受容体にも作用し始めることで起きます．アルドステロンは腎臓でナトリウム（Na）の再吸収を増やすと同時に，カリウム（K）に対しては排泄を増やすので，低K血症になる場合があります．しっかり食べているはずなのに低K血症がある個体はそれだけ重度のクッシング症候群ということかもしれませんね．
- 高血糖，糖尿病：クッシング症候群の犬では軽度の高血糖が認められることが多いです．コルチゾールによるインスリン抵抗性と，肝臓における糖新生の促進作用によります[5]．コルチゾールは膵臓のβ細胞に対してもインスリン分泌を抑制するほか，細胞毒性を示します．もともと糖尿病に罹患している犬だと，コルチゾールのインスリン抵抗性によって糖尿病のコントロールが不良となる原因にもなります．
- シュウ酸カルシウム結石：クッシング症候群の犬では，シュウ酸カルシウムなどのカルシウム（Ca）を含有する尿路結石のリスクが，そうでない犬よりも10倍も高いことが報告されています[5]．結石の大きさや数などによって，膀胱粘膜に刺激やダメージが加わり，頻尿や血尿などの下部尿路徴候が認められることもあります．

- そのほかのまれな臨床徴候：血栓症，シュードミオトニア（筋肉の硬直，筋緊張の増大），靱帯断裂などです．

まとめ

コルチゾールは全身に様々な作用をおよぼすホルモンなので，過剰になると幅広い症状が出ます．中でもよく遭遇するのは，多飲多尿，多食，腹囲膨満，パンティング，内分泌脱毛，典型的な血液検査の異常などです．しっかり押さえて，「クッシング症候群っぽさ」を見逃さないようにしましょう．

クッシング症候群をいつどう診断するか？

ホルモン検査の意味，目的

副腎皮質の機能が亢進状態にあることを示す（コルチゾールが過剰に分泌されていることを示す）のが最終的な診断方法になりますが，ストレスの影響で健康個体でもコルチゾールが高めの数値を出す瞬間はあるため，ホルモン検査に進む前に，一致する臨床徴候（一般的な血液検査や尿検査所見なども含む）がみられることを必ず確認しましょう．

ホルモン検査の目的の一つ目は，クッシング症候群の診断（クッシング症候群があるかどうかのスクリーニング）です．コルチゾールが過剰に分泌されていること，ネガティブ・フィードバックがうまく働いていないことを確かめます．二つ目は，クッシング症候群が下垂体依存性なのか副腎依存性なのかの鑑別です．病態によって治療法が変わる可能性があるので重要です．

クッシング症候群があるかどうかのスクリーニングとしてのホルモン検査

低用量デキサメサゾン抑制試験 図7-3

- どういう検査か：低用量デキサメサゾン抑制試験（Low Dose Dexamethasone Suppression Test: LDDST）は，コルチゾールに対する正常なネガティブ・フィードバックが効くかどうかを確かめる試験です．身体の外からステロイド（コルチゾールの代わりであるデキサメサゾン）を投与して，体内にコルチゾールが十分あるときのように，視床下部，下垂体前葉が抑制されるかを確認します．クッシング症候群なのかどうかのスクリーニングで一番推奨されている検査です．症例によっては，下垂体依存性クッシング症候群なのか副腎依存性クッシング症候群なのか区別もできます．

- やりかた：まず，デキサメサゾン投与前のコルチゾール用血液サンプルを採取します．0.01 mg/kgのデキサメサゾンを静脈内投与（IV）して，投与4時間後，8時間後と採血し，投与前・4時間後・8時間後のコルチゾール値を測定します．

- 評価：デキサメサゾン投与8時間後のコルチゾール値が正常範囲まで下がらない場合に，クッ

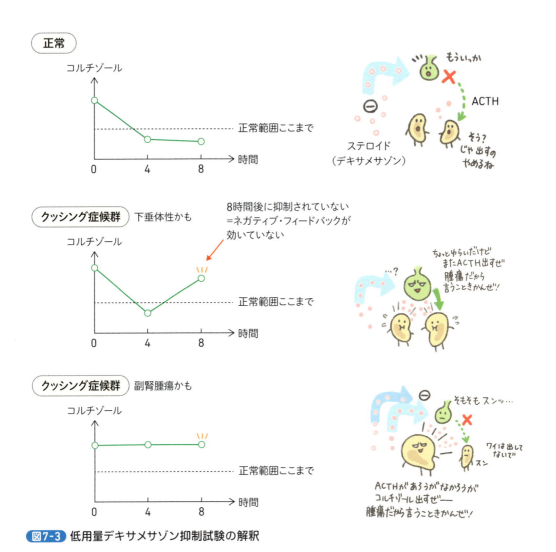

図7-3 低用量デキサメサゾン抑制試験の解釈

シング症候群と判断します．クッシング症候群がある個体ではネガティブ・フィードバックが効かなくなっているため，ステロイドが投与されても内因性のコルチゾールの分泌が抑えられることがなく，コルチゾールが正常範囲まで下がりません．一方でクッシング症候群ではない個体では，投与されたステロイドでネガティブ・フィードバックがかかり，副腎がコルチゾールを分泌しなくなるので，投与8時間後にはコルチゾールが正常範囲まで下がります．

尿中コルチゾール/クレアチニン比

- どういう検査か：尿中コルチゾール/クレアチニン比（Urinary Cortisol-Creatinine Ratio: UCCR）は，身体がコルチゾールを作りすぎているかどうかを調べる試験で，コルチゾールが最終的に尿に排泄されることを利用して，体内のコルチゾールが普通よりも多いのかを測定します．尿中には一定のペースでクレアチニンが排泄されるため，尿中のクレアチニンに対してどれくらい多いかを測定することで，尿の濃さによるブレをなくして評価することができます．
- やりかた：院内で採尿すると，来院などのストレスで増えたコルチゾールの影響を受けてしまうため，自宅で採尿した尿を持参してもらい，尿中のコルチゾール値と尿中のクレアチニン値を測定，算出します．自宅での採尿でも，来院などのストレスがかかった後3日以上は空けて，影響がなくなってから採尿してもらうことが大切です．
- 評価：尿中コルチゾール/クレアチニン比が正常範囲内に収まっていれば，クッシング症候群ではないと判断します．前述のとおり，クッシング症候群ではない個体でもストレスを受けるとコルチゾールが分泌されてしまい，容易に「偽陽性」となる（本当は陰性のはずなのに間違って陽性になってしまう）場合が多いため，この試験に引っかかった，というだけではクッシング症候群だとは判断してはなりません．

ACTH刺激試験 図7-4

- どういう検査か：ACTH刺激試験は，身体の外からACTHが投与されたときに，副腎が過剰に反応してしまうかどうかを確認する試験です．クッシング症候群の中でも，下垂体依存性クッシング症候群ではもともと過剰なACTHの刺激で鍛え上げられて腫大している副腎を持つので，ACTHで刺激された場合，正常時よりも過剰なコルチゾールが分泌されます．一方，副腎依存性クッシング症候群では腫瘍化した副腎が自分自身のペースでコルチゾールを分泌しており，そもそもACTHの言うことを聞いていないので，約半分くらいの症例では検査が陽性になりません．
- やりかた：まず，合成ACTH製剤投与前の血液サンプルを採取します．合成ACTH製剤を最低5 μg/kgからIVまたは筋肉内投与（IM）し，60分後にも採血します．投与前・60分後の

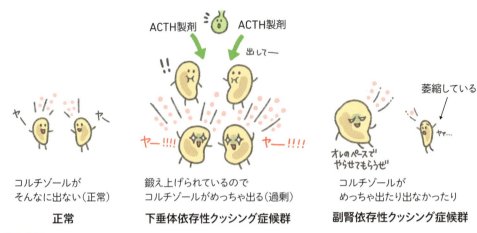

図7-4 ACTH刺激試験の解釈

コルチゾール値を測定します.
- 評価：合成ACTH製剤の投与後に副腎が過剰に反応し，明らかに高いコルチゾール値を示したもの（結果が陽性のもの）は，クッシング症候群と判断します．完全に正常とは言えないがクッシング症候群とも言い切れない，グレーゾーンも存在します．また，特に副腎依存性クッシング症候群の場合には，実際にはクッシング症候群なのにACTH刺激試験では陰性になることもあります．

クッシング症候群があることが確定した後に，ACTH依存性かどうかを区別するためのホルモン検査

内因性ACTH濃度測定

- どういう検査か：内因性ACTH濃度測定（endogenous ACTH: eACTH）は，動物自身が分泌している（＝内因性）ACTHの血中濃度を測定します．クッシング症候群とわかっている症例で，ACTH依存性かどうかを区別するために使われる試験であり，単独の検査でACTH依存性かを判断するためにはこの検査がベストです．
- やりかた：採血するだけ，なのですが，採血時に注意が必要です．ACTHはすぐに分解されてしまうため，特殊な採血管を準備する，採血管を冷やしておく，すぐ遠心分離して凍結する，などの指示が検査機関から出ている場合が多いため，その指示に従います．
- 評価：コルチゾールがすでに過剰なのにeACTHがしっかり測定できるほど分泌されている（ネガティブ・フィードバックが効いていない）場合，ACTH依存性クッシング症候群と判断します．一方，副腎依存性クッシング症候群（ACTH非依存性クッシング症候群）では下垂体に対してネガティブ・フィードバックがかかっているので，eACTHは低いか測定限界以下まで抑制されているはずです．

高用量デキサメサゾン抑制試験

- どういう検査か：高用量デキサメサゾン抑制試験（High Dose Dexamethasone Suppression Test: HDDST）は，すでにクッシング症候群とわかっている症例に対して，

ACTH依存性かどうかの参考にするための試験です．理論としてはLDDSTと同じく，コルチゾールに相当するステロイドの量を10倍にしたら，今度はネガティブ・フィードバックが効くのではないかという話です．ただし，理由は評価のところで説明しますが，あまり実施するメリットのない試験です．

- やりかた：まず，デキサメサゾン投与前の血液サンプルを採取します．0.1 mg/kgのデキサメサゾンをIVして，投与4時間後，8時間後と採血し，投与前・4時間後・8時間後のコルチゾール値を測定します．
- 評価：この試験を受けている症例はすべてクッシング症候群である（8時間後には正常範囲まで抑制されない）ことが確定しているはずなので，見るべきは4時間後の値です．デキサメサゾン投与4時間後にコルチゾール値が抑制されれば，ACTH依存性クッシング症候群と判断します．ただし，そうした症例のほとんどはLDDSTでも4時間後で抑制されて8時間後には抑制されなくなっているため，わざわざHDDSTをやらなくても，LDDSTで十分です．そのため，あまり実施されません．

その他

前述のホルモン検査とは異なり，下垂体や副腎の機能を直接調べるわけではありませんが，腹部超音波検査で副腎の大きさを評価することも，下垂体依存性クッシング症候群か副腎依存性クッシング症候群かの判断の助けになります．下垂体依存性クッシング症候群ならば，下垂体から過剰に出ているACTHに反応して両側性の副腎腫大が認められます．一方の副腎依存性クッシング症候群ならば，腫瘍になっている側だけ（片側性の）副腎が腫大し，反対側は萎縮しているのが典型的です．しかし，大きさに左右差はあるものの片側が腫瘤（Mass）のように見え，もう片側も正常〜大きめで萎縮はしていない……，といった悩ましい例も珍しくはありません．クッシング症候群とは関係ない（コルチゾールを分泌するタイプではない）副腎腫瘍などを見た目だけで完全に診断することはできないため，先ほど説明した内因性ACTH濃度測定と併せて評価されることも多いです．

下垂体依存性クッシング症候群

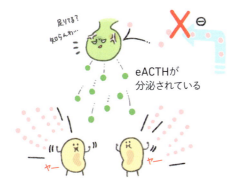

副腎は両側性に腫大↑

副腎依存性クッシング症候群

腫瘍化した方の副腎サイズ↑
反対側の副腎サイズ↓

治療は？

できるのであれば，治療はした方が良いです．クッシング症候群で大多数を占めるACTH依存性クッシング症候群ならば，治療した方が生存期間は長いというデータがあります[6].

治療中の目標は，コルチゾールのレベルを正常化させ，臨床徴候をなくし，長期的な合併症を減らし，生存期間を延ばし，生活の質を改善することです．

クッシング症候群の治療は，トリロスタンという薬剤を用いた内科治療が広く実施されます．どの動物病院でも可能な治療法だからです．それ以外の方法としては，下垂体の腫瘍に対して放射線治療を行ったり，下垂体の腫瘍を摘出したりする方法もあります（脳外科手術）．いずれも実施可能な施設が限られるなどの理由で，広くは行われていません．また，副腎腫瘍の摘出も選択肢になります．脳外科手術よりは実施可能な施設が多いですが，内科治療以外は麻酔が必要で，どの施設でも気軽にできるという方法ではないので，症例を選びます．

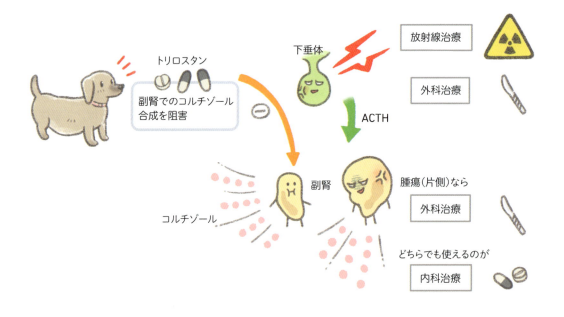

最後に

クッシング症候群は「それっぽい」ことから気づかれることも多い有名な疾患ですが，案外その症状や病態の背景まで意識することは少ないように感じます．コルチゾールの作用について知っておくと，クッシング症候群だけでなくアジソン病（副腎皮質機能低下症）の理解にも役立ちます．クッシング症候群は合併症も多く，長期的に治療が必要な疾患です．病態をきちんと理解し，コントロールしていきましょう．

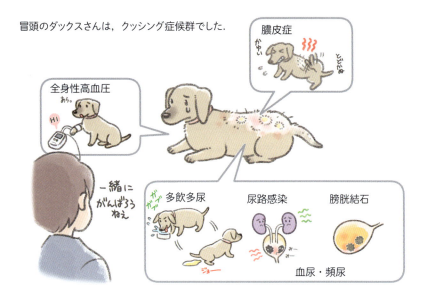

参考文献

1. Melián C., Pérez-López L., Saavedra P., et al. (2021): Ultrasound evaluation of adrenal gland size in clinically healthy dogs and in dogs with hyperadrenocorticism. Vet Rec, 188(8):e80
2. Bento P.L., Center S.A., Randolph J.F., et al. (2016): Associations between sex, body weight, age, and ultrasonographically determined adrenal gland thickness in dogs with non-adrenal gland illness. J Am Vet Med Assoc, 15;248(6):652-660
3. Pérez-López L., Wägner A.M., Saavedra P., et al. (2021): Ultrasonographic evaluation of adrenal gland size in two body weight categories of healthy adult cats. J Feline Med Surg, 23(8):804-808
4. Hall J.E., Hall M.E. (2021): Chapter 78 Adrenocortical Hormones. In: Hall J.E., Hall M. E. Eds., Guyton and Hall Textbook of Medical Physiology 14th ed., 955-972, Elsevier
5. Galac S. (2024): Chapter 293 Hyperadrenocorticism (Cushing Syndrome) in Dogs. In: Ettinger S.J., Feldman E.C., Cote E. Eds., Ettinger's Textbook of Veterinary Internal Medicine 9th ed., 2004-2021, Elsevier
6. Nagata N., Kojima K., Yuki M. (2017): Comparison of Survival Times for Dogs with Pituitary-Dependent Hyperadrenocorticism in a Primary-Care Hospital: Treated with Trilostane versus Untreated. J Vet Intern Med, 31(1):22-28

8章 アジソン病：副腎皮質機能低下症

ナニコレ!?……アジソン？　ナニソレ!?

「少し出かけて帰ってきたら元気だったはずの犬が倒れていた！」と，ショック状態で1歳，シー・ズーが運び込まれてきました！　血圧も測れません．すぐにカテーテルを留置して輸液の静脈内ボーラス投与を行いましたが．あまり意識レベルが戻らない……と，ここで血液検査結果が．血糖値が低すぎて測定限界以下．電解質も異常．肝酵素値も高い．腎数値も高い．異常値が多すぎてさすがにテンパる矢場井先生．順番に説明するから，まずは落ちついて！　でも，手は止めないでね！

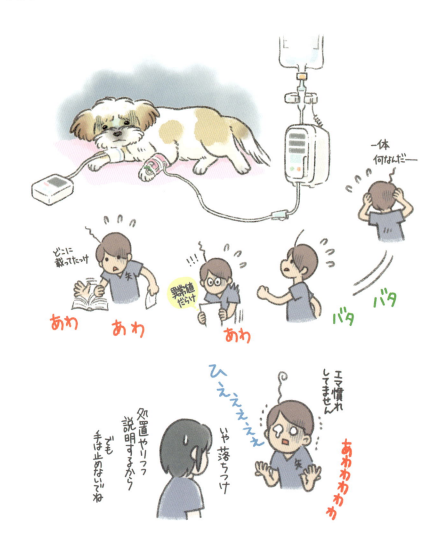

コルチゾールは，ストレスに対抗するのに重要

ストレス要因とは

　正常な個体であっても，日常的にストレス要因にさらされるリスクはあります．そんなとき，副腎皮質から分泌されるコルチゾール（糖質コルチコイドまたはグルココルチコイド）が重要な役割を果たします（詳しくは第7章106ページを参照）．ストレス要因には例えば，Box8-1 に示すようなものが含まれます．これらの状況下に動物が置かれると，動物の身体はストレスを感じます．身体がそのまま何の対策も取らないと，ストレス要因の影響で体調を大きく崩してしまいます．そこで，身体はストレス要因の負担に対応するため，体内でコルチゾールの分泌量を増やすのです[1]．

Box8-1 コルチゾール分泌が増える，ストレス要因

- 外傷
- 感染
- 極度の暑さ・寒さ
- 外科手術
- 動物の保定（保定されている側にとってのストレス）
- ノルアドレナリンなど，交感神経を興奮させる作用のある薬
- 消耗性疾患（徐々に身体が弱っていってしまう疾患なら何でも）

　これらのストレス要因が存在すると，脳の視床下部がストレスを感知して，「視床下部→（副腎皮質刺激ホルモン放出ホルモン〈CRH〉）→脳下垂体→（副腎皮質刺激ホルモン〈ACTH〉）→副腎」とホルモンによる指令が伝わっていき，副腎皮質からコルチゾールが分泌されます．また，分泌されたコルチゾールが十分にあると，それ以上分泌を増やさないようなフィードバック（ネガティブ・フィードバック機構）がかかり，視床下部からのCRH分泌と下垂体からのACTH分泌が抑制されます．すなわち，正常個体でのコルチゾール分泌を直接刺激している・コントロールしているのは，ACTHなのです．一方，同じく副腎皮質から分泌されるホルモンでも，アルドステロン（電解質コルチコイド）はちょっと違います．詳しくは本項のSTEP UPを読んでみてください．

> ▶▶▶▶▶ **STEP UP**

アルドステロン分泌のコントロール

　コルチゾールの分泌は「ストレス→CRH→ACTH→コルチゾール」、という一連の流れによるものでしたが、アルドステロンは異なります。アルドステロンも副腎皮質から分泌されるステロイドホルモンですが、電解質に対する作用が強い「電解質コルチコイド」と呼ばれるタイプです。コントロールすべき対象が電解質と体液なので、次の表8-1 に示すとおり、主に電解質と体液に関連した要因によってコントロールされています。

　すなわち、アルドステロンもACTHにより分泌が刺激されはしますが、血中カリウム（K）濃度とアンジオテンシンIIによる影響の方が明らかに大きいのです。

表8-1　アルドステロン分泌のコントロール（文献1より引用・改変）

きっかけ（要因）	アルドステロンの分泌
血中カリウム（K）濃度↑	↑↑↑↑：顕著に増加
血中アンジオテンシンII濃度↑	↑↑↑↑：顕著に増加
ACTH濃度↑↑	↑：刺激はされるが影響は少ない
血中ナトリウム（Na）濃度↑	↓：わずかに低下
心房性ナトリウム利尿ペプチド（ANP）※↑	↓↓：低下

※うっ血で心房が膨らむ（引き伸ばされる）刺激で分泌されるホルモン

アンジオテンシンII↑と血中K↑が最も顕著にアルドステロンの分泌を刺激する．

アジソン病（副腎皮質機能低下症）とは何か？

　副腎皮質機能低下症は、最初にそれを発見した医師の名前を取ってアジソン（氏）病とも呼ばれます。副腎皮質から分泌される重要なホルモンであるコルチゾールと場合によってはアルドステロンも十分に産生できないことによって様々な症状を呈する疾患です．**副腎皮質機能低下症の70%以上はコルチゾールとアルドステロンの両方が欠乏しているタイプで**、**定型アジソン病**（こちらがアジソン病の中でより一般的、というようなニュアンス）とも呼びます．副腎皮質機能低下症の残る**30%弱はコルチゾールだけが欠乏しているタイプで**、**非定型アジソン病**とも呼びます．

　副腎皮質機能低下症は、猫ではまれです．犬では若い犬に多く、診断される年齢の中央値は3〜4歳です．過去に報告されている、最若齢で副腎皮質機能低下症と診断された犬はなんと2カ

月齢という若さです[2].

　また，副腎皮質機能低下症には原発性（副腎性）と二次性（下垂体か視床下部の異常）がありますが，ほとんどは原発性です．原発性の病気の仕組みはこの後説明しています．二次性の副腎皮質機能低下症の場合は，ACTH分泌（コルチゾール分泌の刺激）がないために副腎皮質からコルチゾールが分泌されず，また使われない副腎皮質が萎縮していってしまうのです.

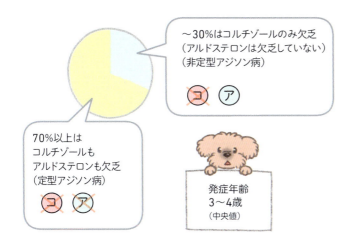

なぜ副腎皮質機能低下症になるのか？

　副腎皮質が自己免疫性に破壊されることによるものがほとんどです（原発性または副腎性）．クッシング症候群の逆で，下垂体からのACTHが足りなすぎるせいで発症する場合（二次性）はほとんどありません[2]．自己免疫性の破壊というのは，簡単に言えば「本来は外敵から身を守るための免疫が，自分自身を間違って敵認定

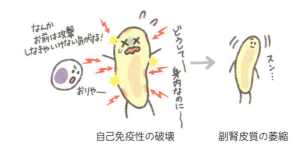

して攻撃してしまい，壊される」ことです．副腎皮質機能低下症は，自己免疫が副腎皮質を破壊している途中で見つけて発症を防ぐ，ということができません．後戻りできないほど破壊が進行して，本来あるべきホルモンがなくなってしまってから見えてくる異常に初めて気づくことができる疾患なのです．

　さて，副腎皮質機能低下症はどんな犬種でも起こり得る疾患です．とはいえ，副腎皮質機能低下症の発生が多い犬種も知られており，やはり遺伝的な背景も大きく関わっていそうです．特に，ポメラニアンやレオンベルガーでは家族性のアジソン病の報告があり，グレート・デーン，スタンダード・プードル，ビアデッド・コリー，コッカー・スパニエル，スプリンガー・スパニエルなども副腎皮質機能低下症の発症リスクが高い犬種です．

まとめ

コルチゾールと場合によってはアルドステロンも欠乏していることによる病気がいわゆる「アジソン病」です．疾患名は，副腎皮質機能低下症の方が適切で広く使われていますが，同業者との会話ならアジソン病で通じます．猫より犬，特に若い犬に多く，コルチゾールだけの欠乏症（非定型アジソン病とも呼ばれる）も存在します．

副腎皮質機能低下症になると，どうなる？

臨床徴候には幅がある

コルチゾールはもともと，特にストレスがかかったときに必要なホルモンなので，ストレスがかからなければアジソン病の状態にもかかわらずはっきりとした症状を示さない場合も案外あります．そのため，ある程度長期間にわたってなんとなく元気がないときもあるな，という程度の場合や，嘔吐・下痢・食欲不振などの消化器症状（対症治療に反応してすぐ改善する）を繰り返す場合など，アジソン病であると気づかれにくいこともあります．一方で，数時間で急速に進行し，命の危険がある重篤なショック状態に陥るケースもあります（**アジソンクリーゼ**と呼びます）．なお，医学の教科書ではアルドステロンが完全に枯渇して何の対処もしなければ，3～14日以内に死亡する，ともあります[1]．

副腎皮質機能低下症の臨床徴候

では，どのような臨床徴候が認められるのか見てみましょう．ざっくりとですが，その徴候が主にコルチゾール欠乏によるものか，アルドステロン欠乏によるものかを分けてみました 表8-2．コルチゾール欠乏とアルドステロン欠乏のどちらも関与していると考えられるものは，

両方に載せています．

先ほど紹介した定型アジソン病ではコルチゾール欠乏とアルドステロン欠乏の両方が起きるた

表8-2 副腎皮質機能低下症の臨床徴候とその理由（続く）

コルチゾール欠乏によるもの	アルドステロン欠乏によるもの
・消化器症状（嘔吐，下痢，食欲不振） 適度なコルチゾールによる消化管粘膜保護作用などが不足し，消化管を健全に保つことができずに起きます．慢性消化器症状のある犬の0.9～4%がアジソン病だという報告もあります[3,4]．消化器症状で来院する犬は多いので，その4%となると「思ったよりいる」と考えておく方が良いでしょう．	・多飲多尿 アルドステロンは腎臓でのNa再吸収を促進するので，その作用がなくなると尿中へNaが失われます．尿中へ過剰に出てしまったNaは水を引っ張る（浸透圧）ので多尿となり，その結果，水を飲もうとするので多飲多尿になります．脱水しているのに尿比重は低い，という状況があり得ます．
・白血球のストレスパターンの欠如 体調が悪いわりに，白血球の分画（種類別の分布）が普段通り，という違和感があります． コルチゾールが分泌できる個体ならば，体調が悪いときにはコルチゾールの分泌が増えていて，白血球のストレスパターンと呼ばれる分画のパターンを示します．具体的にストレスパターンとは，好中球数↑・単球数↑・リンパ球数↓・好酸球数↓です． ストレスパターンの「欠如（ないこと）」を見つけるポイントは，リンパ球数に着目することです．普段なら減少するはずのリンパ球数が十分にある，という方が特徴的だからです．好中球の正常範囲は個体差がやや大きいので，増加していないという判断が難しいです．	・脱水 アルドステロンによるNa再吸収作用がなくなり，尿中へのNa喪失が進行すると，脱水，腎前性の高窒素血症，低血圧などに陥ってしまいます．
・好酸球増多症 これもコルチゾール欠乏によって起きます．ちなみに，好酸球増多症が起きるときには，好塩基球も増えることがあります． ストレスパターンの欠如，好酸球増多症	・腎前性高窒素血症 脱水によって腎臓に向かう血流が減りすぎると，糸球体で圧をかけてろ過をすることができなくなり，身体に老廃物が溜まります．尿目線で腎臓より手前での問題なので，腎前性と呼びます．クレアチニン（Cre）の上がり具合よりも尿素窒素（BUN）の上がり具合がより顕著なことが多いです（腎前性高窒素血症の特徴）．詳しくは，第4章「急性腎障害」61ページを参照してください．

アジソン病：副腎皮質機能低下症

表8-2 (続き)副腎皮質機能低下症の臨床徴候とその理由

コルチゾール欠乏によるもの	アルドステロン欠乏によるもの
・低血圧，意識障害 　正常に血圧を保つためのアドレナリン受容体は，コルチゾールが不足すると反応が悪くなることが知られています．そのため，低血圧とその結果としての意識障害を起こす一因にもなるのです．なお，アルドステロン欠乏でも脱水から低血圧を引き起こします．さらに，意識障害は低血圧によるもの以外に，低血糖でもあり得ます．	・低血圧，意識障害 　アルドステロン欠乏ではNaと水を尿中へ失うことで脱水が起こりますが，脱水が重度になると，循環血液量が低下し，低血圧も起きます．全身の臓器で循環が悪くなってしまうので，意識障害を引き起こし，対応が遅れれば死亡します．なお，コルチゾール欠乏も低血圧に関わります．意識障害は低血圧によるもの以外に，低血糖でもあり得ます．
ショック状態（アジソンクリーゼ）	
・低血糖 　コルチゾールによる糖新生作用が欠如していることや，グリコーゲンも枯渇していることによります．低血糖も意識障害の原因になります．ややまれですが，発作を起こすほど重度の低血糖にもなり得ます． 	・低Na血症 　アルドステロン欠乏によって尿中への水とNaの喪失が劇的に増えます．すると前述のとおり脱水を起こします．動物は脱水で喉が渇くため水を飲むことで失った水分を補おうとしますが，失ったNaは容易に補うことができません．その間にもまたNaも水も尿中へ喪失され続け，補充できるのは水だけという状況が続きます．すると，体液中のNaの量と水分の量のバランスが崩れてしまい，一定量の水分に対してNaが少なすぎる状況になります．こうして低Na血症になってしまいます．体液が薄まるようなものですね． 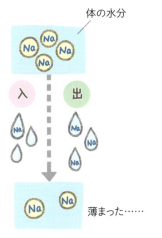

め，それぞれに関連する臨床徴候も組み合わさって出てきます．一方の非定型アジソン病ではコルチゾール欠乏だけが起きるため，臨床徴候もコルチゾール欠乏によるものだけが認められます．

表8-2 (続き) 副腎皮質機能低下症の臨床徴候とその理由

コルチゾール欠乏によるもの	アルドステロン欠乏によるもの
・高Ca血症 　コルチゾールは腎臓からのCa排泄を増やすため，アジソン病ではその作用が低下して血中にCaが溜まるのが原因ではないかと考えられています． 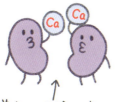	・高K血症 　余剰なKは普段，腎臓からの排泄に頼って捨てており，それを促進するのがアルドステロンです．そのため，アルドステロン欠乏ではKを捨てられず，高K血症になります．症例によっては重度の高K血症になり，命に関わります． 
・低コレステロール血症，低アルブミン血症 　コルチゾール欠乏によって消化管の状態が健全に保てず，消化管からコレステロールやアルブミン（Alb）が漏出しているせいだと考えられています．また，低コレステロール血症については，コルチゾール欠乏により脂質分解作用も低下するせいで，コレステロール合成が低下していることも関係しているかもしれません． 　なお，アルドステロン欠乏による脱水で消化管への血流が低下することも粘膜の障害につながります． 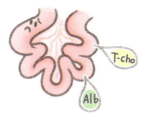	・低コレステロール血症，低アルブミン血症 　アルドステロン欠乏による脱水で，一時的に消化管の血流が低下して粘膜の障害が起こり，そこから漏出しているせいだとも考えられています．ほかにも，コルチゾール欠乏による部分もあると考えられています． ・ALT高値 　アルドステロン欠乏による脱水で，一時的に肝臓の血流が低下したことが原因で肝細胞が一部ダメージを受けた結果だと考えられています．

つまり，アジソン病なのに電解質の異常は認められないというのが非定型アジソン病の特徴でもあるのです．

▶▶▶▶▶ STEP UP

Na/K比

　Na/K比の算出は,「アジソン病らしさ」を評価するために,昔から使われてきた方法です．検査の目的は血中Na濃度とK濃度のバランスを見ることで，アルドステロン欠乏があれば，Na↓とK↑が起きるためNa/K比が下がります．

　Na/K比がどこまで下がるとアジソン病らしさが出てくるかを調べた研究では，カットオフ値（アジソン病かどうかを判断する線引き）をNa/K比27または28とすると，95％の症例でアジソンかどうか分けられた，ともされています[5]．厳密にはNaとKの変動はアルドステロン欠乏によって起きるので，コルチゾール欠乏があるかどうかの指標として，リンパ球数も合わせて検討する方が良いでしょう．

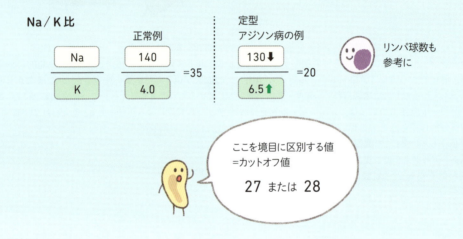

まとめ

　臨床徴候には幅があるので，明らかなショック以外の場合でもアジソン病を疑う必要があります．症状は，それぞれコルチゾールやアルドステロンが正常時にどのような働きをしているのかを考えると整理しやすいです．特に，一見するとステロイドホルモンに直接関連していなさそうな症状（腎前性高窒素血症，高Ca血症，低コレステロール血症，ALT高値など）まで二次的に出てくることにも注意が必要です．

副腎皮質機能低下症をどう診断するか？

ホルモン検査の意味，目的

　副腎皮質の機能が低下した状態にあることを示す（必要時でさえもコルチゾールの分泌が足りていないことを示す）のが最終的な診断方法になります．必要時，つまりストレスがかかってACTHがめいっぱい出たとしてもコルチゾールの分泌が少なければ，副腎皮質機能低下症と診断

されます.

　副腎皮質機能低下症の症例では,「アジソン病っぽさ」がわかりづらいことも多いため,「平常時にコルチゾールが少なすぎるのか」をまず調べてから「副腎皮質をめいっぱい働かせても（ACTHで刺激しても）コルチゾールが少なすぎるのか」を調べることが多いです.

　ホルモン検査における最も重要な目的は,アジソン病の確定診断を下すことです.アジソン病だと診断されれば,その後一生にわたる継続治療が必要ということになります.また,必要な治療が受けられないと,最悪の場合には動物が命を落とすかもしれません.そのため,「アジソン病かもしれないけどアジソン病じゃないかもしれない」という曖昧な判断は許されないのです.

　一方で,アジソン病だと確定診断が下れば,原発性なのか二次性なのかの鑑別はさほど治療オプションの選択には関係ありません.治療オプションの選択には,特殊なホルモン検査ではなく通常行う血液検査の項目（血糖値や電解質など）で基本的には十分だからです.

ホルモン検査

ベースラインコルチゾール（基礎コルチゾール値）

- どういう検査か：平常時に血中のコルチゾール値が低すぎるのかを調べる検査です.
- やりかた：血清中のコルチゾールを測定します.特に定まったタイミングはなく,一般的な血液検査と同様の方法で採血します.
- 評価：基礎コルチゾール値が 2 μg/dL を大幅に上回っていれば,十分にコルチゾールが分泌されているためアジソン病の可能性は極めて低いと判断（除外）します.逆に,2 μg/dL 以下であれば,アジソン病の可能性があるため,次に説明するACTH刺激試験での確認が必要です.たとえ基礎コルチゾール値が「測定限界以下」だとしても,ACTH刺激試験を行わずにアジソン病という最終的な診断は下しません.

ACTH刺激試験

- どういう検査か：ACTH刺激試験は,身体の外からACTHが投与されたときに,副腎が適切に反応できるかどうかを確認する試験です（詳しくは第7章117ページ参照）.
- やりかた：合成ACTH製剤を 5 μg/kg,静脈内投与（IV）,投与前と60分後のコルチゾールを測定します.
- 評価：ACTH製剤で副腎をめいっぱい刺激しているのに反応がほとんどみられない（反応できない）ことで,副腎皮質機能低下症と診断します 図8-1 .これではストレス下におかれた緊急時にも身体が適切に対応できませんよね.

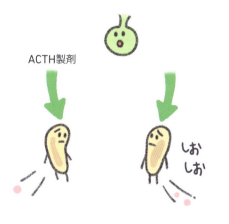

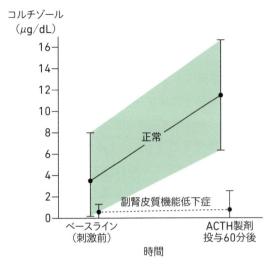

図8-1 ACTH刺激試験の結果（文献2より引用・改変）

正常個体ではACTH製剤投与後には顕著にコルチゾール値が上昇するが，副腎皮質機能低下症ではほとんど上昇しない．

補助的な検査

内因性ACTH濃度測定

- どういう検査か：内因性ACTH濃度測定（eACTH）では，動物自身が分泌している（＝内因性）ACTHの血中濃度を測定します．アジソン病とすでにわかっている症例で，主に認められる原発性（副腎性）か，まれな二次性（下垂体か視床下部の異常）かの区別ができます．特に，電解質が正常な副腎皮質機能低下症の症例（非定型アジソン病）で重要になります．
- やりかた：前章参照
- 評価：eACTHが高い場合，原発性アジソン病であることがわかります．原発性の場合（ほとんどこちら）は診断時にコルチゾールだけの欠乏症でも，いずれアルドステロン欠乏症にも陥って電解質異常も出てくる可能性があるため，より気をつけて電解質のモニタリングをすることが推奨されます．

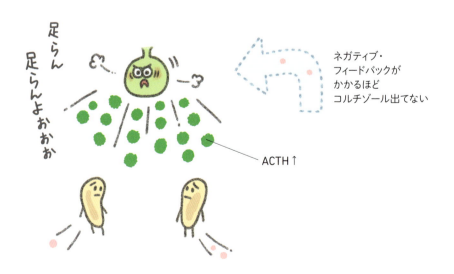

eACTHが低い場合，まれな二次性アジソン病であることがわかります．電解質（アルドステロン）のコントロールにはあまり影響していないため，今後電解質コルチコイドの補充が必要となる可能性は低いとされます．

腹部超音波検査

典型的な副腎皮質機能低下症の症例では，副腎が小さいこともその根拠とされます．しかし，特にコルチゾール欠乏のみの非定型アジソン病の場合には副腎サイズが正常な犬もいるため，腹部超音波検査だけでの診断はできません．あくまで，補助的な根拠程度です．

まとめ

副腎皮質機能低下症の診断は，めいっぱい副腎を刺激してもコルチゾールが分泌できない，ということをACTH刺激試験で確かめることによって行います．

治療は？

基本的には，急性のショック時（アジソンクリーゼ）を乗り切って維持期まで行って，不足しているホルモンの補充を適切に行うことができれば，寿命を全うできる疾患といわれています．

急性のショック時（アジソンクリーゼ）に行うべき治療

静脈輸液

急性のショック時で最も重要なのが輸液療法です[6]．循環血液量が低下してショックに陥っているので，急いで補正しなければ命に関わります．そのため，静脈輸液を適切なスピードで，十分に行う必要があります．輸液剤としては乳酸リンゲル液などがよく用いられます．まず輸液，とにかく輸液です．

※用法・用量は守りましょう

高K血症の治療

心電図上で異常があるような重度の高K血症の症例では治療が必要です．ここでも静脈輸液が重要な役割を果たします．乳酸リンゲル液などの輸液剤には少量（4～5 mEq/L）のKも含まれていますが，十分な輸液剤の投与で希釈される効果の方が大きく，結果的にはKを含まない生理食塩水よりも素早くK濃度を改善させたとの報告もあります[6]．

また，アジソン病による高K血症の場合，もともと低血糖を併発している症例もいるため，血糖値をさらに下げてしまうインスリンを安易に使ってはならないことにも注意が必要です．実際に，輸液とステロイド補充だけで高K血症が改善したとの報告もあります[6]．

ホルモン補充

ホルモン補充を行う前に，診断用の採血（ACTH刺激試験とeACTH）を済ませます．ホルモン補充をしてしまうと，以降の検査結果に差し支えます．使うステロイド剤の種類によってはアジソン病の診断自体が下せなくなってしまうこともあるほどです．

急性のアジソンクリーゼの疑いが強い場合には，循環血液量の改善を急ぎたいので，入院中からアルドステロンの役目を果たす電解質コルチコイド治療を開始します．基本的にはピバル酸デソキシコルチコステロン（Desoxycorticosterone Pivalate: DOCP，合成電解質コルチコイドの注射製剤）を使います．

糖質コルチコイドの補充は，低血圧や低血糖がほかの治療に反応しづらいときなどにデキサメサゾン，ヒドロコルチゾン，プレドニゾロンのいずれかを注射で用います（ぐったりしていて内服薬が安全に使えないときでも，注射薬なら使えるためです）．もしACTH刺激試験の前にどうしても投与する必要があるなら，デキサメサゾンを使います．それ以外の薬剤はコルチゾールとして誤って測定されてしまうからです．

ただし，デキサメサゾンを用いたとしても，投与後時間が経てば経つほど，また何度も投与すればするほど，視床下部と下垂体へのネガティブ・フィードバックが効いてきて，その後に行うACTH刺激試験の結果が評価しづらくなります．そのため，最初のデキサメサゾン投与後6時間以内にはACTH刺激試験をしておきたいところです．

補助的治療

低血糖に対するグルコース補充（静脈内投与）や，嘔吐に対する制吐薬の使用もします．また，

嘔吐のせいで誤嚥性肺炎などほかの合併症もみられるならば，抗菌薬治療なども適宜行います．

急性のショック時は，正しい対処を取れば犬では数時間以内に反応（改善傾向）がみられます．ちなみに猫は明らかな改善傾向を示すまでに3〜5日もかかります．

維持期の治療

急性期を乗り切った後，電解質コルチコイドと糖質コルチコイドの補充を行います．それぞれ別々に補充するなら，**DOCP注射とプレドニゾロンの内服の組み合わせ**がよく用いられます．投与量の目安はある程度決まっているものの，個体ごとにそれぞれ必要なステロイドホルモンの量は異なるので，この方法であれば電解質コルチコイドと糖質コルチコイド，それぞれを調整できるのが利点です．DOCPの注射は1カ月に1回程度，定期的に必要です．プレドニゾロンの内服は毎日必要です．

ほかの治療オプションとしては，電解質コルチコイド作用と糖質コルチコイド作用の両方を併せ持つ**フルドロコルチゾンという内服薬**を用いる方法です．フルドロコルチゾンに含まれる電解質コルチコイド作用と糖質コルチコイド作用のバランスを変えられないのが欠点で，片方の症状に合わせるともう片方が過剰や不足になってしまうこともあり，調節がやや難しいです．注射は必要ありませんが，毎日の内服が必要です．

まとめ

アジソン病の急性期の治療で最も大切なのは静脈輸液です！　まずは循環をもとに戻すことが最優先です．また，診断のために必要なホルモンの検査用採血を済ませてから，ホルモン製剤（ステロイド剤）の投与も行います．その他，併発している病態に対して適切な治療をそれぞれ行っていきます．

きちんと診断・治療を行い，維持期まで行ければ，基本的には寿命を全うできる疾患です．

▶▶▶▶▶ STEP UP

ホルモン必要量の個体差&ストレス時に備えて

先ほど，個体ごとにそれぞれ必要なステロイドホルモンの量は異なる，と説明しました．実際に，DOCPは添付文書に「25日ごとに注射」と書いてある薬ですが，効果が続いていることを確かめながら徐々に投与間隔を延ばすと，30〜90日ごとの投与にできたという報告[7]や，投与量を添付文書の半分まで落とせたという報告[8]もあります．かなり個体差が大きいことがわかりますね．

また，プレドニゾロンの用量も，0.2 mg/kg/dayを「生理学的用量」などと呼ぶこともありますが，これも一応の目安のようなもので，ストレスがかからなければもう少し低用量で健康に過ごせる個体もいます．

ただし，副腎皮質機能低下症の症例は，ストレスがかかった際に自力では対応できないため，ストレスが予想される場合には事前に対応する必要があります．よく行われる方法は，ストレスが予想される前日・当日・翌日は，プレドニゾロンをいつもの倍の量〜0.5 mg/kgまで適宜増量して投与する方法です．また，予定していなかったとしてもストレスがかかった，という場合は，数日間プレドニゾロンの増量をします．

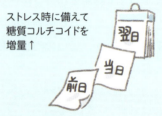

ストレス時に備えて糖質コルチコイドを増量↑

最後に

アジソン病は一生にわたる管理が必要な内分泌疾患です．名前はとても有名である一方，ほかの様々な疾患に症状がよく似ているので，診断が難しいこともあります．軽症〜重症まで様々な状態で病院にやって来るので，もしかしてアジソンかも？と疑う姿勢が大事ですし，緊急時には迅速に対処していくのも大事です．アジソン病ならば，ショック状態で

腎数値や肝数値がかなり上昇している症例も，治療後は完全に正常に戻ることも多いです．最初の状態が悪くても諦めず，しっかり適切に診断・管理をしましょう．

参考文献

1. Hall J.E., Hall M.E.(2021): Chapter 78 Adrenocortical Hormones. In: Hall J.E., Hall M.E. Eds., Guyton and Hall Textbook of Medical Physiology 14th ed., 955-972, Elsevier

2. Hess R.H. (2024): Chapter 296 Hypoadrenocorticism. In: Ettinger S. J., Feldman E. C., Cote E. Eds., Ettinger's Textbook of Veterinary Internal Medicine 9th ed., 2036-2044, Elsevier

3. Hauck C., Schmitz S.S., Burgener I.A., et al. (2020): Prevalence and characterization of hypoadrenocorticism in dogs with signs of chronic gastrointestinal disease: A multicenter study. J Vet Intern Med. 34(4):1399-1405

4. Tardo A.M., Del Baldo F., Leal R.O., et al. (2024): Prevalence of eunatremic, eukalemic hypoadrenocorticism in dogs with signs of chronic gastrointestinal disease and risk of misdiagnosis after previous glucocorticoid administration. J Vet Intern Med. 38(1):93-101

5. Adler J.A., Drobatz K.J., Hess R.S. (2007): Abnormalities of serum electrolyte concentrations in dogs with hypoadrenocorticism. J Vet Intern Med. 21(6):1168-1173

6. Burkitt Creedon J.M. (2023): Chapter 82: Hypoadrenocorticism. In: Silverstein D.C., Hopper K. Eds., Small Animal Critical Care Medicine 3rd ed., 474-478, Elsevier

7. Jaffey J.A., Nurre P., Cannon A.B., et al. (2017): Desoxycorticosterone Pivalate Duration of Action and Individualized Dosing Intervals in Dogs with Primary Hypoadrenocorticism. J Vet Intern Med. 31(6):1649-1657

8. Vincent A.M., Okonkowski L.K., Brudvig J.M., et al. (2021): Low-dose desoxycorticosterone pivalate treatment of hypoadrenocorticism in dogs: A randomized controlled clinical trial. J Vet Intern Med. 35(4):1720-1728

9章 吐き気・嘔吐

吐いてないから制吐薬はいらない，わけじゃない

　7歳，避妊雌のミニチュア・シュナウザーが，よだれが多いことを主訴に来院しました．実はその前日に急性膵炎の診断を受け，制吐薬のマロピタントを投与されています．「あれから吐いてはいないんですけど，よだれがすごくて……」と飼い主さん．「吐いてはいないので，制吐薬はなしでいいと思います．しばらく様子みてもらうしかないですよね？」と矢場井先生．いえいえ，まだできることはありますよ！　吐き気のしくみから考えてみましょう．

そういえば嘔吐って何？

嘔吐はもともと，必要だからできたもの

　我々ヒトを含め，動物は生きるために物を食べますが，近年のように食べ物が衛生的に管理されていない状況もかつては当たり前でした．そして，腐っている物や毒物を含む物，身体に合わない物を誤って食べてしまうこともありました．そんなとき，身体としてはそのまま消化・吸収せずに「返却」したいわけです．こうして，悪くなった食べ物や中毒物質を身体の外に出す防御機構の一つとして嘔吐というシステムが生まれたのだ，といわれています[1]．
　嘔吐を起こす疾患や病態が多く，臨床現場でも嘔吐が問題となる場合が多いため，つい「吐いている＝良くないこと」と思いがちかもしれませんが，もともとは必要があって備わった仕組みなので，吐くことで身体が助かる場面もあるのです．

「吐いている」って本当に嘔吐？：嘔吐vs.吐出

さて，一口に「吐いている」と言っても，そのすべてが嘔吐とは限りません．特に，犬猫の飼い主さんにとっては見分けがつかない「吐いている」ような動作がいくつかあります．病態を正しく把握するためには，嘔吐かそうでないのかを区別する必要があります．「嘔吐」に似た別の動作には，「吐出（としゅつ）」や「咳（せき）」，「喀痰（かくたん）」があります．それぞれの動作の特徴を以下で簡単に説明します．

嘔吐

能動的に（自ら積極的に），胃の内容物を吐き出そうとする動作です．嘔吐する前には吐き気を感じている（口をくちゃくちゃさせるレッチングなど，気持ち悪そうな様子がある）場合が多く，よく気がつく人なら「吐きそうだな」「気持ち悪そうだな」「様子が変だな」と嘔吐の前にわかります．また，嘔吐する直前（口から出てくる直前）には，お腹にギュッと力を入れて収縮させる様子があります．

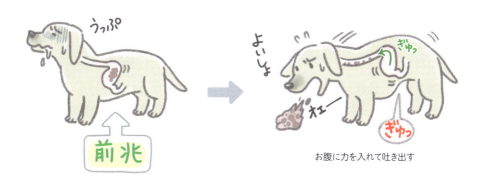

お腹に力を入れて吐き出す

吐出

受動的に（そのつもりがないのに）物が口へ逆流してきてしまう現象で，食道の内容物が吐き出されます．吐出するときには目立った前兆がないのが特徴です．正常時は食道内に入った物はすぐに胃へ運ばれるので，吐出が起こるのは口から入った物が食道内からうまく運べない場合や，胃から食道へ逆流してきた場合などです．

咳

　嘔吐や吐出が，胃や食道といった消化管から吐き出しているのに対し，咳は喉頭や気管，気管支などといった気道からの刺激で起こります．咳の場合にも「ガハッ」と咳き込む際に唾液や痰が吐き出されたり，その後に口をくちゃくちゃさせたりする様子（レッチング）がみられるため，嘔吐と間違われることがあります．気道からの刺激でガハガハ，ゴホゴホしているのが咳で，そのとき気道内にあった痰が吐き出されることと，吐き出された痰の両方を指して喀痰と言います．

喀痰

　気道内にある痰が吐き出されること，および吐き出された痰の両方を表す言葉です．咳によって気道から吐き出されます．咳や喀痰の場合には，食べ物が出てくることはありません．

嘔吐と吐出の違い

　さて，嘔吐，吐出，咳，喀痰のうち，特に見分けが難しいのが嘔吐と吐出です．この二つについてもう少し詳しく説明します．

　よく耳にするのは「食後・飲水後すぐなら食道からの吐出だろう」という説ですが，食後から吐き出すまでの時間は，実はまったく当てになりません．正常な食道は数秒単位で食べ物や水を胃に運ぶことができるので，普通は「食後」になったときにはすでに全部胃に入っているはずです．そのため，食後すぐに吐き出されたとしても，食道からの吐出ではなく胃からの嘔吐である場合もあります．逆に，食道からの吐出が，食後しばらく経ってから起きる場合もあります．食道から胃への流れが悪く，いつまでも食道内に食べ物が残っている場合などです．

　吐き出された吐物自体の特徴のうち，吐物のpHや胆汁の有無はある程度参考になります．一般に食道内には口から分泌された唾液くらいしか入らないためpHは中性〜アルカリ性ですが，胃内では胃酸が分泌されるため，pHは酸性に傾きます．また，胆汁は胆嚢から総胆管という管を通り，十二指腸へ分泌されます．分泌される部位は胃のすぐ後なので，胆汁が十二指腸から胃へと逆流することがあります．つまり，吐物に胆汁が混じっているならば，一度胃に入ってから出てきたと思われるので，嘔吐の場合が多いと考えられます．しかし，例外もあります．例えば，胃内容物が食道へと逆流していて，その後に食道からの吐出が起きた場合です．吐物だけ見ると

表9-1 嘔吐と吐出の違い

	嘔吐	吐出
吐き気 （口周りをペロペロする，よだれが多い，口をくちゃくちゃさせる等）	通常あり	なし
様子	能動的にお腹を収縮させて吐き出す（頑張っている感じ）	受動的に吐き出す（あふれてしまう感じ）
どこから吐物が出てくるか	胃	食道
頸部の食道拡張があるか	なし	ある場合も
吐物に胆汁が混じるか	混ざる場合あり	まれ（例外的にあり）
食後吐き出すまでの時間	様々	
吐物のpH	様々	

酸性のpHであったり胆汁が混ざっていたりと，嘔吐の吐物と同じように見えることに注意が必要です．

これらの特徴をまとめて見比べ，理解しておきましょう **表9-1**．

まとめ

もともとは有害なものから身体を守るための嘔吐ですが，それ以外にも様々なきっかけで起こります（それについてはこの後，詳しく説明します）．まずは，見た目が似ている吐出や咳などとの区別ができるようにしておきましょう．嘔吐のポイントは，能動的に吐き出そうとしていることです．

吐き気を感じる・嘔吐する仕組み

嘔吐中枢（嘔吐のスイッチ）は延髄にある

嘔吐は脳の一部，延髄にある嘔吐中枢という部分からの指令で起きる反射です．延髄は，脳の中でも脳幹と呼ばれる中脳・延髄・橋をまとめた領域に含まれます．この領域には無意識的な反射や身体のコントロールが行われる中枢がいくつも存在して司令塔のような役割を果たしており，その一つが嘔吐中枢です．周辺には嘔吐中枢以外にも，呼吸中枢（呼吸をコントロール），体温中枢（体温をコントロール），心臓血管中枢（心拍や血圧をコントロール），渇中枢（飲水欲をコントロール）などがあります．

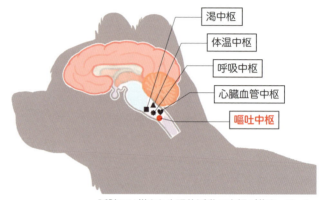

延髄には様々な生理的活動の中枢が集まっている．
※配置はイメージ

嘔吐中枢の機能を理解するためには，受容体とリガンドというものを知っておくと非常にスムーズです．以下のSTEP UPにて説明します．

>>>>>> **STEP UP**

受容体とリガンド

身体の中には数え切れないほどの種類の受容体とリガンドがそれぞれ存在します．ざっくり言うと，「誰か専用の椅子」が受容体で，「専用の椅子にピッタリ合う誰か（結合する物質）」がリガンドです．とある物質が放出されたことを感知する仕組みや，とある物質が足りない（専用の椅子が空いている）ことを感知する仕組み，命令や刺激といった情報を伝える仕組みとしても受容体とリガンドは働いています．

リガンド＝受容体にぴったり合う物質

受容体＝専用の椅子

リガンド以外のものは受容体にきちんと結合しない．

リガンドの中にも，命令を伝えていく物質と，命令を伝えさせず椅子だけ埋めてブロック（拮抗）してしまう物質があります．薬剤でいうと，受容体に結合して命令を伝えるリガンドになるものを「作動薬」，受容体に結合してブロックするリガンドになるものを「拮抗薬（ブロッカー）」と呼びます．

今回解説する吐き気・嘔吐の関係図には数多くの受容体が登場しますが，それぞれに対応した作動薬や拮抗薬が存在するものが多いです．制吐薬（吐き気止め）として使われる薬剤は，「命令を伝えれば嘔吐を起こす受容体」をブロックする目的で使われます．

嘔吐中枢

嘔吐中枢は，最終的に身体が嘔吐することを決断して指示を出しています．その決断を下すときに，身体のほかの部分 図9-1 からの「これは危ない，気持ち悪い」といった刺激を受け取って参考にしているのです．

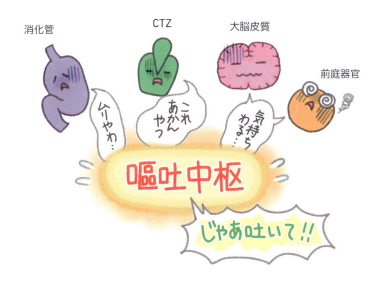

嘔吐のスイッチを押す仕組み

さて，延髄の嘔吐中枢は，最終的に身体に対して「よし，吐いて！」と指示を出すのが仕事です．しかし，延髄自身は脳の一部であり，自分で嘔吐すべきタイミングにすぐには気づけません．食べ物に直接接しているのは胃や腸ですし，脳にある血液脳関門によって血中の毒物が簡単に脳に到達してやられてしまうのを防いでいるためです．そこで，延髄の嘔吐中枢は色々なルートから間接的に「これ吐いた方がいいと思う！」という情報を仕入れて，身体への「よし，吐いて！」という最終的な指示をコントロールしているのです．

情報の仕入れ先には，次のような部位があります 図9-1 ．以下でそれぞれ簡単に説明しますね．図9-1 に登場する受容体は，今すべてを覚えなくても大丈夫です．催吐薬・制吐薬を使おうというときに見返す程度にしておいてください．

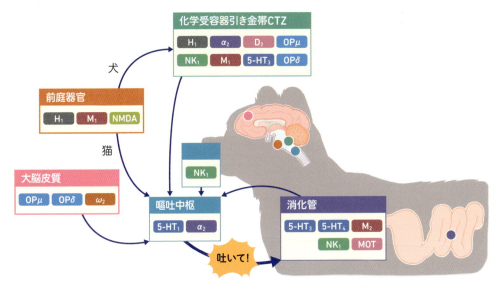

図9-1 犬と猫における嘔吐を起こす刺激の関係図（文献1より引用・改変）
嘔吐中枢に対して嘔吐を起こさせる刺激を送るのが，化学受容器引き金帯（CTZ），消化管，前庭器官，大脳皮質である．それぞれ多種多様な受容体を有しているのがわかる．
$α_2$：$α_2$アドレナリン受容体，D_2：D_2ドパミン受容体，H_1：H_1ヒスタミン受容体，M：コリン作動性受容体，MOT：モチリン受容体，NK_1：NK_1受容体，NMDA：NMDA受容体，$OP_δ$：δ（デルタ）オピオイド受容体，$OP_μ$：μ（ミュー）オピオイド受容体，$ω_2$：ベンゾジアゼピン2受容体，5-HT_3：5-HT_3セロトニン受容体，5-HT_4：5-HT_4セロトニン受容体

化学受容器引き金帯（CTZ）

　ややこしい名前をしていますが，いろいろな化学物質に反応するセンサー（化学受容器，ケモレセプター：Chemoreceptor）が嘔吐のきっかけ（引き金，トリガー：Trigger）の刺激になっている，脳の特定の領域（ゾーン：Zone）のことをこう呼びます．頭文字をとってCTZと英語では略されます．このCTZは，様々な化学物質に対するセンサーの役割をしています．CTZは脳の一部なのですが，脳のほかの部位のように血液脳関門に守られていてはセンサーとしての仕事がしづらいため，CTZには血液脳関門が存在しません．CTZは体内の毒素（尿毒素，肝性脳症の毒素）や体外の毒素・薬剤に反応するようにできていて，それらの存在をCTZが感知すると，嘔吐中枢へと刺激を送ります．

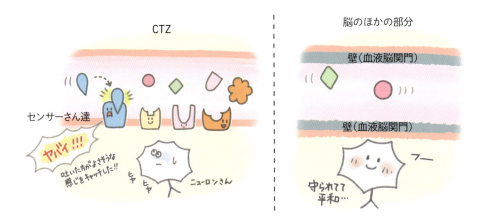

消化管

口から入ったものに直接触れる臓器が消化管です．普段の仕事は食べ物の消化・吸収ですが，センサーとしていろいろな受容体を持っています．消化管は，食渣の異常（消化できないものが胃内に溜まってきたなど）や消化管の炎症などの影響を受けて，嘔吐するよう嘔吐中枢へ刺激を出します．ちなみにこのとき，刺激を伝える神経は迷走神経です．

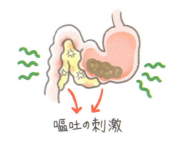

前庭器官

いわゆる乗り物酔い（視覚と平衡感覚のズレ）や，前庭神経への刺激となる中耳炎・内耳炎がある場合などに，嘔吐するよう嘔吐中枢へ刺激を出します．ちなみに，前庭器官からの刺激の伝わり方は犬と猫で異なり，犬ではCTZを経由して嘔吐中枢に伝わりますが，猫では前庭器官から嘔吐中枢へ直接伝わります．

大脳皮質

匂いなどの感覚刺激や，吐き気の認識・吐き気の感覚も嘔吐中枢を刺激すると考えられています[2]．

交感神経

自律神経の一部で，ストレス下に置かれたときなどに活性化する交感神経も，嘔吐中枢へ刺激を出すことがあります．

いざ，吐く！ という動作

嘔吐中枢から「よし，吐いて！」という指令がくると身体は嘔吐するわけですが，このとき動物自身は別に「よし，じゃあ先に胃を収縮させて，それに合わせて今度はこっちを……」などと意識してコントロールしているわけではありません（吐いた経験のある人にはわかると思います）．自動的にコントロールされているのです．

能動的に胃を収縮させ，普段とは逆方向に胃内容物を運ばなければならないため，胃の動き（蠕動）も普段とは異なります．また，普段は閉じている噴門（胃の入口）をタイミングよく開き，喉では食道への入口のすぐ隣にある気道への入口（声門）をタイミングよく閉じ，鼻と喉をつなぐ鼻咽頭もタイミングよく閉じて，嘔吐が起こります．

もし何らかのトラブルがあって気道や鼻へ吐物が侵入すると，嘔吐の合併症として誤嚥性肺炎や鼻炎が起こる原因になります．

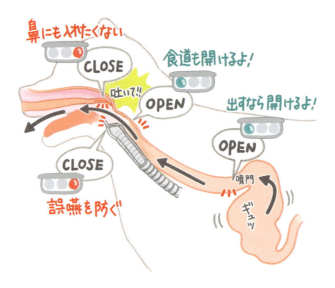

まとめ

　様々な化学物質や視覚刺激，消化管の異常を身体の各所が感知して伝えた結果，嘔吐中枢が「よし，吐いて！」という指令を出します．吐き気・嘔吐の情報ネットワークがあるのです．そして，身体は嘔吐しつつも合併症を起こしづらいように，実にタイミングよく胃・食道・声門・鼻咽頭などを収縮させたり開けたり閉じたりして，ようやく嘔吐が完遂されます．

　イメージとしては，大まかに，

- 「この物質は危険だ」とCTZが感知したら嘔吐
- 「この刺激物はだめだ」「この状態（胃腸の様子がおかしい・乗り物酔い）はだめだ」と消化管・前庭器官が感知したら嘔吐
- 「うっ，気持ち悪い」と一定以上レベルで感知したら嘔吐

となります．

吐いてほしいとき，吐いてほしくないとき

　吐き気と嘔吐の仕組みについてわかったところで，実際の臨床現場でそれを活用する場面についても説明しましょう．

吐いてほしいとき：催吐薬

　犬猫の臨床でよく遭遇する問題に，誤食があります．食パンを少々盗み食いした，という程度なら犬猫に大事はないでしょうが，そのままでは消化されず腸閉塞を起こすことが予想される異物や，消化できるものでも犬猫にとって中毒を起こすことがわかっているものの誤食は，放置しておけません．そこで，身体に悪影響がみられる前に取り出す方法として，嘔吐を誘発させる「催吐処置」を行います．

　基本的には，吐かせたいものがまだ胃内にあって，嘔吐させても犬猫が危険な状態にならない

▶▶▶▶▶ STEP UP

いかにいろいろな原因で嘔吐が起きるか

では，よく遭遇する嘔吐の原因を次の Box9-1 に挙げます．先程説明した情報ネットワーク 図9-1 のどこで感知されていそうか考えてみると面白いと思います．

Box9-1 よく遭遇する嘔吐の原因（文献1より引用・改変）

代謝性疾患
- 腎疾患，腎不全
- 肝胆道系疾患，肝不全
- 電解質異常
- 酸塩基異常
- エンドトキセミア（細菌毒素血症）

内分泌疾患
- 副腎皮質機能低下症
- 甲状腺機能亢進症

中毒物質・薬剤
- 重金属（鉛など）
- エチレングリコール
- 非ステロイド性抗炎症薬（NSAIDs）
- 抗菌薬
- 抗がん剤（化学療法薬）

食事関連
- 見境なく何でも食べる
- 食物アレルギー
- 食物不耐症

消化管の疾患
（胃）
- 胃炎・寄生虫・ヘリコバクター属菌感染・異物・閉塞・胃拡張胃捻転・運動異常・腫瘍
（小腸）
- 慢性炎症性腸症・腫瘍・閉塞・寄生虫・感染症（ウイルス，細菌，真菌，原虫）
（大腸）
- 便秘・結腸炎

消化管以外の腹腔内疾患
- 膵炎
- 腹膜炎（消化管穿孔，胆汁漏出，尿漏出，腫瘍の播種など）
- 腫瘍

嘔吐の原因になり得るがまれな例：心タンポナーデ

限りは催吐処置を行います．催吐処置を実施できない例として，塩素系消毒薬などは催吐処置によって逆に食道を傷めてしまうため，吐かせずに牛乳を飲ませるなどの対処を行います．また，ヒトの薬剤を食べてしまい意識が朦朧としているような場合も催吐処置による誤嚥や窒息の危険があるため実施できません．

犬と猫では効果の出やすい催吐薬の種類が異なります．犬で使われる催吐薬の代表はアポモルヒネです 図9-2 ．モルヒネ，と名前についていますが，アポモルヒネはD_1，D_2ドパミン受容体作動薬で，CTZのドパミン受容体に作用します．犬では非常に有効性が高く，ほぼ必発で嘔吐を誘発します．しかし，猫ではほとんど催吐効果がありません．そのため，猫にはD_2ドパミン受

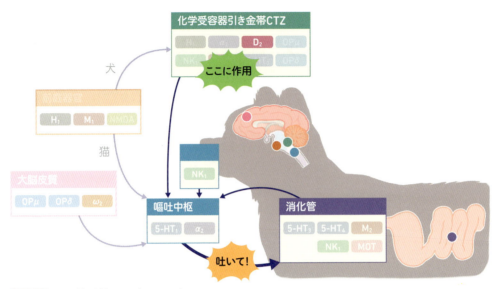

図9-2 犬の催吐薬：アポモルヒネ

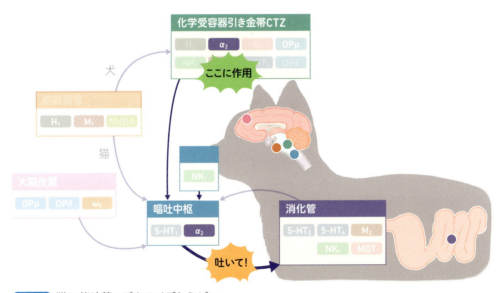

図9-3 猫の催吐薬：デクスメデトミジン

容体がないのではと考えられており，別の作用機序を持った薬剤で嘔吐を誘発します．

　猫で使われる催吐薬の代表はメデトミジン，デクスメデトミジン **図9-3**，キシラジンなどの$α_2$アドレナリン受容体作動薬（$α_2$作動薬）です．犬のアポモルヒネほどではないですが，臨床的に使える程度には嘔吐を誘発します．オピオイドμ受容体作動薬のハイドロモルフォンも使えそうです．いずれもCTZの受容体に作用します．

　ちなみに，催吐処置のときに犬猫を緊張・興奮させたり気を散らせたりすると，催吐がうまくいかないことがあるため，やや暗く落ち着いた環境を与える方が良いでしょう．ただし，吐物をすぐに片づけて犬猫の容態もチェックできるように，近くについている必要はあります．

吐いてほしくないとき：制吐薬

吐き気や嘔吐を主訴にやってくる症例は多いので，催吐薬よりも制吐薬を使う場面の方が多いと思います．また，制吐薬の種類は幅広いのですが，実際にはある程度決まった種類の使い慣れたものだけ使いがちです．吐き気・嘔吐の仕組みがわかったところで，制吐薬の例とそれぞれ吐き気・嘔吐をどこで抑制してくれるのか見てみましょう 図9-4 表9-2．いずれも，受容体の拮抗作用のある薬剤（受容体と結合したときに情報を伝えない種類のリガンド）です．

まとめ

吐き気・嘔吐の仕組みは一見複雑でややこしいですが，それだけ様々な場面に吐き気・嘔吐が関わっているのです．嘔吐を誘発するとき，抑制するとき，どのポイントに作用しているのか少し意識するクセをつけてみてください．

図9-4 制吐薬の作用点

表9-2 制吐薬の作用する受容体ごとの例

薬剤の作用機序 (効果を発揮するポイント)	薬剤の例	効果を発揮する部位など
NK_1受容体拮抗薬	マロピタント(セレニア®,マロピタット®など)	CTZ, 嘔吐中枢, 消化管 嘔吐を止める作用は強力だが, 吐き気までは消えきらない印象の薬剤だ.
$5-HT_3$セロトニン受容体拮抗薬	オンダンセトロン, ドラセトロン	CTZ, 消化管(迷走神経) マロピタントで消えきらない吐き気がスッキリしやすい印象の薬剤だ.
$\mu \cdot \delta$オピオイド受容体拮抗薬	ブトルファノール(ベトルファール®など)	CTZ オピオイドの一種だが受容体への作用が異なり, μオピオイド受容体に対しては抑制効果を持っている. 鎮静薬としてよく用いられる薬剤だ.
D_2ドパミン受容体拮抗薬	メトクロプラミド, ドンペリドンなど	CTZ, 消化管(平滑筋)
M_1コリン作動性受容体拮抗薬	クロルプロマジンなど	CTZ, 嘔吐中枢
H_1ヒスタミン受容体拮抗薬	クロルプロマジン, ジフェンヒドラミンなど	クロルプロマジンはCTZ, 嘔吐中枢 いわゆる抗ヒスタミン剤で, ヒトの酔い止め薬としてもよく用いられる種類の薬剤だ.

最後に

さて, 序盤に登場した急性膵炎のシュナウザーさんですが, マロピタント使用後も多かったよだれは, 作用点の違う制吐薬であるオンダンセトロンを使ったところ, 顕著に改善しました! やはり気持ち悪いせいで出ているよだれだったようで, スッキリしてくれました. このように, 作用点の異なる複数の薬剤を組み合わせられるのも,

それぞれの薬剤がどこにどう作用するのか, 吐き気と嘔吐の仕組みがわかっていればこそできることですね. 吐き気・嘔吐は臨床で本当に多く出会う病態なので, 「よくあること」と慣れてしまわず, 理解を深めてより良いケアにつなげたいですね.

参考文献
1. Gallagher A. (2024) Chapter 48 Regurgitation and Vomiting. In: Ettinger S. J., Feldman E. C., Cote E. Eds., Ettinger's Textbook of Veterinary Internal Medicine 9th ed., 226-232, Elsevier
2. Zhong W., Shahbaz O., Teskey G., et al. (2021): Mechanisms of Nausea and Vomiting: Current Knowledge and Recent Advances in Intracellular Emetic Signaling Systems. Int J Mol Sci. 2021;22(11):5797

memo

9

吐き気・嘔吐

10章 膵炎

膵炎なんて怖くない……??

急性嘔吐を主訴に，5歳，ミニチュア・シュナウザーが来院しました．診察の結果，急性膵炎疑いと診断されました．「まあ皮下点滴と制吐薬くらいで，すぐ治りますよね？」と矢場井先生．どうやら膵炎を軽く考えすぎているようですね．もう少し足してあげた方が良い治療もあるし，膵炎は油断禁物な疾患ですよ．

知っているようで知らない膵臓のこと

膵臓の生理学：普段の膵臓 図10-1

膵臓は，胃と十二指腸に隣り合うように位置している臓器で 図10-1a ，液体を分泌する外分泌腺と，ホルモンを分泌する内分泌腺の両方の役割を果たしています．**膵外分泌腺が膵臓全体のおよそ90％を占めていて，膵臓の組織のほとんどは外分泌腺でできていることがわかります．**一方の内分泌腺は膵臓全体のおよそ2％だけで，残りの部分は血管などの組織になっています．膵臓から分泌される有名なホルモンといえば，インスリン，グルカゴン，ソマトスタチンですね．今回の膵炎は外分泌腺が主役の話なので，内分泌腺の話は省きます（第12章「糖尿病」を参照）．

膵臓の外分泌腺からは，膵液が分泌されます 図10-1a ．膵液には，消化酵素（膵酵素）のほかに電解質や重炭酸イオン（HCO$_3^-$）などが含まれています．電解質や重炭酸イオンを含む液体成分に，膵酵素成分が混ざっているようなイメージです．膵臓から分泌される酵素にはタンパク質を分解するもの（タンパク分解酵素，プロテアーゼ）であるトリプシン，キモトリプシン，カルボキシポリペプチダーゼなど様々な種類がありますが，中でも**トリプシン**が最も多く分泌され，重要な役割を果たしています．ほかにも脂質を分解する**リパーゼ**，炭水化物を分解する**アミラーゼ**も含まれます[1]．

膵液を分泌する外分泌腺はぶどうの房のような形になっていて，膵臓全体としてもぶどうの房がたくさん集まったような形をしています．それぞれのぶどうの粒にあたる部分が，単一の腺房と呼ばれる構造です 図10-1b ．この腺房の端には，膵液の中の消化酵素を分泌する腺房細胞が

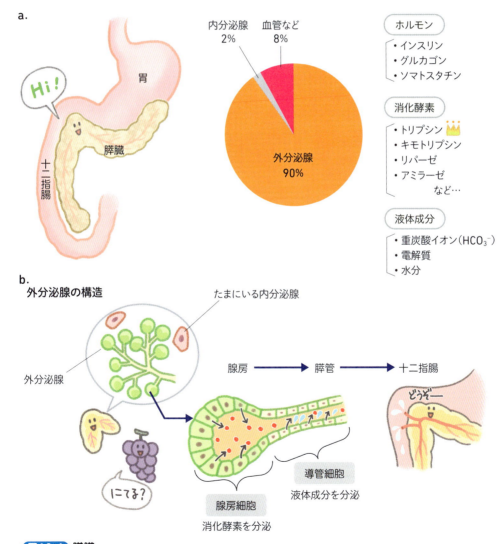

図10-1 膵臓
a. 膵臓の解剖学的位置と構造
b. 膵液の分泌

並んで仕事をしています．腺房の管の部分には，膵液の液体成分を分泌する導管細胞が並んで仕事をしています．

膵臓から分泌された膵液は，最終的には膵管を通って十二指腸へ運ばれます 図10-1b ．十二指腸で膵液が食物と出会うことになるのです．

身体は膵外分泌をどうコントロールしているのか

膵臓の外分泌腺は消化するのが仕事です．そのため，食事が消化管を通ってくるのに連動して，必要なときに必要な量だけ膵液を分泌するようにできています．必要とされるタイミングは，膵液が分泌される先が十二指腸であることと関連していて，「胃から流れてきた食物が十二指腸に到達したら膵液をしっかり分泌する」ようにできています．具体的には，十二指腸内に流れてきた食物中の栄養素（脂質，ペプチド，アミノ酸）や，食物と一緒に流れてきた胃酸によって，膵液の酵素成分や液体成分を分泌させる刺激となるホルモン（後述）の放出スイッチが入るのです．

膵液の酵素成分を必要とするのは消化される食物中の栄養素なので，それらの刺激で分泌されるコレシストキニン（Cholecystokinin: CCK）というホルモンが，膵酵素の分泌を刺激します．一方，膵液の液体成分，特にアルカリ性のHCO_3^-を必要とするのは，食物に混ざってきた胃酸の方なので，胃酸の刺激で分泌されるセクレチンというホルモンが，膵液の液体成分の分泌を刺激します．十二指腸が胃酸で消化（損傷）されてしまうのを防ぐため，酸をアルカリで中和してくれているのです[2]．

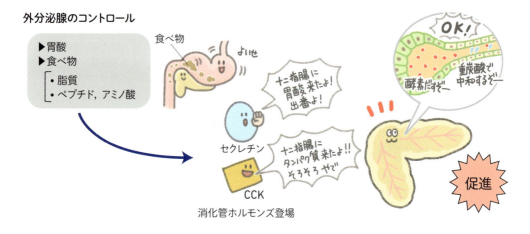

そして，消化されていった食物中の脂質が小腸遠位にまで到達すると，「今回の食事に関する膵臓の役目はそろそろ終わったタイミングだな（食物がだいぶ遠くまでもう行ったな）」と身体が判断して，膵外分泌の刺激が抑制され始めます．ソマトスタチンは消化管粘膜や膵臓から分泌されるホルモンの一つで，簡単に言うと「抑制する」役目を持っています．例えば，先ほど登場したCCKやセクレチンもソマトスタチンによって抑制されます[2]．

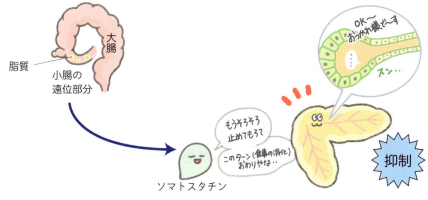

タンパク分解酵素からどうやって身を守っているのか

　トリプシンを始めとしたタンパク分解酵素は，相手がタンパク質なら分解します．つまり，自分の膵臓であってもタンパク質はタンパク質なので，タンパク分解酵素に接すると分解（消化）されてしまうのです．それを防ぐために，膵臓の消化酵素を分泌する腺房細胞には特殊な仕組みが備わっています．防御機構，安全策のようなものですね．

　腺房細胞内で消化酵素を作るときには，消化酵素の「完成形一歩手前」の状態で準備されます．この状態を膵酵素前駆体と呼びますが，これらは自身がちょっと分解されると活性化し，タンパク分解酵素として完成します．この膵酵素前駆体を入れている小胞と，それをちょっと分解しにくく（タンパク分解酵素として完成させにくく）リソソームの小胞を細胞内で別々に置いておくことで，腺房細胞自身が中から分解されてしまうのを防いでいるのです．一旦細胞外へ分泌されると，膵酵素前駆体とリソソームの中身が出会い，活性化したトリプシンができます[3]．後述しますがトリプシンは強力なタンパク分解酵素です．

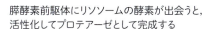

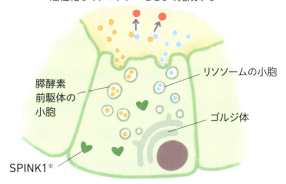

※ SPINK1：セリン・プロテアーゼ・インヒビター・カザール1型．名前は覚えなくて良い．タンパク分解酵素阻害作用のあるタンパク質．細胞内でトリプシンが活性化してしまわないようにしている．

まとめ

消化でも内分泌でも有名な膵臓ですが，普段どのように膵臓が仕事をしているかイメージすることもあまりないと思います．強力なタンパク分解酵素などを分泌しつつも，自分は消化されないように身を守っていることがわかったところで，急性膵炎の話に移りましょう．

▶▶▶▶▶ STEP UP

物質の呼び名 ●●ノーゲン

少し脱線しますが，物質の呼び名について紹介します．タンパク分解酵素であるトリプシンは，前駆体の状態で腺房細胞内に置いておかれると説明しました．その間の「完成形一歩手前のトリプシンになろうとしている物質」のことを，「トリプシノーゲン」と呼びます．同じような呼び方をする物質の組み合わせとして，フィブリン，フィブリノーゲンがあります．完成形がフィブリンで，一歩手前がフィブリノーゲンです．このように，完成形の名前の後ろに「-ogen」がつくと前駆体を指します．「トリプシン＋-ogen→トリプシノーゲン」，「フィブリン＋-ogen→フィブリノーゲン」といった具合です 表10-1．

これを知っておくと，知らない名前のものが出てきたときに「●●ノーゲン（●●ogen）」，などという名前なら，「たぶん完成形一歩手前の前駆体だな」と想像がつきます．ちょいと便利です．

表10-1 完成形一歩手前が●●ノーゲン

前駆体	完成形のタンパク質
トリプシノーゲン（Trypsin＋-ogen＝Trypsinogen）	トリプシン（Trypsin）
フィブリノーゲン（Fibrin＋-ogen＝Fibrinogen）	フィブリン（Fibrin）

急性膵炎

膵臓に起きる炎症が膵炎で，急性膵炎と慢性膵炎の二つに分けられます．ここでは，より緊急の対処が必要になる急性膵炎について主に扱います．急性膵炎とは，膵臓の可逆的な炎症のことです．可逆的な炎症とは，「膵臓がもとの状態に戻る可能性がある炎症」ということです．急性膵炎の膵臓では浮腫，好中球の浸潤，壊死などが起き，激しい症状（後述）を伴いますが，適切な治療を行えば回復が見込める疾患です．

急性膵炎はなぜ起こる？

犬や猫の膵炎の**大部分は，特発性**です．特発性とは，はっきりとした原因が特定できないということですが，原因になり得る病気や現象もいくつかあります　Box10-1 ．例えば，膵臓とは関係ない部位の手術をした後に，急性膵炎を発症する場合があります．そのようなケースでは，麻酔中の膵臓の虚血（血流不足）や低酸素の影響が疑われます．

犬と猫の膵炎のリスク因子

先ほど挙げた「急性膵炎の原因になり得るもの」に関連して，犬猫で急性膵炎のリスクとなるもの（リスク因子）を紹介します　Box10-2, 3 ．リスク因子があれば必ず急性膵炎になるというわけではありませんが，疑うべき症例を見逃さないためにも，知っておくと役に立ちます．

Box10-1 急性膵炎の原因になり得るもの[3]

- 膵臓の虚血・低酸素
- 酸化障害
- 細菌の毒素血症（トキセミア）
- 高脂血症
- 胆汁などの膵管への逆流
- 膵管閉塞

Box10-2 犬の急性膵炎のリスク因子[3]

- 犬種（ミニチュア・シュナウザー，テリア犬種はリスクが高い．スポーツ犬種はリスクが低い）
- 避妊・去勢手術済み
- 肥満
- 高トリグリセリド（TG）血症
- 見境なくなんでも口にする，ゴミ箱をあさる，残飯をもらう
- 併発疾患：副腎皮質機能亢進症，甲状腺機能低下症，糖尿病
- 外科手術（膵臓を触ることよりも，麻酔に関連した低血圧の影響）
- 薬剤の副作用：サルファ剤，アザチオプリン，L-アスパラギナーゼ，フェノバルビタール+臭化カリウム（KBr），アンチモン酸メグルミン，N-メチル-グルカミン，クロミプラミン
- 中毒（まれ）：亜鉛，マユクサリヘビ毒

※本当に原因になるのか，まで証明されていないものもありますが，少なくとも関連がある（一緒に見つかるなど）もの

> **Box10-3** 猫の急性膵炎のリスク因子（文献3より引用・改変）

- 胆管閉塞
- 併発疾患：糖尿病，慢性腸症，胆管炎，肝リピドーシス，腎炎，免疫介在性溶血性貧血
- 寄生虫（まれ）：膵蛭，トキソプラズマ，ウイルス（猫コロナウイルス，猫パルボウイルス，猫ヘルペスウイルス，猫カリシウイルス）

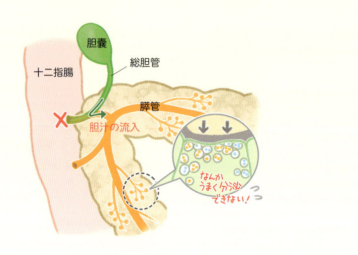

どのように膵炎が起こるのか：細胞レベルでは

　さて，身体に本来備わっているはずの防御機構や安全策をかいくぐり，実際に急性膵炎が起こるときには，一体何が起こっているのでしょうか．普段はトリプシンが自分自身を消化してしまわないよう，トリプシンは細胞内ではトリプシノーゲンという前駆体の状態でリソソームから離して置いておかれる仕組みがあったはずです．

　膵液の出口である十二指腸から食物が，あるいは膵管出口と近い位置にある総胆管から胆汁が膵臓に逆流したり，細菌による毒素血症があったりすると，うまく膵液が流れず，別々の小胞で分泌するはずだった酵素前駆体とリソソームが出口で詰まってしまい，細胞内が混雑してきます．混雑してくると，別々にしておきたかった酵素前駆体とリソソームもいずれ接触してしまいます．こうして，トリプシノーゲンを含む酵素前駆体の小胞が分解酵素を持ったリソソームと融合すると，トリプシノーゲンが活性化され，細胞内でトリプシンができてしまうのです．

　一旦細胞内でトリプシンができてしまうと，そこからは連鎖反応がどんどん進みます．トリプシン自体も強力なタンパク分解酵素なので，別のトリプシノーゲンをトリプシンにできますし，ほかのタンパク分解酵素も前駆体から活性化した状態へどんどん変えていきます．細胞内のトリプシノーゲンの>10%がトリプシンになると，連鎖反応はもはや止められず，最終的には腺房細胞が細胞死（アポトーシス）に至ります．

　急性膵炎のきっかけは，まずこうした細胞レベルで起こるとされています．

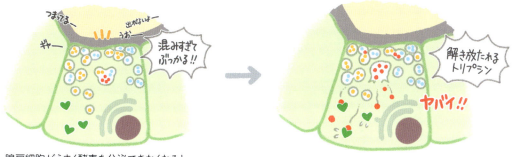

腺房細胞がうまく酵素を分泌できなくなると……

SPINK1もキャッチしきれない！
→ **自己消化ルートの完成**
これはマズイ！！

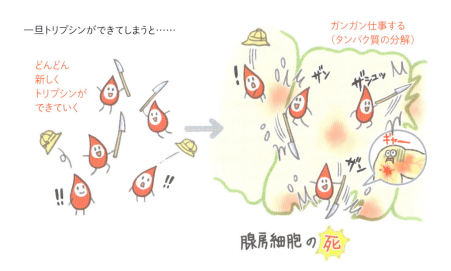

どのように膵炎が起こるのか：組織レベルでは

　前述した細胞レベルでの急性膵炎のきっかけが起こった後に，もっと大きな組織レベルでの炎症へと発展していきます **図10-2**．肝細胞からの逸脱酵素のところ（第2章を参照）を読んだ方はよりイメージしやすいかもしれませんが，膵臓の腺房細胞からも酵素が逸脱してきます．ただし，膵炎での状況で特殊なのは，トリプシンなどすでに活性化された消化酵素が細胞外へ逸脱してくることです．壊れた細胞の周囲にどんどん広がっていき，まずは局所の炎症が起きます．こうした炎症が起こっている部分には，好中球が呼び寄せられて集まってきます．この好中球などの働きによって，細胞は壊死し始めます．好中球以外にも，エンドセリン-1やホスホリパーゼA3といった物質も膵炎の進行に関与していると考えられています[3]．

　細胞が壊死したり，組織が炎症を起こし始めたりすると，膵臓内の血流が悪くなります．しかも，炎症を起こしている組織の血管からは液体が漏れ出しやすくなってしまう（血管透過性の亢進）ので，液体が組織にどんどん入ってきます．それなのに，組織中に入った液体を流し出して回収しているリンパ管の流れも悪くなってしまうので，炎症を起こした膵臓は**浮腫**を起こすのです．つまり，膵炎を起こしている膵臓はむくみ，腫れます．

　その後，炎症はどんどん広がっていき，集まってきた好中球同士も絡まって凝集してきます．

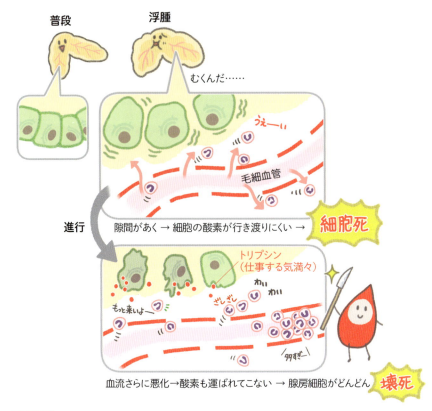

図10-2 組織レベルでの急性膵炎の進行

いずれ好中球のプラーク（コブのようなもの）になって，毛細血管を閉塞させてしまいます．閉塞した毛細血管は血液が流れなくなったり，血管壁が破れて膵臓組織内への出血を起こしたり，虚血のせいで膵臓の腺房細胞が追加で壊死したりします[3]．なかなか厄介なイメージが浮かんできたでしょうか．

急性膵炎になるとどうなる？
膵臓局所での炎症反応
　膵炎の名のとおり，局所と全身での炎症性反応が起きます．炎症には，「炎症の五徴」と呼ばれる五つの徴候があります．それをたどりながら，まずは膵臓局所での炎症反応について整理し

▶▶▶▶▶ STEP UP

犬の急性膵炎に世界で初めて承認された薬，フザプラジブ（パノクエル®）

　フザプラジブナトリウム，という薬があります．これは動物用医薬品で，犬の急性膵炎治療薬として2018年に農林水産省から承認を得た薬です．犬の急性膵炎治療薬として承認を得るのは世界で初めてのことでした．当初はブレンダ®Zという商品名で登場し，現在はパノクエル®として販売されています．

　このパノクエル®の作用機序に，先ほど述べた「炎症を起こしている部分に好中球が呼び寄せられて集まってくる」ことが関係しています．好中球はもともと血管内を流れていますが，炎症を起こしている部位に到着すると，「血管壁に捕まるための突起」を活性化して使える状態にし，血管壁に接着，壁をコロコロとローリングし，最終的に炎症部位へ遊走していきます．遊走して行った先でほかの好中球も呼び寄せ，炎症を悪化させます．本来は，戦うべき相手に対して味方をたくさん呼んでいるだけなのですが，「自分で自分を壊してしまって炎症がどんどん波及するから困ってしまう」という急性膵炎においては，好中球のこの働きもなかなか厄介です．そこで，好中球があまり遊走してこないように，「血管壁に捕まるための突起」を使えない状態にする薬が，フザプラジブです．この突起はLFA-1と呼ばれるリガンドで，LFA-1が活性化すると好中球は血管壁に接着できるようになります．その活性化を抑制する薬というわけです．

　炎症が広がりきってしまってから使用するというよりは，炎症が広がりそうなときや広がっている間にそれを抑えたい，というような作用の薬なので，急性膵炎の特に早期に使う意義がありそうです．個人的には，使えるのなら早めに使った方がより効果的な薬ではないかと思っています．

フザプラジブNaの作用機序

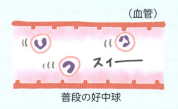
普段の好中球

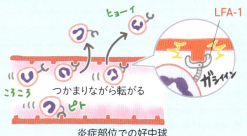
炎症部位での好中球

LFA-1の活性化抑制
→ 炎症部位でも好中球が立ち寄れない
→ 炎症の悪化を防ぐ

ていきましょう 表10-2．
　これらの徴候以外にも，炎症が膵臓周囲に波及して胃や腸にも影響を与えるため，嘔吐，イレウス（消化管の運動低下），下痢，腹膜炎，腹水貯留などもみられます．

表10-2 炎症の五徴

炎症の五徴	急性膵炎では	
①疼痛	犬では〜50%で認められる[3]．触ると痛いので，鳴く，怒る，お腹に力を入れているなどの様子として認められる．また，痛みがあると食欲不振にもつながる． 　猫でも腹痛はあるが，痛がっている様子を隠すのがうまいので気づかれにくい．なんとなく普段と様子が違う，大人しい，隠れている，元気消失，食欲不振などの様子として認められ，鎮痛薬で改善して後で「痛みだったのか」とわかることもある．	いだだだだ…
②腫脹	超音波検査で膵臓のサイズが腫大している場合が多い．膵臓が腫れる影響で周囲の組織が圧迫され，特に総胆管（膵臓と同じく十二指腸につながる）を圧迫し，閉塞させてしまう場合がある（肝外胆道閉塞）．総胆管が閉塞すると黄疸がみられる．	せまいよ 肝外胆道閉塞
③発赤	外科手術や腹腔鏡で観察すると，発赤部位が巣状（全体ではなく一部）にあるのが見える[3]．	
④熱感	膵臓の熱感を直接測定することはできないものの，全身症状としての発熱は認められることがある．	
⑤機能不全	膵臓の内分泌機能が低下すると，糖尿病が発生することがある． 　また，犬猫では証明されていないものの，ヒトでは膵炎で広い範囲が壊死してしまうと一過性の膵外分泌不全が起きることがわかっている．より広い範囲が壊死すれば，一過性の膵外分泌不全もより重度になる．	さすがに仕事にならんわ

膵臓局所での合併症

　冒頭で，急性膵炎は膵臓での「可逆的な（もとに戻ることができる）」炎症だと説明しましたが，急性膵炎の一部は治癒せずにそのまま慢性膵炎に移行してしまう場合があります．ほかにも，炎症を起こした周囲の組織とくっついて（癒着して）しまったり，残った膵臓の組織が少なすぎて膵外分泌不全や糖尿病などを起こしたりすることもあります．

　また，急性膵炎により膵臓の一部が壊死するだけでなく，壊死した組織がなくなった分の空間を埋めるために膵臓内部に膿が貯留すること（膵膿瘍）や，周囲に液体が貯留すること（偽嚢胞）もあります．ちなみに，膿と言っても膵膿瘍の場合はあまり細菌感染は起こしていません（無菌性）．

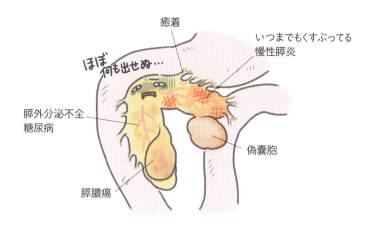

全身性の炎症反応と合併症

全身性の合併症には重篤なものが多いです。まず、表10-2 にも出てきましたが、全身性の炎症反応の一環として発熱が認められることがあります。このメカニズムを理解するためには、**サイトカイン**、についておさらいする必要があります。どこかで炎症が起きると、それを察知した免疫系の細胞からサイトカインが分泌されます。サイトカインは小さなタンパク質で、細胞同士の情報伝達に使われます（のろしのような近距離用の情報伝達手段をイメージしてください）。さて、急性膵炎ではサイトカインの中でも炎症性サイトカイン（炎症を起こす方向に情報を伝えていくサイトカイン）が過剰に作用します。サイトカインの嵐（Storm）が吹き荒れる、サイトカインストームとも呼ばれる状態に陥ることがあります。こうなってしまうと、身体の中で抗炎症性サイトカイン（炎症を抑える方向に情報を伝えていくサイトカイン）が圧倒的に負けてバランスが取れなくなり、身体が炎症を起こす側へ傾いてしまって、全身性炎症反応症候群（Systemic Inflammatory Response Syndrome: **SIRS**、サーズ）につながってしまうのです。その結果、バイタルサインの異常（発熱や低体温、心拍数の増加や低下、呼吸数増加）、白血球数の増加や低下が認められるようになります。危険なサインです。

また、急性膵炎では門脈に血栓ができやすく、この門脈血栓によって門脈高血圧や腹水貯留が起きることがあります。そのほかにも、急性腎障害や急性肺障害（または急性呼吸促迫症候群〈Acute Respiratory Distress Syndrome: ARDS〉）、不整脈など膵臓以外の臓器の機能不全にもつながり、このように二つ以上の重要臓器が同時に障害された状態を多臓器障害症候群（Multiple Organ Dysfunction Syndrome: MODS）と呼びます。強い全身性炎症などの基礎疾患の影響で、全身の血管内で微小な血栓ができては壊される播種性血管内凝固（Disseminated Intravascular Coagulation: DIC）も起きま

す．MODSやDICに陥ってしまうと，生存予後もどんどん悪くなっていき，死に至る症例も出てきます．

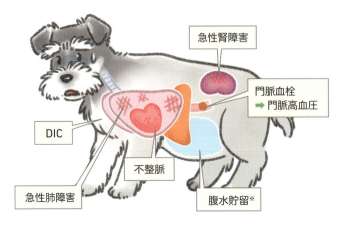

※門脈血栓によって溜まる腹水は単純漏出液
　腹膜炎によって溜まる腹水は変性漏出液〜滲出液

まとめ

急性膵炎になると，膵臓の疼痛や腫脹などの局所の影響だけでなく，全身性の強い炎症反応が引き起こされます．完全に可逆的な急性膵炎で元通り元気になる症例もいる一方で，死に至るほど重篤化する症例もいるのです．

膵炎の経過は幅広い

▶▶▶▶▶ STEP UP

治療

急性膵炎の病態，つまり何が起きているのかを理解できると，どのような治療ができるかの理解がぐっと深まります．

● 輸液

急性膵炎の発生初期なら，輸液治療によって膵臓の微小循環が改善すると考えられています．しかし，浮腫が顕著になってくるような急性膵炎の後期の場合，輸液治療をしても膵臓の微小循環は改善しなくなってしまいます．投与した水分が回収されていくリ

164

ンパの流れがブロックされて
いるからだと考えられていま
す[3].

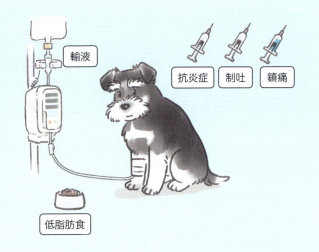

- 抗炎症治療

STEP UPでも紹介したフ
ザプラジブによって，急性膵
炎での炎症の悪化を抑制でき
る可能性があります（161
ページを参照）．

また，犬の急性膵炎では，
ステロイド剤（グルココルチ
コイド）であるプレドニゾロ
ンを入院中に使用すると予後が改善するというデータもあります[4]．様々な炎症性疾患，免疫介在性疾患などで広く使われる薬ですが，それだけ全身のいたるところ，狙っていない部分にも作用する薬です．急性膵炎にピンポイントで効果を発揮する薬剤とは少し違うと思って良いでしょう．

- 制吐薬

急性膵炎では嘔吐や吐き気もよく認められるため，マロピタントやオンダンセトロンといった制吐薬が役に立ちます（第9章を参照）．中でもマロピタントは，内臓痛に対する鎮痛効果も期待できる作用機序を持つため，疼痛を伴う急性膵炎ではなおのこと使う理由がある薬と言えるでしょう．

- 鎮痛薬

急性膵炎での疼痛は，ひどければ身動きできないほどのものです．そのため，鎮痛効果がしっかりあるオピオイド系鎮痛薬がよく用いられます．疼痛がひどいケースは麻薬性鎮痛薬のフェンタニル，中等度のケースではブプレノルフィンなどが相当します．通院治療で強い鎮痛作用がほしい場合には，フェンタニルパッチも使われます．

ただし，オピオイド系鎮痛薬の副作用として食欲不振，吐き気，消化管の運動低下があるため，注意が必要です．急性膵炎ではいずれの症状もすでにみられているケースが珍しくないためです．

- 食事

急性膵炎では，炎症が膵臓周囲の消化管にも波及して，機能性イレウス（消化管の運動低下）が起きる場合が多いです．前述した鎮痛薬の副作用や，痛みそのもののストレスなどによっても消化管の運動は低下してしまいます．そんな状況で大切なのはむしろ食事を与えることです．一見矛盾しているように感じるかも知れませんが，実は，消化管の運動を促進させるには食事が一番なのです．実際に，急性膵炎で早期にリキッド食

を経鼻カテーテルから与えた犬の方が，そうでない犬よりも回復が早かったというデータもあります[5].

ただし，膵臓や消化管に負担をかけにくいタイプの食事である方がもちろん良いので，低脂肪の療法食が用いられます．現在は，従来通りのドライフード，缶詰フードのタイプのほかに，液体タイプや粉末タイプの療法食も存在するので，与え方の選択肢もいくつかあります．

● その他

急性膵炎では，炎症の大元は膵酵素が勝手に活性化し始めてしまうことであり，膵臓に細菌感染が起こっていることはまれです[3]．そのため，抗菌薬の投与は不必要なことが多いのです．

全身性の合併症があれば，それに対する治療も行います．例えば，門脈血栓症を発症しているケースでは，これ以上血栓ができないように，低分子ヘパリンなど血液凝固系の活性を抑えるような薬を使います．

最後に

有名な疾患である膵炎ですが，名前どおりの「膵臓の炎症」にとどまらず，全身性に強い炎症反応を起こすことも珍しくありません．急性膵炎では何が起きているのか，どういう治療が適切かしっかり考えながら，油断せず一例一例と向き合いたいですね．

参考文献

1. Hall J.E.(2015): Chapter 65 Secretory Functions of the Alimentary Tract. In: Hall J.E. Eds., Guyton and Hall Textbook of Medical Physiology 13th ed., 817-832, Elsevier
2. Costanzo L.(2017): Chapter 8 Gastrointestinal Physiology. In; Costanzo L. Eds., Costanzo Physiology, 6th ed., 339-393, Elsevier
3. Spillmann T. (2024): Chapter 276 Pancreatitis: Etiology, Pathogenesis, and Pathophysiologic Consequences. In: Ettinger S. J., Feldman E. C., Cote E. Eds., Ettinger's Textbook of Veterinary Internal Medicine 9th ed., 1859-1861, Elsevier
4. Okanishi H., Nagata T., Nakane S., et al. (2019): Comparison of initial treatment with and without corticosteroids for suspected acute pancreatitis in dogs. J Small Anim Pract. 60(5):298-304
5. Harris J.P., Parnell N.K., Griffith E.H., et al. (2017): Retrospective evaluation of the impact of early enteral nutrition on clinical outcomes in dogs with pancreatitis: 34 cases (2010-2013). J Vet Emerg Crit Care (San Antonio). 27(4):425-433

memo

11章 下痢

なんで下痢になるのか，考えたことなかったかも……

　若いラブラドール・レトリーバーが，下痢を主訴にやってきました．思い当たるきっかけは人間の食べ物を盗み食いしてしまったことらしいのですが……「先生，この子が食べたのって，『人間の』ではあったけど，食べ物は食べ物ですよね．それなのに，なんで下痢になるんですか？」と飼い主さん．矢場井先生の「なんか腸がおかしくなったら下痢になるんですよねぇ」という説明ではピンと来ていない様子です．さて，下痢も臨床現場では非常によく遭遇する臨床徴候ですが，なぜ下痢になるのか，またそもそも正常な消化管の機能についても意識する機会はあまりないかもしれません．この章で整理しておきましょう．

消化・吸収の基本をおさらい

消化管の正常な機能が損なわれると下痢になる

　矢場井先生の言っていた「なんか腸がおかしくなったら下痢になる」というのは，あながち間違いではありません．下痢は，消化管になんらかの病気や異常が起きたときに，その病気や異常の影響で起こる二次的な症状です．この章ではまず，消化管の正常な機能について復習します．続いて，どのような病気や異常が消化管に起きたときに，どういった流れで下痢になるのかについて説明していきます．

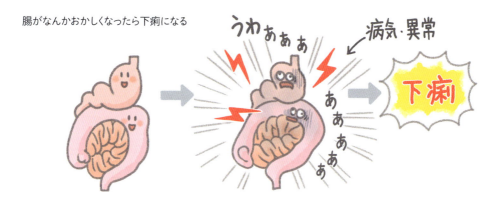

腸がなんかおかしくなったら下痢になる

消化管の主な機能は，その名のとおり食物を消化し，身体に必要な栄養分を吸収することです．効率よく消化・吸収を行い，吸収し終わった後のしぼりカスを便として排泄するためには，口から肛門へ内容物を運搬する必要もあります．また，176ページのSTEP UPでも少し説明していますが，口から入ってくる様々なもの（栄養素・抗原・病原体など）に接する消化管には，その一部にリンパ組織が存在しており，免疫学的にも重要な役割を果たしています．

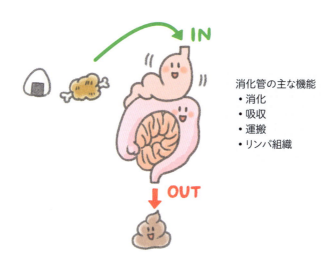

消化管の主な機能
- 消化
- 吸収
- 運搬
- リンパ組織

消化と吸収
消化・吸収のざっくりしたイメージ

食物に含まれる栄養素は，その栄養素を形作る小さなブロック（単位）に分解されることで初めて吸収できるようになります．この「栄養素を小さいブロックにどんどん分解していく工程」が消化です．また，栄養素の吸収は，小さな細胞がその表面から行うのですから，吸収される栄養素は細胞よりももっと小さな物質になっていなければなりません．極端な例えですが，肉の塊がそのまま腸壁をドンと通り抜けて吸収……なんてことはできないわけです．消化してドロドロにしてから，必要なものを吸い取ることになります．

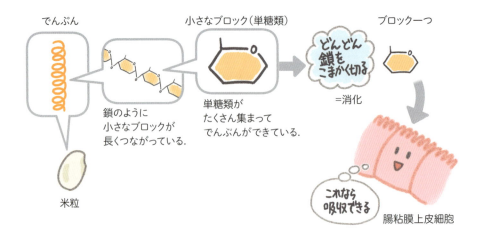

消化

　食物を身体が吸収できる形に分解してくれるのは，**消化酵素**の働きのおかげです．消化酵素といっても多くの種類が存在し，それぞれ分解できる物質が異なります．例えば，炭水化物を分解する酵素にはアミラーゼ，タンパク質を分解する酵素にはペプシンやトリプシン，脂質を分解する酵素にはリパーゼがあります．これらの消化酵素を含んだ消化液として分泌されているのが，**唾液**（アミラーゼ，リパーゼ），**胃液**（ペプシン），**膵液**（トリプシン，リパーゼなど）です．これらの消化液によってまずざっくりと栄養素が分解されます（STEP①）．

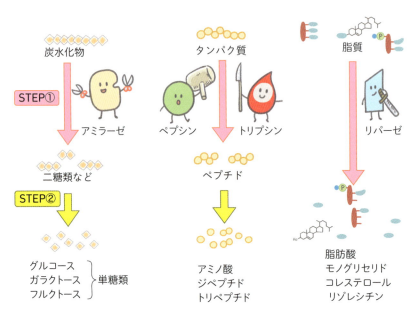

それぞれ武器が違う（分解する相手，分解のしかたが違う）．
※ほかの酵素も途中で加わってくる．

　表11-1 のとおり，栄養素の多くは小腸から吸収されます．ところが，消化液の働きで小さく分解された栄養素が小腸に到達しても，そのまますぐに吸収されるわけではありません．小腸

の粘膜上皮表面にも先ほど紹介したものとはまた別の消化酵素（マルターゼ，ペプチダーゼなど）があり，栄養素をさらに小さな物質に分解してから吸収しています（STEP②）．

食物に消化液をかけて，揉み，ある程度ざっくり分解するのが第一段階（STEP①）です．その後，最終的な吸収部位である粘膜上皮の表面で，第二段階目の分解（STEP②）をしてから吸収しているのです．

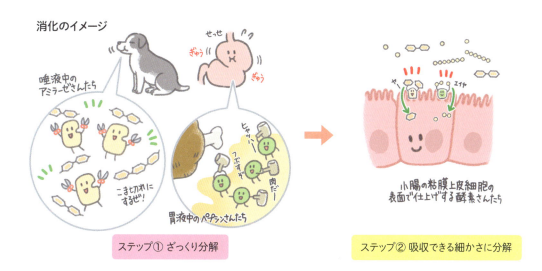

ステップ① ざっくり分解

ステップ② 吸収できる細かさに分解

表11-1 主要な栄養素とその分解産物（吸収される物質）（続く）

主要な栄養素		STEP①		STEP②		吸収部位	メカニズム
		消化酵素	分解産物	消化酵素	分解産物（吸収される物質）		
炭水化物	でんぷん	α-アミラーゼ	マルトースなどの二糖類	マルターゼなど	**グルコース**	小腸	グルコース：Na⁺との共輸送（SGLT1） ガラクトース：Na⁺との共輸送（SGLT1） フルクトース：促通拡散
	ラクトース（乳糖）	—	—	ラクターゼ	• グルコース • **ガラクトース**	小腸	
	スクロース（ショ糖）	—	—	スクラーゼ	• グルコース • **フルクトース**	小腸	
タンパク質		• ペプシン • トリプシン など		• ペプチダーゼ • エンテロキナーゼ	• **アミノ酸** • **ジペプチド** • **トリペプチド**	小腸	アミノ酸：Na⁺との共輸送 ジペプチド, トリペプチド：H⁺との共輸送
脂質	中性脂肪（TG）	リパーゼ	• **モノグリセリド** • **遊離脂肪酸**	—	—	小腸	STEP UPにて後述
	コレステロールエステル（ChoE）	コレステロールエステル加水分解酵素	• **遊離コレステロール** • 遊離脂肪酸	—	—	小腸	
	リン脂質	ホスホリパーゼA₂	• **リゾレシチン** • 遊離脂肪酸	—	—	小腸	
脂溶性ビタミン		※ビタミンD, A, K, E ※脂質とともに消化, 吸収されていく．				小腸	脂質とともに粘膜上皮細胞内へ拡散

表11-1 (続き) 主要な栄養素とその分解産物 (吸収される物質)

主要な栄養素	STEP① 消化酵素	STEP① 分解産物	STEP② 消化酵素	STEP② 分解産物(吸収される物質)	吸収部位	メカニズム
水溶性ビタミン	※ビタミンB_1, B_2, B_3(ナイアシン), B_5(パントテン酸), B_6, B_9(葉酸), B_{12}(コバラミン), ビタミンC ※コバラミンは回腸から吸収され，内因子を必要とする．				小腸※	Na^+との共輸送
胆汁酸塩	※消化はされない，胆汁として分泌され，回腸で回収される(腸と肝臓の間で循環するため，腸肝循環と呼ばれる)．				回腸	Na^+との共輸送

- ジペプチド：アミノ酸二つのペプチド
- トリペプチド：アミノ酸三つのペプチド．小腸から吸収できる最大サイズのペプチドはアミノ酸三つ分のトリペプチドである[1]．
- マルトース：グルコース×2からなる二糖類
- ラクトース(乳糖)：グルコース+ガラクトースからなる二糖類
- スクロース(ショ糖)：グルコース+フルクトースからなる二糖類
- TG：トリグリセリド

吸収

消化管のうち，**栄養素は主に小腸で，水分は主に大腸で吸収**されます．栄養素やビタミンの大部分が小腸で吸収されるのは 表11-1 のとおりです．よく見ると，多くの栄養素の吸収に，Na^+との共輸送が使われているのがわかると思います．実は，小腸はNa(と，Naの浸透圧で一緒に移動する水分)の吸収もさかんに行う部位なのです．ちなみに，脂質の吸収は少し特殊です(後述)．

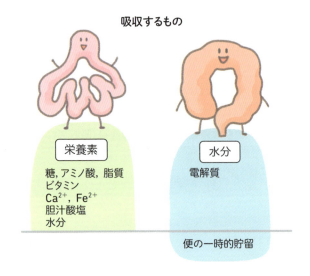

さて，小腸を通り過ぎるまでの間に食物中の栄養素を最大限に吸収するには，効率よく消化・吸収を行う必要があります．できるだけ効率よく吸収するために，小腸には食物と接する粘膜の表面積を大きくするための構造が存在します．それが**腸陰窩，腸絨毛，微絨毛**という構造です 図11-1 ．微絨毛は腸粘膜上皮細胞の，内腔側の表面に存在する細かいブラシの毛のような構造で，特に重要です．微絨毛のおかげで，表面積がなんと600倍にもなるのです．

一方，大腸で吸収されるのは，水分と電解質が主体です．吸収する水分量とNa量ならば小腸の方が大腸よりも多いです．しかし，吸収する割合は大腸の方が上で，大腸では入ってきた内容物に含まれる水分のなんと90%を吸収します．つまり，大腸は小腸から流れてきたどろどろの内容物から余分な水分を吸収しきって便を硬い状態にするイメージです．ちなみにここにも，アルドステロンが作用しています．

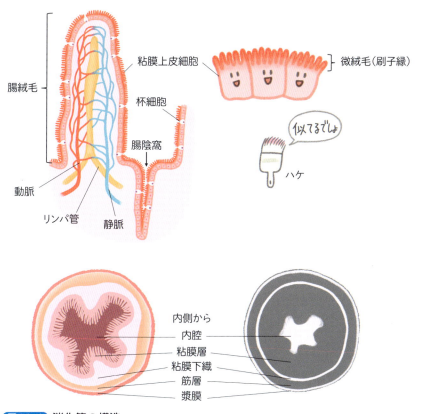

図11-1 消化管の構造

>>>>>> STEP UP

脂質の消化・吸収

　先ほど述べた「脂質の吸収は少し特殊」とはどういうことか，ここで少し詳しく説明します．脂質の消化・吸収の特徴は炭水化物やタンパク質と大きく異なる点が三つあります．

　まず，炭水化物やタンパク質の消化・吸収の特徴を簡単にまとめると，消化液による消化（STEP①）と，吸収される小腸の粘膜上皮の酵素による消化（STEP②）に分かれていました．STEP②で分解，吸収された単糖類やアミノ酸などはその後，小腸の静脈から門脈系へ手渡されます．第1章（肝性脳症）でも扱ったとおり，腸からの血流は門脈を通って肝臓へ向かいます．

　一方で**脂質の場合，明確な消化STEP②は存在しません**（特徴その1）．十二指腸に分泌された胆汁中の胆汁酸塩という成分と脂質が混ざると，ミセルを形成し（乳化といって，マヨネーズのように油と水が混ざるような状態），水に溶けているリパーゼによる消化を受けやすくなります．その後，膵液中のリパーゼなどにより脂質は分解され，小腸の粘膜上皮が吸収できる小さな物質になります（表11-1，図11-2）．

脂質の吸収され方も特徴的です．細胞膜はリン脂質の二重膜で構成されているため，脂質同士で親和性が高い（馴染みやすい）です．そのため，特別な輸送体がなくても，細胞膜をスルッと通り抜けて（**拡散**），粘膜上皮細胞内へ入っていきます（特徴その2）．その後，吸収された際の物質から，また細胞内で中性脂肪（TG），コレステロールエステル（ChoE），リン脂質を合成し直します．合成されたTG・ChoEとリン脂質の膜を使って，TGがたっぷり入った風船のような構造物である**カイロミクロン**を細胞内で作り，**血管ではなくリンパ管へ**と手渡します（特徴その3）．

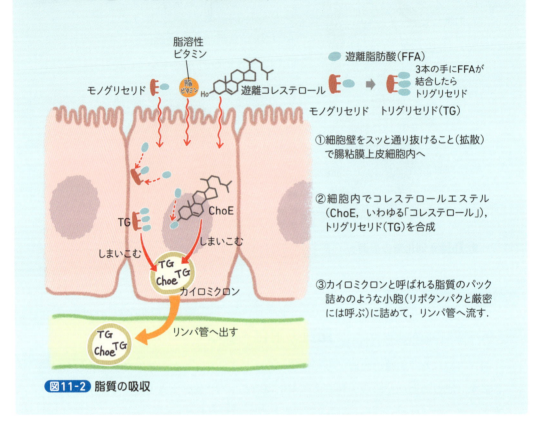

図11-2 脂質の吸収

食べたものの運搬：腸の蠕動運動

　腸は，スムーズに消化・吸収を行うために，食べた物を運搬していく必要があります．前から後ろへ運搬する動きだけではなく，バランスよく「揉む」動きと「後ろへ運ぶ」動きをします．その動きを可能にするのが腸壁の特徴的な構造です．

　図11-3 のとおり，腸壁には**二つの筋肉の層**があります．より粘膜（内側）に近い側が**輪状筋**，漿膜（外側）に近い側が**縦走筋**です．名前のとおり，腸の横断面で輪状に走っているのが輪状筋，縦断面で長軸方向に走っているのが縦走筋で，いずれも自分の意思ではコントロールできない平滑筋です．また，図11-3 を見てもらうと，筋肉の層に接して**二つの神経叢**という神経のネットワークが存在するのがわかります．粘膜層のすぐ下にあるのが**粘膜下神経叢**（別名：マイスナー神経叢），二つの筋肉の層の間に挟まっているのが**筋層間神経叢**（別名：アウエルバッハ神

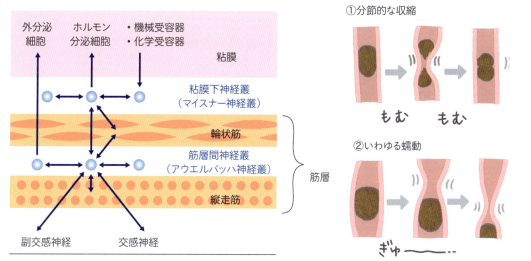

図11-3 腸の筋層・神経叢の構造と蠕動運動

経叢）です[1]．この二つの神経叢と二つの筋肉層が，腸の要所要所でタイミングを合わせることで，腸全体が一体となって動いていくことが可能になるのです[1]．

さて，先程の「揉む」動きとは，腸の分節的な収縮のことを指します．**図11-3**のように，腸内の食物が存在する部分がギュッと縛られるような収縮の仕方をし，結果的に中身が揉まれることになります．もう一つの「後ろへ運ぶ」動きとは，腸のいわゆる蠕動運動のことを指します．チューブの中身を押し出そうとするときに，前から後ろへ掴む部分をずらしながら中身を動かしていくようなイメージです．

また，結腸には便が一時的に置いておかれます（一時的貯留）．特に，結腸遠位のより肛門に近い側は，普段は糞便を貯めておくのが主な機能で，排便時には一気に動いて糞便を体外に押し出す，というような働きをしています．なお，ある程度硬さの出てきた糞便をスムーズに動かすために，結腸には杯細胞という粘液を分泌する細胞が存在しています．潤滑剤のようなものですね．

▶▶▶▶▶▶ **STEP UP**

食べたら出す！ という反射

身体は「食べたら出す！」というようにできています．これは胃結腸反射（Gastrocolic Reflex）[1]と呼ばれ，消化管全体で中身のバランスを取る仕組みのようなものです．食物を食べたことで胃が拡張し，その刺激で今度は結腸を空にしようとする（排便したくなる）反応が起きるのです．これも，身体の持ち主である我々がコントロールできるものではなく，むしろ消化管に行動をコントロールされていると言えそうです．

▶▶▶▶▶ STEP UP

リンパ組織としての腸管

こう聞いても最初はピンと来ないかもしれませんが，実は腸管には全身のリンパ系組織の70%が存在しています．リンパ系組織といえばリンパ節や胸腺，骨髄，脾臓などがありますが，小腸のパイエル板もれっきとしたリンパ系組織で，**腸管関連リンパ組織**（Gut-Associated Lymphatic Tissue: **GALT**）とも呼ばれます．

腸管には食物だけでなく，口に入った病原体や微生物も流れてきます．腸まで到達した病原体や微生物に対して準備されている，免疫学的な第一関門がGALTです．GALTが身体を守る仕組みには，形質細胞が産生する免疫グロブリン（抗体）のほか，病原体などをざっくりと敵認識して作動する「自然免疫」，特定の病原体に対する予行演習を終えた「獲得免疫」も働きます．ちなみに，GALTで作られる免疫グロブリンの種類は小腸と大腸では異なり，小腸ではIgAとIgM，大腸ではIgGです．

▶▶▶▶▶ STEP UP

薬剤の直腸内投与

ここまで，口から入った食物の消化吸収について説明してきましたが，急いで効かせたい薬剤を口から内服させていては間に合わない場面があります．例えば，けいれん発作などの緊急時にすぐに薬剤を効かせたいのに，

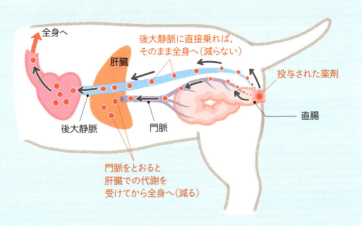

静脈内への注射（静脈内投与）ができない場面などです．そういう場合に使える方法の一つが，薬剤の直腸内投与です．

薬剤の直腸内投与は，直腸からの静脈の血管が特徴的な走行をしていることを利用しています．第1章「肝性脳症」の 図1-2a にもあるとおり，腸からの血流は門脈を通って肝臓へ運ばれます．毒物も薬剤も，肝臓で代謝を受けてから全身へ回るようにできています．ところが，直腸の肛門に近い側から肛門領域にある静脈からは，肝臓へ行く門脈には合流せずに直接全身循環へ回る，いわば例外の血管が一部あります．そのため，

直腸粘膜から吸収された薬剤は比較的すぐに全身に回って効果を発揮してくれます.

どんな薬剤でもこの方法が使えるわけではないので，代表例としては，てんかん発作時の抗けいれん薬（ジアゼパム注射液）の直腸内投与を覚えておくと良いでしょう．ジアゼパムを直腸内投与すると10分後には吸収されていて，しかも生体利用率65%（投与されたうち65%が全身循環へ回る）という成績で，群発作という緊急時にも効果を発揮しています[2].

まとめ

消化管の主な仕事は，口から食べたものを消化液で溶かしながら消化管の運動で揉み，ゆっくり後ろへ送りながら，栄養素や水分をしっかり吸収することです．栄養素ごとに，吸収されていく形やどこで吸収されるのかを押さえておきましょう．また，それを可能にする消化管の筋肉と蠕動運動のコントロールについてもある程度理解ができたところで，下痢のメカニズムの説明へ進みましょう.

下痢のメカニズム

下痢を起こすメカニズムには大きく分けて①浸透圧性下痢，②腸粘膜の透過性変化による下痢，③分泌性下痢，④腸の運動異常による下痢の四つがあります（①と②が犬猫の下痢の主な原因）．実際の犬猫では，これらのうち複数の原因が同時に起きている場合がほとんどとされています[3].この理由としては，一つのメカニズムが別のメカニズムの引き金になるなどの悪循環が起きるためでもあるといわれています．病気の原因を突き止めようとする際には，下痢を起こす疾患のリストから当てはまらないものを外していく（除外する）アプローチが主体ですが，「なぜ下痢が起きるのか」「そのとき身体では何が起きているのか」は次のようにメカニズム別で考えた方がスッキリします.

①浸透圧性下痢

腸内に吸収されない・吸収しきれていない物質があると，腸内に残っている物質の浸透圧によって水分が引っ張り込まれます．本来，腸は腸内から外へ水分を吸収して腸内にはあまり残さないものですが，腸内に残っている物質の浸透圧が対抗してくるのです．この，腸内へ引っ張り込まれた水分が多すぎると，腸の内容物はどんどん水っぽくなり，下痢になってしまいます（浸透圧性下痢）．腸内に残ってしまう物質の例としては，

- 消化できない栄養素
- 本来は消化できる栄養素なのに吸収不良があるとき
- 急な食事変化による影響でうまく消化できないもの
- 傷んだ食材でうまく消化できないもの

などが挙げられます．牛乳を飲むと下痢をする人がいますが，この下痢も同様のメカニズムで乳糖不耐症と呼ばれます．乳糖を吸収できない体質の人は，腸内に乳糖が残り，乳糖の浸透圧で水が引っ張り込まれてくるので下痢になっているのです．

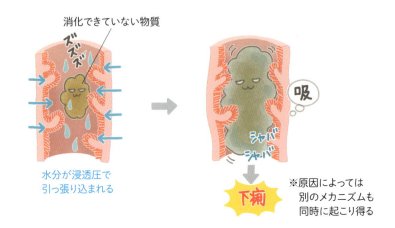

②腸粘膜の透過性変化による下痢

「腸粘膜の透過性変化」というとややこしく感じるかもしれませんが，要するに腸炎や寄生虫，腫瘍などで腸粘膜が荒れてしまい，そこから血液・体液が漏れてしまうことによる下痢です．似たような状況としては，擦り傷などで皮膚が剥がれてしまったところから体液が失われてしまうのに近いかもしれません．粘膜表面が欠損することで，本来は失われないはずの体液が出ていってしまうのです．

腸粘膜に起こる病変を具体的に挙げると，びらん（粘膜層のみの欠損），潰瘍（粘膜下織まで到達する深さの欠損），炎症，腫瘍，寄生虫による腸の損傷（びらんや潰瘍）です．それらを起こす具体的な病気や病態としては，鉤虫寄生，リンパ球形質細胞性腸炎，消化器型リンパ腫などが挙げられます．そして，血液・体液が漏れることで失われてしまうものは，水分，赤血球などの血球成分，タンパク質，電解質（Na, K, Clなどのミネラル）です．

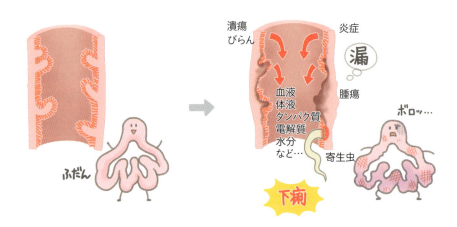

③分泌性下痢

　分泌性下痢とは，もともと腸が行っている腸液の分泌が過剰になってしまうことによる下痢です．腸液の分泌は，腸粘膜の中にある「腸陰窩」と呼ばれるシワの隙間のような部分に存在する細胞が行っています．この細胞に腸液の分泌を過剰にするような刺激が行くのです．

　腸液の分泌を過剰にさせる病態の代表例は，腸の感染症です．原因となる病原体にはコレラ菌，大腸菌，サルモネラ菌などの細菌が挙げられ，このうちコレラ菌と大腸菌の場合，病原体が出す毒素の作用で腸液の分泌が過剰になります．サルモネラ菌感染症の場合は，細菌が過剰に増殖し，その細菌の代謝産物によって腸が刺激されることで腸液の分泌が過剰になります．

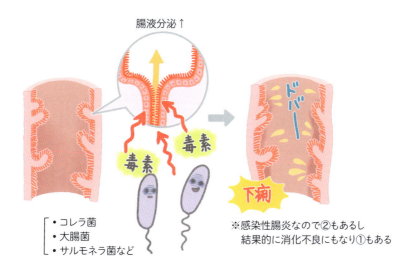

④腸の運動異常による下痢

　腸の運動異常による下痢は，下痢を引き起こす根本原因がほかにあり，二次的に腸の運動異常が生じることで，さらに下痢が悪化する，というような立ち位置にあります．下痢を引き起こす根本原因は①～③のいずれかである場合もありますし，腸の運動異常を引き起こす別の病気や状態である場合もあります．

　この章の前半で消化と吸収について説明しましたが，その中でも腸の分節状の動きと揉むような動きに関する部分がこのタイプの下痢と特に関連しています．腸の一部をギュッと締めるような分節状の動きは，中身を揉むだけでなく，ギュッと締めた部分で中身の移動を一時停止させて，一箇所に少しの間留めておく効果もあります．道路に例えると，信号のない道でも「止まれ」の一時停止の標識がある道路を通り抜けるのには時間がかかり，信号も一時停止の標識もない道路であればスーッと通り抜けてしまうようなものです．腸にとっては，中身がスーッと通り抜けてしまうと，通過が早すぎてしっかり消化吸収する時間がなく，消化吸収が間に合いません．消化吸収が間に合わなかった物質は①の浸透圧性下痢の原因となりますし，水分も普段ほどしっかり吸収できないため，下痢になってしまいます．

　腸の運動異常を起こす病態には，腸の炎症性疾患（リンパ球形質細胞性腸炎など），腸内での細菌過剰増殖，猫の甲状腺機能亢進症，腹部の外科手術後などが含まれます．

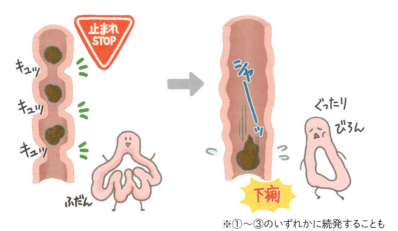

※①〜③のいずれかに続発することも

まとめ

腸の正常な機能が，どのように損なわれると，どのように下痢が起きるのか，これでスッキリしましたね．原因疾患のリストを覚えるのも大切ですが，このように振り返って身体では何が起きているのかイメージとして掴んでおくと，整理しやすくなると思います．

>>>>>> **STEP UP**

マイクロバイオームの働き

最近では様々なところで「バイオーム」という言葉を耳にするようになったのではないでしょうか．聞いたことはあるけど何だろう？　と思っている人もいると思うので，簡単に説明しておきますね．

「バイオーム」というと「消化管内（腸内）のマイクロバイオーム（Gastrointestinal Microbiome）」を指している場合が多いのですが，このマイクロバイオームとは，幅広い微生物の共同体のことです．もう少し噛み砕くと，哺乳類の腸内に普段から住んでいる常在微生物のことなのですが，「腸内細菌」と言うと細菌以外を無視してしまうことになるのでマイクロバイオームと呼んでいます．マイクロバイオームの中には細菌以外にも原虫や真菌（カビ），ウイルスなども含まれています[4]．

さて，この腸内マイクロバイオームと宿主（ここでは微生物が住み着いている消化管・身体の持ち主である哺乳類のことです）の関係には，宿主にとって欠かせない良い影響がたくさんあることが近年の研究で分かってきました．主にヒトやマウスなどでの研究ですが，栄養素を作ってくれたり，腸の粘膜上皮の健康維持に役立ったり，神経や行動にもマイクロバイオームが影響を与えているというのです[4]．犬や猫での研究はまだまだ途上ですが，腸炎などの病気のときや栄養不良，抗菌薬を使った後などには，マイクロバイオームの様子が健康な個体とは違って乱れてしまっていることなどがわかっています．この，腸内のマイクロバイオーム（腸内環境）が乱れた状態を「ディスバイオー

シス(Dysbiosis)」と呼びます．

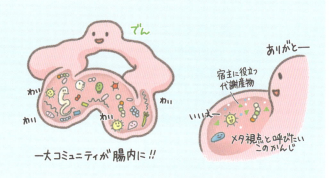

このように，マイクロバイオームも生き物の集まりなので，良い状態がずっと守られるわけではなく，ディスバイオーシスを起こすなどして変動します．マイクロバイオームを良い状態に維持することは，「良い腸内環境を維持する」ことになり，宿主である犬猫にとってもプラスになると考えられます．そのため，下痢の治療以外の場面でも，腸内の微生物の存在も意識したケアに変わってきています．腸内マイクロバイオームと聞いたら，少し説明できるくらい理解しておくと良いと思います．

「便に血が混じる」状況とは

さて，正常な消化管の機能と下痢の4大メカニズムについては理解できたと思います．この先は下痢とともにみられることも多い「便に血が混じる」状況について，一緒に整理しておきましょう．

メレナか，血便か

便に血液が混じって出てくる混じり方（出てき方）にはメレナ，鮮血便（血便）の2種類があります．血便は見た目にも判断しやすいですが，メレナは一見すると血液が混じっているとは連想しづらい見た目をしています．メレナと血便は何が異なるのか，それぞれが認められる場合に何が起きているのかを理解しましょう．

メレナ

メレナとは，見た目は黒色タール様の便で，その黒色は血液に含まれるヘモグロビン（赤血球の赤い成分で，鉄を含んでいます）が腸内細菌によって分解されてできた物質に由来します．胃から小腸までの出血（上部消化管出血）や，血液の摂取によって起こります[5]．例えば，非ステロイド性抗炎症薬（NSAIDs）の副作用で胃・十二指腸の粘膜に穴が開いてしまい（胃・十二指腸潰瘍），そこから出血した場合などにメレナが認められることがあります．

血液の摂取によるメレナは，鼻血（鼻出血）や歯周病などによる口や歯茎からの出血（口腔内出血）によって起こります．気道から吐き出された血液（喀血）も，飲み込んでしまえばメレナの原因になり得るということです[5]．上部消化管出血以外のメレナの原因はイメージしづらく忘れられがちなので，注意が必要です．

また，メレナが起こるには，腸内細菌のいる部位へ血液が到達した後に，腸内細菌がヘモグロビンを分解する必要があるため，ある程度の時間が必要です．そのため，腸内細菌のいる消化管

内で，血液がどのくらい長い時間を過ごしたかということもメレナの発生に関わります[5]．出血部位が胃や十二指腸といった上部消化管の場合には，その血液が便に混じって出てくるまでの時間が長いことが多いため，メレナとして認められます．

　もう一つ注意が必要なのは，消化管出血があってもメレナが認められない場合があることです．便全体の様子が黒色タール様に変わるには，かなり多量の出血が一度に起きなければなりません．そのため，少量のじわじわとした消化管出血などの場合には，便の見た目がメレナにはならないのです．

血便

　血便は鮮血便と同じ意味で使われる言葉ですが，鮮やかな赤色をした便のことです．血液に含まれるヘモグロビンがそのまま便に出ているため赤色をしています．メレナの場合，便として出る前に血液が消化管内である程度長い時間を過ごす必要がありましたが，血便の場合，血液が腸

内で過ごす時間が短く，腸内細菌によるヘモグロビンの分解が間に合わない場合に起こります．多くの場合，出血部位が盲腸，結腸，直腸，肛門周囲である場合に血便として認められます[5]．例えば，結腸炎で炎症のひどい部位から出血している場合や，直腸内にできものがあって，そこから出血している場合などに血便が認められることがあります．まれに，小腸から出血していても，下痢が激しいため腸内容物がすぐに身体の外へ出てくるような状況では，メレナではなく血便になります．犬のパルボウイルス性腸炎は小腸も激しくダメージを受けることがわかっていますが，イチゴジャム様の血便（下痢）が出ることでも有名であり，これは激しい下痢のためメレナとしてではなく血便として排出される一例でしょう．

なぜメレナ，血便を放置してはいけないのか？

　メレナと血便のうち，より緊急性が高いのはメレナでしょう．血便であれば放置して良いというわけではありませんが，まずはメレナの緊急性から説明します．

　先ほど少し説明したとおり，メレナはかなり多量の出血が一度に起こらないかぎり排泄されません．そのため，メレナが認められた時点で多量の出血があったことがわかるのです．放置するとすぐ貧血になり，最悪の場合は命を落とすこともあります．そのため，できるだけ早く原因を突き止めて対処する必要があります．貧血が重度の場合は輸血が，消化管に潰瘍のみな

らず穿孔（胃や腸の全層に穴が開いてしまうこと）を起こした場合には緊急の開腹手術が必要になることも多いです．また，メレナは上部消化管出血以外でも起こるため，口腔内腫瘍からの持続的な出血なども探しにいかなければ見つけられず，発見・対処が遅れてしまう場合があります．普段から口元を触らせない犬猫の場合には，鎮静をかけて口腔内を検査することも必要になります．

　血便の場合も，ひどければ輸血が必要になります．大腸炎からの出血で輸血が必要なほどの激烈な貧血にはあまりなりませんが，一般的な胃腸炎かと思っていたら実はアジソン病だったり，まれですが大腸壁の血管異常で急激に出血したりするケースもあります．そのような例では，ひどい場合，数日放置されると命の危険があることもあります．血便でも悪化傾向である場合や，「血混じりというよりほぼ血液そのもの」が排出されている場合には要注意です．

最後に

　日頃から遭遇しやすい問題である下痢ですが，「なんか腸がおかしかったら下痢」の「なんかおかしい」という部分がこれでスッキリ理解できたでしょうか．腸も案外いろんな仕事をしてくれているのです．別の章での嘔吐・吐き気についてと，下痢と一緒にみられることも多いメレナ，血便についても理解したところで，メジャーな胃腸の問題はざっくりカバーできましたね！

参考文献
1. Costanzo L. (2017):Chapter 8 Gastrointestinal Physiology. In: Costanzo L. Eds., Costanzo Physiology, 6th ed., 339-393, Elsevier
2. Podell M. (1995):The use of diazepam per rectum at home for the acute management of cluster seizures in dogs. J Vet Intern Med. 9(2):68-74.
3. Marks S.L. (2013): Chapter 11 Diarrhea. In: Washabau R.J., Day M.J. Eds., Canine and Feline Gastroenterology. 99-108, Elsevier
4. Barko P.C., McMichael M.A., Swanson K.S., et al. (2018) : The Gastrointestinal Microbiome: A Review. J Vet Intern Med 32:9-25
5. Tefft K.M. (2024): Chapter 50 Melena and Hematochezia. In: Ettinger S.J., Feldman E.C., Cote E. Eds., Ettinger's Textbook of Veterinary Internal Medicine 9th ed., 238-242, Elsevier

12章 糖尿病・糖尿病性ケトアシドーシス

糖尿病って治る？ 治らない？

　11歳，去勢雄の雑種猫が，最近痩せてきた気がするとのことで来院しました．血液検査と尿検査で，明らかな高血糖と尿糖が見つかりました．「糖尿病だと思うんですが，これから一生インスリンで治療しなくちゃいけないのが確定ですって話すの，気が重いです……」と矢場井先生．確かに，一生インスリンをやめられない猫も半分以上いますが，一部の猫はインスリンなしでもやっていけるようになる場合があります．ほかにも，注意すべき合併症や，犬と猫での違いなども理解したうえで，飼い主さんへの説明に行ってもらいましょう．

糖尿病って何？

糖尿病の定義と型

　糖尿病は有名な病気なので，すでにご存知の方も多いかもしれませんが，改めて一言で説明すると，糖尿病は「インスリンの作用が不足してしまう病気」です．インスリンは，膵臓の内分泌腺である膵島のβ（ベータ）細胞から分泌されるホルモンであり，インスリンがなければ身体は生きていけません．

　インスリンの作用が不足している状況には，大きく二つのパターンがあります 図12-1．一つは，身体からインスリンが分泌されなくなってしまい，身体の外からインスリンをずっと補充し続けなければならないパターンです．ヒトの糖尿病ではこれを**1型糖尿病**と呼びます．動物では，

図12-1 1型・2型糖尿病

犬の糖尿病のほとんどが1型糖尿病のタイプです．糖尿病を患っている犬に対し膵臓の病理組織学的検査を行うと，膵島サイズの縮小やβ細胞数の減少，β細胞の変性がみられます[1]．膵島がそのように壊れてしまう原因の一部には，遺伝的な要因や膵炎による影響があると考えられています[1]．

もう一つは，インスリンの効きにくい身体に変わってしまい，インスリンの分泌量も減って，必要とされているだけの効果が出せていないパターンです．ヒトの糖尿病ではこれを**2型糖尿病**と呼びます．動物では，猫の糖尿病のほとんどが2型糖尿病のタイプです．

糖尿病では，インスリンの作用不足によって身体の代謝が大きく変化します．まずはインスリンの作用について，順を追って説明します．

インスリンの作用

インスリンは膵島から分泌され，血糖値を下げる唯一のホルモン

もともと膵島は膵臓全体の2%にしか満たない小さな領域ですが，ここにはβ細胞以外にもα細胞，δ細胞という内分泌細胞が集まっています．ちなみに，α細胞からはグルカゴン，δ細胞からはソマトスタチンというホルモンが分泌されます．膵島の中ではβ細胞が65%，α細胞が20%，δ細胞が10%ほどといわれています[2]．

インスリンの作用で最も有名なのが血糖値を下げる作用です．血糖値を下げることができるホルモンは身体の中でもインスリンのみです．

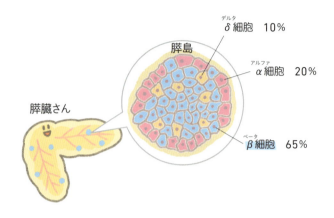

表12-1 インスリンの作用（文献2より引用・改変）

インスリンの作用	その結果起きる血液中の変化など
グルコースを細胞に取り込ませる．	血糖値↓ 余っていたグルコースを取り込んで蓄える．主に筋肉や脂肪組織に取り込ませる．
肝臓でのグリコーゲン合成を促進する．	グルコースを蓄えさせる．
肝臓でのグリコーゲン分解を抑制する．	下げようとしている血糖値が上がらないようにする．
肝臓での糖新生を抑制する．	下げようとしている血糖値が上がらないようにする．
筋肉でのタンパク質合成を促進する．	アミノ酸↓ 余っていたアミノ酸を取り込んで蓄える．
脂肪組織での脂肪貯蔵を促進する．	脂肪酸↓ 余っていた脂肪酸を取り込んで蓄える．
脂肪組織で脂質分解を抑制する．	ケトン体↓
カリウム（K），リン（P）を細胞に取り込ませる．	K, P↓ Kは細胞膜にあるNa-K-ATPaseを促進することによる．Pはグルコースとともに細胞内に取り込まれる．食事から吸収されるK, Pにより血中濃度が上がりすぎないような仕組みになっている．
食欲を減退させる．	蓄える段階になっているので，これ以上食べなくて良い，と身体に伝える．

インスリンは栄養分に余裕があるとき「貯金させる」ホルモン[2]

　インスリンは，血中に栄養分が余っているとき，それらを身体に蓄えさせる働きをしています 表12-1 ．血糖値を下げる作用もこの一環です．インスリンの主なターゲットになっているのは肝臓・筋肉・脂肪組織です．余っている栄養分を，肝臓ではグリコーゲンとして，筋肉ではタンパク質として，そして脂肪組織では脂質（脂肪）として蓄えさせるのです 図12-2 ．こうした，身体の組織を作らせる方向の代謝反応を**同化**(どうか)と呼びます．これに対して，身体の組織を壊させる・分解させる方向の代謝反応を**異化**(いか)と呼びます．

インスリンの分泌刺激

　インスリン分泌を直接コントロールしているのはグルコース（血糖値）です．血糖値が上がればインスリンが分泌され，逆に血糖値が下がったらインスリンは分泌されなくなります．グルコースが膵臓のβ細胞のインスリン分泌スイッチを，直接オン・オフしているようなものです．

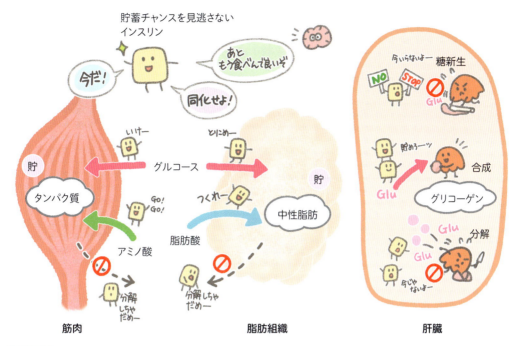

図12-2 肝臓・筋肉・脂肪組織でのインスリンの作用（文献2より引用・改変）
実線矢印はそのステップが促進されていることを，🚫はそのステップがインスリンにより抑制されていることを示す．

　ちなみに，グルコース以外の（脂肪酸，アミノ酸などの）栄養分が余っていることを膵臓に伝える役目をしているホルモンもあり，Glucose-Dependent Insulinotropic Peptide（GIP）と呼ばれます．GIPは腸から分泌され，食事中の脂肪酸，アミノ酸，グルコースを検知してインスリンの分泌を促進します[2]．

> **STEP UP**

インスリンに対抗するホルモン

血糖値を下げることができるホルモンはインスリンだけですが，血糖値を上げるホルモンはいくつも身体に備わっています．次の 表12-2 に示すとおり，グルカゴンとアドレナリンは低血糖に特に早く反応して，血糖値をすぐ上昇させます．一方，コルチゾールと成長ホルモンはもう少しゆっくり効いてきます．いずれのホルモンも，身体がインスリンに反応しづらくなる（インスリン抵抗性，後述）状態を引き起こします．

表12-2 インスリンに対抗して血糖値を上げるホルモン

ホルモン	分泌する細胞	反応のスピード感
グルカゴン	膵臓のα細胞	即時！
アドレナリン	副腎髄質の細胞	即時！
コルチゾール	副腎皮質の細胞	ゆっくり
成長ホルモン	脳下垂体前葉	ゆっくり

まとめ

犬は1型糖尿病，猫は2型糖尿病を患います．膵島β細胞からのインスリン分泌不足またはインスリンの作用不足が起きます．インスリンはグルコースを始め，余った栄養分を身体に取り込ませ，蓄える作用を持ちます．そのため，血糖値はインスリン分泌によって下がるのです．

インスリンが少なすぎる
1型糖尿病

インスリンの言うこと聞かない
2型糖尿病

糖尿病になるとどうなる？

糖尿病で起きる臨床徴候・合併症

前述したとおり，糖尿病の臨床徴候はインスリンの作用が足りなくなることで起こります．代表的な症状を順に説明します．

高血糖

インスリンが肝臓・筋肉・脂肪組織にグルコースを取り込ませる指示ができないと，血中に過剰にグルコースが溜まり，血糖値が上がります（高血糖）．高血糖が持続すると，**糖毒性**といって膵臓のβ細胞からのインスリン分泌が障害されて（ひどいとβ細胞が死んで減って）しまいます[3]．どんどん悪循環になってしまうのです．

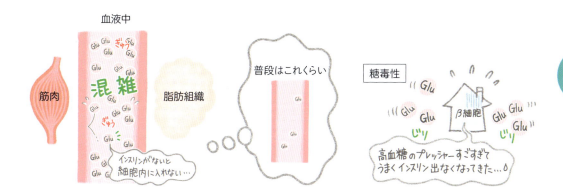

糖尿

糖尿病の名前にも入っているとおり，尿中にグルコースが出てきます．正常時，腎臓の糸球体でろ過されたグルコースはすべて近位尿細管で再吸収されるので，尿中にはグルコースが含まれません．しかし，血糖値が上昇しすぎて腎臓が再吸収できるキャパシティを超えてしまうと，取りこぼしてしまって，尿中にグルコースがこぼれてきます（高血糖性の糖尿）．この腎臓のキャパシティのことを「腎臓の閾値」とも言い，犬では血糖値180～220 mg/dL，猫では血糖値270 mg/dLくらいが閾値に当たります．この値を超える高血糖では尿中にグルコースが認められます[1,4]．

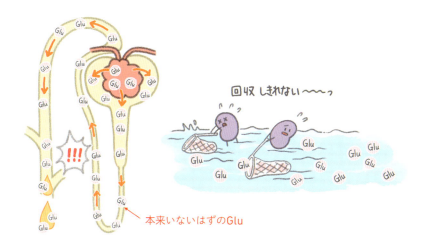

多飲多尿（PU/PD）

グルコースはそもそも浸透圧物質といわれ，水を引っ張る性質があります．高血糖のせいで尿中にこぼれてきたグルコースも水を引っ張るため，尿中のグルコースの浸透圧で水分が尿中へ

引っ張り込まれて，尿量が増えます（浸透圧利尿）．浸透圧利尿で尿量が増えて水分を過剰に失ってしまうため，犬猫は喉が渇いて飲水量が増えます．このようにして，糖尿病では多飲多尿がみられるようになります[1]．

脱水

喉が渇いて通常より飲水量が増えていたとしても，尿中へ失われる水分の方が多ければ身体は脱水してしまいます．

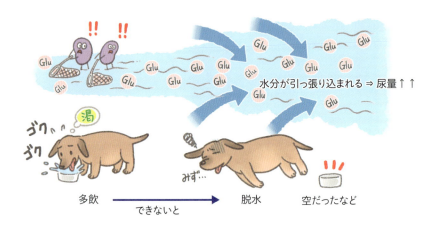

体重減少，筋肉量の減少

インスリンの作用が足りなければ，身体は栄養分を蓄えられなくなり，むしろ身体の組織の分解（異化）が進むことになります．いくら血中にグルコースやアミノ酸，脂肪酸といった栄養分が余っていても，インスリンの指示がなければ身体はそれらをきちんと取り込んで使うことができず，身体の細胞の立場からすれば栄養不足のようなものです．「実質，飢餓状態」と言えばイメージしやすいかもしれませんが，エネルギー不足を補うために筋肉や脂肪が分解され，痩せていってしまいます．この状態が続けば身体は消耗し，最終的には悪液質※にまで陥ってしまいます[1]．

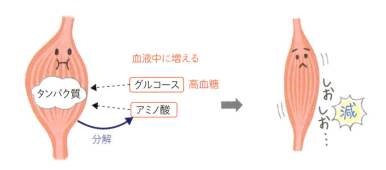

※ 慢性的な疾患に関連して起きる栄養不良によって衰弱した状態や代謝異常を指す．筋肉量の減少が特徴の一つ．

高脂血症

インスリンの作用が足りないと，脂肪細胞が蓄えていた脂質が分解されて血中に放出されてきます．ところが，放出はできても取り込めないため，血中に脂質も余ってしまい，高脂血症になります．高血糖になる仕組みとよく似ていることがわかりますね．

旺盛な食欲

「実質，飢餓状態」なので，犬猫はいつも以上に食事を取りたがります[1]．インスリンによる食欲減退作用もなくなるので，なおのことよく食べるのかもしれません．しかし，食べて吸収したはずの栄養分を身体に残す（同化する）ことができないので，「普段以上に食べているのに痩せていく」ことになります．この，食欲に反する体重減少も，糖尿病など一部の病気の特徴です．糖尿病のほかには，膵外分泌不全や甲状腺機能亢進症が挙げられます．

もし，糖尿病の犬猫で食欲低下があったら要注意です．糖尿病単体では食欲が増加するはずなので，食欲低下を引き起こす別の病気が隠れていることを疑って検査していく必要があります．

ケトン体生成

インスリンの作用が足りなければ，血中にケトン体が蓄積してきます．詳しくは後述する糖尿病性ケトアシドーシスの解説を参照してください．

白内障（犬）

眼のレンズ（水晶体）が白く濁ってしまう状態を白内障と呼びます．高血糖状態が続くと，レンズの中ではグルコースからほかの物質（ソルビトールなど）が作られるのですが，これが本来透明なレンズを濁らせたり，水分を引き込んで膨らませたりする原因だとされています[5]．

白内障は，糖尿病の犬で時間が経ってから起きる（長期的な）合併症の中では最も多く発生します．長期的といっても，半数の犬では糖尿病になってからおよそ半年以内に発生します[5]．一度発症した白内障はもとに戻すことができません．白内障が進行すると眼が見えなくなり（失明），犬の生活の質（QOL）も下がります．血糖値のコントロールがうまくいけば，白内障の発生を遅らせることができます．

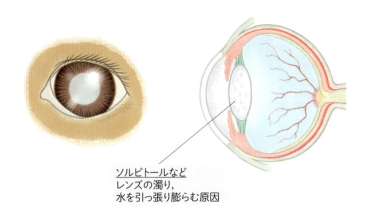

ソルビトールなど
レンズの濁り，
水を引っ張り膨らむ原因

末梢神経障害（猫）

　脳と脊髄以外の部分に走っている神経を末梢神経と呼びますが，糖尿病の影響で末梢神経の伝達異常が起こります．糖尿病による慢性的な高血糖，インスリン抵抗性，高脂血症が合わさって発症すると考えられています[4]．

　末梢神経障害を持つ猫では，歩くときにかかとをついた姿勢（矢印：蹠行姿勢）になるのが特徴的です．糖尿病治療がうまくいけば，治療開始から2〜3カ月程度で改善してくることが多いとされます[4]が，もっと長引いてしまう子もいます．

まとめ

　糖尿病で起きてくる症状には一見すると様々なものがありますが，インスリンの作用がなくなってしまっていることをイメージすると想像しやすいのではないでしょうか．症状の背景にある身体のしくみに関連づけて，整理しておきましょう．

糖尿病って一生もの？　どう治療する？

糖尿病は「寛解」する場合がある

　冒頭で矢場井先生は「糖尿病ならインスリン治療が一生続く」と言っていましたが，これは犬と大部分の猫にとっては正しい話です．

　犬は1型糖尿病，猫は2型糖尿病の発生が多いとお話しましたね．1型糖尿病は，膵島のβ細胞

がどんどん脱落して，もはや身体からインスリンが出せなくなったために発症した糖尿病です．膵島を再生させることはできないため，一生インスリンを補充し続けなければなりません．治療については後ほど詳しく説明します．

一方，2型糖尿病では身体のインスリン抵抗性が高まることと，高血糖状態で膵島のβ細胞がダメージを受けてしまうこと（糖毒性）により発症した糖尿病です．膵島のβ細胞も無事ではありませんが，1型糖尿病とは異なり，血糖値をきちんとコントロールすればβ細胞が糖毒性から復活できる可能性があります．血糖値のコントロールと併せてインスリン抵抗性を起こす原因に対する治療も行うことで，最終的には猫自身の分泌するインスリン量が増えて，インスリンを投与しなくても1カ月以上血糖値が正常範囲内に維持できるようになります[4]．これを，**糖尿病の「寛解」**と呼びます．

細かいことですが，「寛解」という言葉は「現状病気として認識できる状態ではない」という意味で，「完治」とは違います．例えば，後遺症の残らなかったケガや，手術で取り切れた良性腫瘍（別の部位へ転移することのない腫瘍）は，治療が終われば完治するでしょう．それに対して糖尿病の場合は，寛解に至っても数カ月後や数年後，またインスリンが必要な状態の糖尿病へ戻ってしまうこともあるのです[4]．

糖尿病はどう治療する？[1,4] 表12-3

糖尿病の治療は大きく三つの柱があります．インスリン（または猫では経口SGLT2阻害薬），食事療法，その他（インスリン抵抗性の原因治療や運動）です．犬と猫での違いも意識しながら，次の 表12-3 とSTEP UPでざっくり押さえておきましょう．

表12-3 糖尿病の治療（続く）

犬	猫
●インスリン製剤★★★ 個体ごとに適切な作用時間を持つ種類を試しながら選んでいく．作用のばらつきが少ないのは，ペン型で透明な液体の製剤である． 〈例〉 ・インスリングラルギン（ランタス®XR，ランタス®） ・インスリンデテミル（レベミル®） ・インスリンデグルデク（トレシーバ®） ・PZI（プロジンク®） ・NPH（ヒューマリン®N） ランタス®ペン ヒューマリン®ペン	●インスリン製剤★★ 同じ製剤でも犬より猫の方が作用時間が短い傾向にあるため，より長時間作用型のものを用いる． 〈例〉 ・インスリングラルギン（ランタス®XR，ランタス®） ・インスリンデテミル（レベミル®） ランタス®ペン ●経口SGLT2阻害薬★★ 〈例〉 ・ベサグリフロジン（センベルゴ®） センベルゴ®

表12-3 (続き) 糖尿病の治療

犬	猫
●食事療法[1]★★ 　血糖値が上がりにくい食事内容を安定して1日2回(12時間おき)に食べてくれると管理しやすい．糖尿病用療法食などが使いやすい． 〈食事のポイント〉 • 低炭水化物±高繊維 • 高タンパク質 • 低〜中程度の脂質 • 犬の好みに合う． • 理想体重を目指す(肥満犬のダイエットは困難)． 糖質　　　低 タンパク質　高　±繊維 高 脂質　　　低〜中	●食事療法[4]★★ 　血糖値が上がりにくい食事を与える．猫が1日通してダラダラとつまみ食いのような食べ方をする場合，むしろ血糖値はアップダウンが少なく安定することもある．糖尿病用療法食などが使いやすい． 〈食事のポイント〉 • 低炭水化物 • 高タンパク質 • 組成がニーズに合っていれば，市販の猫用総合栄養食のウェットフードも候補にする． • 猫の好みに合う． • 理想体重を目指す(肥満猫のダイエットは困難)．   糖質　　　低 タンパク質　高 脂質　　　普通
●その他★ • 適度な運動：インスリンの効果が増強されるので，助けになるがやりすぎは禁物である．何事もほどほどに． • インスリン抵抗性の原因があれば治療する(後述)． 	●その他★★ • インスリン抵抗性の原因を探し，治療する(後述)． • 犬よりもインスリン抵抗性への対策が重要 • 適度な運動：猫をよく遊ばせる．

★の数は重要度を示す．PZI：プロタミン・ジンク(亜鉛)・インスリン，NPH：中性プロタミン・ハーゲドン．ハーゲドンはNPHインスリン開発者の人名に由来する．

▶▶▶▶▶ STEP UP

糖尿病に適した食事の詳細

　表12-3 では食事のポイントをざっくり説明したので，ここではより具体的に説明していきます 表12-4 ．
　まず犬猫に共通する話として，血糖値を上げやすい炭水化物を制限した低炭水化物食を選びます．ドライフードでもウェットフードでも良いですが，セミウェットのフード

はしっとりした食感を出すために単糖類・二糖類が加えられているため，糖尿病の犬猫では避けるべきでしょう．特にフルクトースは猫には禁物です（利用できない糖類のため）．ただし，添加物がソルビトールならば，血糖値には影響しないはずなので許容できるかもしれません[6]．

また，犬では高繊維の食事も糖尿病に適しています．可溶性繊維と不溶性繊維の両方を含むのが理想的です[7]．

次にタンパク質は，満腹感につながり，筋肉量の維持にも重要なため，高タンパク質食を選びます[6]．猫は犬よりも多くのタンパク質を必要とする動物なので，推奨されるフードのタンパク質含有量も犬とは異なります．

脂質に関しては，犬では低脂肪～中程度に脂質制限がされているものが良いでしょう．特に，膵炎や高脂血症を患ったことがある犬では脂質制限は必須です！　一方で猫ではさほど気にしなくてかまいません．

表12-4　糖尿病の犬猫で理想的なフードの組成[6,7]

栄養素	犬	猫
炭水化物	4.0 g/100 kcalを超えない．	4.0（3.0）g/100 kcalを超えない．代謝エネルギー全体の12％以下
繊維	5.0～10 g/100 kcal	総合栄養食なら可
タンパク質	6.0 g/100 kcal以上（肥満犬の場合）	9.0 g/100 kcal以上（肥満猫の場合）
脂質	2.5～5.0 g/100 kcalを超えない．	総合栄養食なら可

インスリン抵抗性って？

身体がインスリンに反応しにくくなる，またはインスリンが効きにくい身体になってしまう状況がいくつかあります．この状態を**インスリン抵抗性**と呼びます．インスリン抵抗性を引き起こす原因　表12-5　として，犬で特によくみられるのは，肥満や副腎皮質機能亢進症です．さらに，未避妊の雌犬であれば黄体期が関連するので，注意が必要です．猫で特によくみられるのは，肥満，成長ホルモン過剰症，薬剤の影響です．それぞれの疾患の治療についてはここでは割愛します．

まとめ

糖尿病は，ほとんどの犬と多くの猫では一生にわたるインスリン投与が必要ですが，一部の猫では，特に食事や血糖値のコントロールがうまくいけば，寛解できるケースもあります．やれることや気にしたい点が多い疾患だからこそ，飼い主さんにも糖尿病について理解してもらい，一緒に治療を進めることが大切です．

表12-5 インスリン抵抗性の原因[8, 9]

原因	説明	原因	説明
肥満	犬猫ともによく遭遇する.	成長ホルモン過剰症	脳下垂体の腫瘍からの成長ホルモン過剰分泌. 猫のインスリン抵抗性の原因で最多[8]
副腎皮質機能亢進症	コルチゾール過剰症. 犬のインスリン抵抗性の原因で最多[6]だが, 猫でもあり得る. 猫のコルチゾール過剰症では, 皮膚がもろく破れやすいのが特徴の一つ[8]	炎症・感染性疾患	膵炎, 子宮蓄膿症, 尿路感染症, 歯周病など炎症や感染を起こす原因すべて[8, 9]
黄体期 (プロゲステロン)	妊娠, 偽妊娠期, 子宮蓄膿症	薬剤	糖質コルチコイド(プレドニゾロンなど)

▶▶▶▶▶ **STEP UP**

犬で糖尿病が「寛解」するまれなケース

　糖尿病が寛解するのは基本的に猫だけですが, ごくまれに犬でもあり得ます. 未避妊の雌犬で,「プロゲステロン±炎症性疾患」からのインスリン抵抗性に関連して糖尿病を発症した特殊なケースであれば, 発症の引き金になっているインスリン抵抗性を解消できれば良いのです. もう一度, 先ほどの 表12-5 を見てください.

　黄体期に分泌されるプロゲステロン（黄体ホルモン）は, 1回の発情につき2～3カ月ほど分泌され続け, それ自体もインスリン抵抗性の原因になります. それだけでなく, 未避妊の雌犬ではプロゲステロンにより乳腺での成長ホルモン分泌が起きることがわかっています[9]. また, 子宮蓄膿症では黄体ホルモン分泌に加え, 炎症によるインスリン抵抗性も生じることになり, インスリン抵抗性のメカニズムがいくつも絡み合っていることがわかります.

このような場合には，子宮卵巣摘出術によってインスリン抵抗性が解消するだけでなく糖尿病まで寛解することがあるのです．プロゲステロンが関連している糖尿病のうち，10%程度の犬では手術後4日〜1カ月程度で糖尿病が寛解すると報告されています[9].

一番怖い合併症，糖尿病性ケトアシドーシス（DKA）

DKAとは何か

　糖尿病性ケトアシドーシス，ケトアシ，またはDKAという言葉を耳にしたことがある方もいるのではないでしょうか．糖尿病性ケトアシドーシス（Diabetic Ketoacidosis: DKA）とは，糖尿病（インスリンの作用欠乏）のためケトン体という酸性物質が体内に蓄積し，身体が酸性に傾いてしまった状態のことです．糖尿病の合併症の中でも命に関わる緊急疾患として扱われます．

なぜDKAが起きるのか

　DKAが発生するには，インスリンの分泌が完全に枯渇するか **図12-3a**，不十分なインスリン分泌に加えて強いインスリン抵抗性が生じる必要があります **図12-3b**．ごく少量でもインスリンが分泌・投与できていれば，DKAは予防できるのです[4].

　冒頭で説明したとおり，糖尿病（インスリンの作用欠乏）ではグルコースが全く使えなくなる一方で，脂質が分解され，多量の脂肪酸が血中に放出されます．ここで **図12-3c** を見てください．身体はなんとかエネルギー（ATP）を作ろうとして，やむを得ず余っている脂肪酸を利用します．肝細胞はこの脂肪酸をアセチル-CoAに変換，つまり燃やしてエネルギーを作ります（β酸化）．アセチル-CoA自体は普段，クエン酸回路で代謝されていきますが，アセチル-CoAがそれを上回るスピードで作られるため，肝臓はやむを得ず**余ったアセチル-CoAからケトン体を合成**します．ケトン体も一応はエネルギー源になりますが，身体はそれをうまく利用できないためケトン体が蓄積していき，最終的には身体が酸性に傾いてしまうのです（代謝性アシドーシス）[1]. 過剰なケトン体は尿中にも出てきます．

　このように，DKAに陥っている時点で，インスリン欠乏が極限に達していると言えます．そして，後述する脱水・電解質異常・代謝性アシドーシスなどの徴候は，血圧や循環など生命維持にとって重要なしくみにも悪影響を及ぼし，命をおびやかすのです．

DKAでみられる臨床徴候

　糖尿病でみられる臨床徴候に加え，DKAでは「DKAの引き金になった基礎疾患」に由来する症状がみられます．炎症性疾患（例：膵炎や子宮蓄膿症）であれば発熱や食欲不振，さらに膵炎では嘔吐，下痢，腹痛や黄疸など，様々な症状がみられます（詳しくは第10章「膵炎」を参照）．

　DKAに特徴的な血液検査における異常としては，重度の高血糖，ケトン体の蓄積，電解質異常（低Na, 高K, 高P血症），代謝性アシドーシスなどが挙げられます．高血糖でもともと尿量が

増えている状況に加え，食欲不振などの影響で飲水が不十分になるため，ひどく脱水していることも珍しくありません．

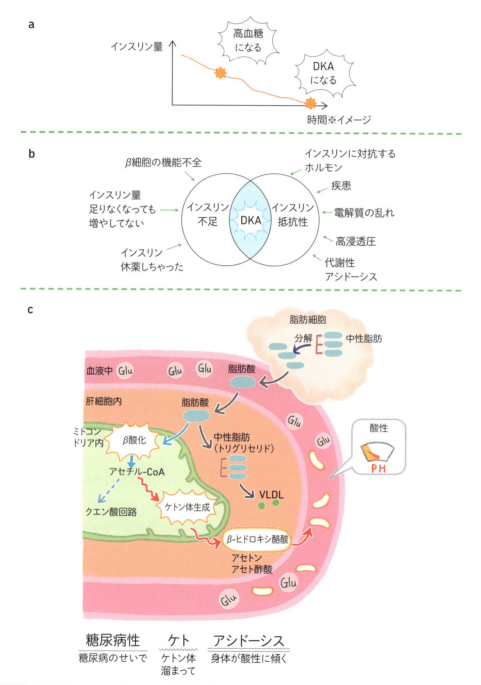

図12-3 糖尿病性ケトアシドーシス（DKA）が発生する仕組み
a. インスリン量と作用のイメージ．正常血糖値を維持できなくてもDKAの発症には至らない段階がある．
b. DKAはインスリン不足とインスリン抵抗性で起きる．様々な要因が関連し合っていることがわかる（文献10より引用・改変）．
c. インスリン欠乏でケトン体が蓄積し，最終的に代謝性アシドーシスに至る仕組み（文献10より引用・改変）．図中右上の脂肪細胞から矢印を追ってもらいたい．

STEP UP

犬猫のDKAで蓄積するケトン体は，ヒトとは違う

　尿検査の試験紙（スティック）でもケトン尿の有無を検査できますが，犬猫でDKAを疑う場合，血液検査の方が優れています．尿検査用の試験紙では，アセト酢酸やアセトンを検出するようにできています．しかし，犬猫のDKAで初期に体内に蓄積するケトン体はβヒドロキシ酪酸(らくさん)であり，アセト酢酸やアセトンが尿中で顕著に検出できるようになるころには，βヒドロキシ酪酸の蓄積がすでに重度になっています．そこで，血液中のβヒドロキシ酪酸を測定すれば，DKAかどうかを早期に判断することができます．ヒト用のポータブル検査機器（例：FreeStyle リブレ®）で，βヒドロキシ酪酸を検出できるチップ（検査用カード）を使えば簡便です．

DKAの治療

治療の基本戦略

　DKAの治療の基本は，「ケトン体が体内からなくなるまでインスリンを入れ続ける」ことと，「DKAの基礎疾患を治療する」ことです．インスリンが身体に作用すれば，身体はグルコースを取り込んで，再びエネルギー源として利用できるようになります．そして，これまでやむを得ず使っていた脂肪酸の燃焼を止め，再び脂肪細胞に蓄える方向へ向かわせます．DKAの基礎疾患の治療は疾患により様々なので，ここでは割愛します．

　DKAの犬や猫は体調が悪いため，食事が取れず，脱水もしている場合がほとんどです．まずは静脈輸液で水分を補充し，その後にインスリンを使い始めると，血糖値が下がってきます．食べていないのに血糖値が下がると，インスリンをこれ以上入れたくない，と思う方もいるかもしれませんが，そこで手を緩めてはいけません．DKAを治療するためには，インスリンを少量でも入れ続けなければならないのです．そのため，血糖値が下がってきたら，輸液剤にグルコースを加えてインスリンの投与を続けます．また，インスリンの作用で細胞内に取り込まれるカリウ

ムやリンも血中濃度が下がりすぎてしまうことが多いため，輸液剤にカリウムやリンも加えて補充します．

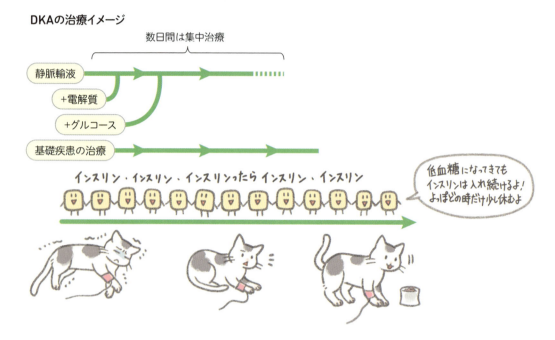

DKAで使われるインスリン

DKAの治療では，すぐに効き始め，状況に合わせて調節しやすい超短時間作用型のレギュラーインスリンがよく用いられます．1〜2時間おきに筋肉注射しても，持続的に静脈投与してもかまいません．最近では，もっと長く効くインスリングラルギンでも，適切に使えば猫のDKAが治療できるという報告もあります[11]．

DKA治療中の食事管理

DKA治療中も身体は食事を摂らないといけないため，経鼻胃/食道カテーテルからのリキッド食による食事の給与がよく行われます．食欲がなくても身体が食事を摂れるようになるのが大きなメリットです．初めの5〜7日間であれば，基本的にはどんなリキッド食でも使うことができます．むしろ，体調が悪く入院している間に，退院後に長く食べてほしいフードに接してしまい，そのフードを嫌いになること（食物嫌悪）の方が心配されるのです．そのため，本命のフードは入院中には使わない方が無難でしょう．DKAの基礎疾患に応じてフードを選ぶ場合，例えば，犬で膵炎があるなら低脂肪のものを選びます．

ちなみに，リキッド食は食後すぐに血糖値が上がりやすいことが知られています．その理由として，リキッド食は食後速やかに胃から腸へ流れていくことや，リキッド食を製造する過程でどうしても糖分を添加する必要があることが挙げられます[6]．

DKAを離脱するタイミング

だいたい数日間にわたる集中治療を経て，DKAの犬猫が自分で食事を取れるようになったら，ひと山越えたと思って良いでしょう．自力で食事が取れるようになったタイミングで，より長時間作用するインスリンに切り替え，退院，自宅での管理へと切り替えていきます．

まとめ

DKAは糖尿病の合併症の中でも最も危険な状態の一つですが，インスリンの作用とケトン体が溜まってくる流れが理解できていれば，やるべきことはかなりシンプルだと感じるはずです．甘く見てはいけませんが，過度に恐れてパニックにならないよう，しっかりと勉強して立ち向かいましょう．

最後に

冒頭の猫さんは，ランタス®XRで治療を開始し，食事も推奨される種類を守ることができたためか，運良く数カ月後には寛解へ持って行くことができました．これからも注意は必要ですが，猫さんも飼い主さんもしっかりついて来てくれて良かったですね．

参考文献

1. Fracassi F. (2024): Chapter 291 Diabetes Mellitus in dogs. In: Ettinger S. J., Feldman E. C., Cote E. Eds., Ettinger's Textbook of Veterinary Internal Medicine 9th ed., 1974-1989, Elsevier
2. Costanzo L.(2017): Chapter 9 Endocrine Physiology. In: Costanzo L. Eds., Costanzo Physiology, 6th ed., 440-446, Elsevier
3. Cook A.K., Behrend E. (2024): SGLT2 inhibitor use in the management of feline diabetes mellitus. J Vet Pharmacol Therap. Published online July 2, 2024. doi:10.1111/jvp.13466
4. Gilor C., Freeman L. (2024): Chapter 292 Diabetes Mellitus in cats . In: Ettinger S. J., Feldman E.C., Cote E. Eds., Ettinger's Textbook of Veterinary Internal Medicine 9th ed., 1990-2003, Elsevier
5. Nelson R.W. (2015): Chapter 6 Canine Diabetic Mellitus. In: Feldman E.C., Nelson R.W., Reusch C. et al. Eds., Canine and Feline Endocrinology 4th ed. 213-257, Elsevier
6. Parker V.J., Hill R.C. (2023): Nutritional Management of Cats and Dogs with Diabetes Mellitus. Vet Clin North Am Small Anim Pract. 53(3), 657-674
7. 北中卓(2023): クツク先生と学ぶ小動物の栄養学, 上巻, 244-266, 学窓社
8. Niessen S.J.M. (2023): Hypersomatotropism and Other Causes of Insulin Resistance in Cats. Vet Clin North Am Small Anim Pract. 53(3), 691-710
9. Fleeman L., Barrett R. (2023): Cushing's Syndrome and Other Causes of Insulin Resistance in Dogs. Vet Clin North Am Small Anim Pract. 53(3):711-730
10. Nelson R.W. (2015): Chapter 8 Diabetic Ketoacidosis. In: Feldman E.C., Nelson R.W., Reusch C. et al. Eds., Canine and Feline Endocrinology 4th ed. 315-347, Elsevier
11. Zeugswetter F.K., Luckschander-Zeller N., Karlovits S., et al. (2021): Glargine versus regular insulin protocol in feline diabetic ketoacidosis. J Vet Emerg Crit Care (San Antonio). 31(4): 459-468

13章 熱中症

暑ければ熱中症になる，アルコールで冷や……さない！

　とある真夏日．矢場井先生と「今日は暑いね〜」と喋っていたら，7歳，去勢雄のラブラドール・レトリーバーが担ぎ込まれてきました！　外は33℃，公園で遊ばせていたらハアハア苦しそうになり，倒れてしまったそう．ぐったりしていて，体温を測ると41.3℃もあります！　「うわぁ，熱中症だ！　すぐに冷やしたいので，ひとまずアルコールスプレーを全身にかけたら良いですかね？」と矢場井先生．いや，ここはたっぷりのぬるま湯で濡らして，扇風機で風をたくさん送りましょう．後は保冷剤に，酸素吸入に……呼吸音がヒーヒー言ってることにも要注意です．
　急性期の対応はスピード重視なので，少し状態が落ち着いてから，なぜ熱中症になったのか，暑さだけではない原因についても理解してもらいましょう．

熱中症とは何か

定義
　熱中症は，「**高体温が原因で全身性の炎症反応が起き，多臓器不全にも至るもの．意識障害（神経症状・脳症）が主な症状である**」[1]とされます．
　基本的に，熱中症になってしまうのは犬です．猫は身体がしんどければ無理せず活動をセーブするので，熱中症にはなりにくいのです．

なぜ熱中症になるのか
　もともと身体には，効率的に体温を調節する仕組みが備わっています（後述）．高い気温や暑

い環境下での運動そのものが，すべて熱中症での体調不良につながるとは限りません[1]．しかし，身体が熱をうまくコントロールできず，身体に過剰に熱がこもって深部体温が上昇すると，熱中症が発生します．

身体に備わっている体温調節の（熱を逃がす）仕組み

1. 身体の表面から放射熱として逃がす

身体の表面からは常にいくらか熱が逃げ続けています．これを，**放射熱**と呼びます．身体から熱が放たれているイメージですね．私達人間の場合も，服を着ているときと着ていないときを比べると，服を着ていないときの方が身体は冷えやすいですよね．犬の場合は，被毛の有無が関わっています．被毛が短くて薄い犬種では熱が逃げやすく，逆に被毛が密でふさふさしている犬種では，身体の表面から熱が逃げにくくなっています．

2. パンティングの気化熱で熱を逃がす

液体が蒸発するときに熱を奪う（周りが冷える）現象はよく知られています．このとき奪われる熱を**気化熱**と呼びます．ヒトの場合，身体の表面にかいた汗が乾くときの気化熱で身体を冷やしますが，犬の場合は肉球以外の部分に汗をかかないので，汗による気化熱では身体をあまり冷やすことができません．犬はパンティングの際に気化熱を利用した体温調節を行っており，気道の水分が蒸発するときに熱を逃がすとされています．特に，外気温が体温より高い環境下ではパンティングによる気化熱が重要になってきます．

3. 触れている部分から熱伝導で逃がす

冷たいものを触ると手が冷えますよね．この現象が，直接触れている部分から熱が伝わる**熱伝導**です．熱いものと冷たいものが接すると，熱いものは冷やされ，冷たいものは温められることになります．体温調節においては，例えばひんやりしたマットや石などの寝床に触れていると，身体を冷やすことができます．

熱中症になりやすい環境とは

温かくて湿度の高い（高温多湿の）環境では，熱中症になりやすくなります．前項で説明したとおり，犬では暑い環境下で熱を逃がすための手段として特にパンティングが重要です．しかし，湿度が高い環境では水分が蒸発しづらくなり，パンティングの気化熱ではうまく熱を逃がすことができず，身体に熱がこもりやすくなるので，熱中症を発症しやすくなってしまうのです．

熱中症になりやすい環境は高温・多湿

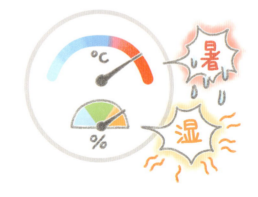

身体に熱がこもりやすい高温・多湿の環境下で運動すると，筋肉でたくさんの熱が産生されるため驚くほど高体温になり得ます[1]．そのため，この後説明する「熱中症になりやすい犬」ではなかったとしても，熱中症になりやすい環境下で散歩などの運動をさせることは熱中症のリスクになります．

熱中症になりやすい犬とは

では，熱中症になりやすい犬にはどういう特徴があるのでしょうか．先ほど挙げた，身体から熱を逃がす体温調節の仕組みがうまく働かない状態をいくつか考えてみましょう．触れている部

分からの熱伝導にはあまり犬の間で個体差がないと考えられるため，ほかの二つの仕組み（放射熱と気化熱）を考えます．

1. 身体の表面から放射熱が逃げにくい犬

まず，身体の表面に分厚い服を着ているような状態では熱が逃げにくくなります．例えば，被毛がとても分厚い犬種（シベリアン・ハスキーなど）や，皮下脂肪が分厚い肥満の犬です．

そのほかに，全身の血液循環が滞っている状態でも熱中症のリスクが高まります．熱を身体の中心部から身体の表面（皮膚）まで運んでくるのは血液の役割です．温かい血液が身体の表面までしっかり循環し，その熱が皮膚から逃げていくことで，過剰な熱を逃がしています．そのため，脱水による循環血液量の低下や，心疾患による心拍出量の低下がある犬では（詳しくは第6章「高血圧」を参照），血液を皮膚までしっかり循環させる余裕がなく，身体に熱がこもってしまうことになります[1]．

また，高齢で認知機能不全症候群を患っている犬は，暑い環境を避けようとする行動がうまく取れなかったり，身体が脱水していても水をしっかり飲まなかったり，暑いのについウロウロし続けてしまったりすることで，体温上昇や脱水症状を起こしやすいとされています[2]．

2. パンティングの気化熱が逃げにくい犬

パンティングの気化熱が逃げるのは気道からなので，気道（特に気管，喉，口など上部気道と呼ばれる部分）にうまく空気が通らないような状態では熱が逃げにくくなります[1]．すなわち，上部気道閉塞のある犬は熱中症になりやすいと言えます．例えば，短頭種[1,2]，喉頭麻痺，気管虚脱，気道内の腫瘤（こぶ状のできもの，Massとも呼ぶ）などの病態です．このうち，短

頭種の解剖学的特徴に由来する上部気道閉塞（短頭種気道症候群）と喉頭麻痺は遭遇する機会も多く，知っておくと役に立つと思いますので，この後詳しく説明します．

ちなみに，こうした上部気道閉塞のある犬では，正常な犬に比べて実は「ただ普通に呼吸するだけでも一苦労」なのです．苦労して呼吸していることにより全身の筋肉から発生する熱が多く，さらに上部気道閉塞が原因でその熱が逃げにくくなるため，熱中症になりやすい要因がいくつも重なると言えます．

▶▶▶▶▶ STEP UP

短頭種気道症候群

　短頭種とは，名前のとおり，鼻先がぺちゃっと短い（めり込むような場合もある）形状になっている犬種のことを指します．例えば，パグ，フレンチ・ブルドッグ，ブルドッグ，ペキニーズなどの犬種が短頭種です．これに対して鼻先が長い犬種を長頭種と呼びます．鼻先の形がこれほど大きく違うのは頭蓋骨の形の違いによるものですが，眼や鼻，舌など頭蓋骨の中に収めたい組織自体は，長頭種と短頭種でさほど変わりません．そのため，短頭種では小さなスペースに長頭種と同じ構造をぎゅぎゅっと詰め込んだような状態になっており，結果として空気の通りが悪くなる理由がいくつも生じるのです **表13-1**，**図13-1**．空気の通りが悪いため，喉からガーガーという異常呼吸音が聞こえたり，鼻からブーブーといびき様の呼吸音を出します．ちなみにこの音は**低い音**であり，**スターター**と呼ばれます．これは**柔らかい組織同士がこすれて発生した音**です．

　短頭種気道症候群の根本的な治療法は外科手術です．問題が発生してから手術を受ける場合もありますが，短頭種では上部気道閉塞があまりに多いため，熱中症などを起こす前に手術を受けることも珍しくありません．

　ちなみに，短頭種の犬で起きやすい問題は，昔から有名なこの「短頭種気道症候群」だけでなく，実は全身のありとあらゆる臓器に及ぶことが近年わかってきました．そのため，「短頭種症候群」とまとめた呼び名の方が適切だとも考えられてきています．短頭種の犬で問題が起きやすい臓器には，呼吸器，皮膚，眼，耳，脳，脊髄，消化管，生殖器，筋骨格系などたくさんあります．

表13-1 短頭種気道症候群により，空気の通りが悪くなる（上部気道閉塞の）要因（文献3より引用・改変）

要因※	なぜ上部気道閉塞を起こすのか
Ⓐ 外鼻孔狭窄	気道の入口である鼻の穴が小さく隙間が狭いため，空気が通りづらい．
Ⓑ 鼻甲介（鼻の中にある細かい迷路のような構造）が前後にはみ出た異常な形態	鼻腔内が狭くなり，空気が通りづらい．
Ⓒ 舌が分厚く長いこと	舌根部は喉につながるので，喉が狭くなり，空気が通りづらい．
Ⓓ 軟口蓋過長（軟口蓋が分厚く長い）	鼻も喉も隙間が狭くなり，空気が通りづらい．
Ⓔ 扁桃が大きいこと	喉が狭くなり，空気が通りづらい．
Ⓕ 声門が分厚すぎること	喉が狭くなり，空気が通りづらい．
Ⓖ 喉頭小囊反転（喉頭小囊がはみ出ている）	はみ出た喉頭小囊で喉が狭くなり，空気が通りづらい．
Ⓗ 気管低形成（身体のサイズに対し気管が細い）：ブルドッグ系犬種	細いストローで空気を吸おうとしているようなもので，呼吸時に苦労することになり得る．

※表中のⒶ〜Ⓗは**図13-1**中Ⓐ〜Ⓗと対応している．

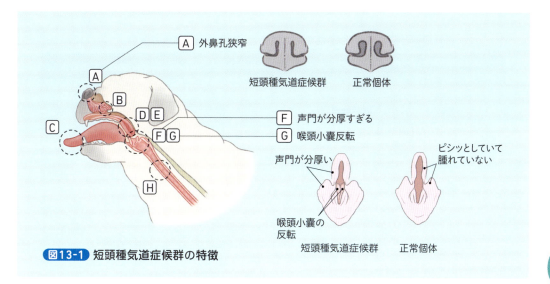

図13-1 短頭種気道症候群の特徴

▶▶▶▶▶▶ STEP UP

喉頭麻痺

　気管の入口，声門にあたる部分である喉頭が麻痺してうまく動かず，呼吸困難などの症状がみられる疾患が喉頭麻痺です．**表13-2** を見てください．気管挿管のときなどに喉頭鏡を使って喉頭をのぞいたところを示しています．正常では，息を吸うときに披裂軟骨が左右に広がります．一方，喉頭麻痺では息を吸っているにもかかわらず披裂軟骨が開かないのが特徴です．披裂軟骨は左右に一対ありますが，この片方だけが麻痺する場合（片側性喉頭麻痺）と，いずれも麻痺する場合（両側性喉頭麻痺）があります．披裂軟骨が開かないだけでなく，息を吸っているときの陰圧でむしろ閉じてしまうことすらあります．重症例では息を吸うときにヒューヒューという呼吸音が聞こえます．ちなみに，この音は**高い音**であり，**ストライダー**と呼ばれます．これは，披裂軟骨のように**ある程度硬い組織の細い隙間を，空気が勢いよく通り抜けるときに発生した音**です．

　喉頭麻痺のほとんどは，中年齢～高齢の大型～超大型犬で発生する後天的なものです．喉頭麻痺はラブラドール・レトリーバーでの発生が最も多いとされ[4]，原因として高齢発症の喉頭麻痺・多発性末梢神経障害（ポリニューロパチー）（Geriatric-Onset Laryngeal Paralysis and Polyneuropathy: **GOLPP**, **ゴルプ**）が多いこともわかってきました．まれに，シベリアン・ハスキーなど一部の犬種では，遺伝的疾患として子犬の頃から喉頭麻痺を起こす先天的なものもあります[4]．

　喉頭麻痺の根本的な治療法や特効薬は残念ながらありません．興奮すると苦しくなってしまうので，穏やかに過ごしてもらうために鎮静薬を与えるなどします．どうしても呼吸が苦しい場合には，披裂軟骨を開いた位置で縫い留める手術（タイバック術）などが行われます．

表13-2 正常個体と喉頭麻痺(片側性または両側性)での喉頭の動きの違い

	正常個体	喉頭麻痺の個体 (片側性)	喉頭麻痺の個体 (両側性)
吸気 スー	披裂軟骨　　披裂軟骨	麻痺して いる側	
呼気 ハー		麻痺して いる側	

麻痺している側の披裂軟骨は吸気時に動かない．正常であれば吸気時に開き，呼気時にやや閉じる．両側性喉頭麻痺では吸気時の陰圧で逆に披裂軟骨が閉じてしまう場合もある．

まとめ

熱中症は，暑さ・湿気・肥満・上部気道閉塞などで身体に熱が過剰にこもって，意識障害などを伴う炎症反応を全身で引き起こしてしまう病態です．特にリスクが高いのは，被毛が分厚い犬や肥満犬，短頭種や喉頭麻痺に罹患した犬などです．では，熱中症の体内で何が起きているのか，もう少し具体的に説明していきましょう．

熱中症になるとどうなるのか

熱中症になると，体内では強い炎症反応が起きる

熱がうまく逃がせない環境や状態などが原因で，体温調節に失敗してしまうと，身体に過剰な熱がこもります．身体の一部だけが熱くなるのではなく，全身が異常な高体温にさらされます．そうなると，熱で全身の組織，すなわちタンパク質がゆであがるかのように傷つき，高体温のせいで炎症反応のスイッチが入ります（ヒートショック・プロテインなどが関わりますがややこしいので詳細は割愛します．興味のある方は調べてみてください）．

このように過剰かつ過敏な炎症反応が起きると，消化管では粘膜がゆるみ（粘膜透過性の亢進），腸内細菌やその毒素（エンドトキシン）が侵入してきます[1]．これらもさらに全身性の炎症反応を

悪化させます．

炎症反応のときには炎症性サイトカインと呼ばれる物質が「のろし」のような役割をしていますが（第10章「膵炎」を参照），熱中症のときに放出される炎症性サイトカインは，全身性炎症反応症候群（Systemic Inflammatory Response Syndrome: SIRS）や敗血症のときと同様のタイプです．重症例では炎症性サイトカインが乱れ飛ぶサイトカインストームという危険な状態にも陥ります．熱中症は，SIRSや敗血症などの致命的な疾患と同じくらい強い炎症を引き起こすこともある恐ろしい疾患なのです．

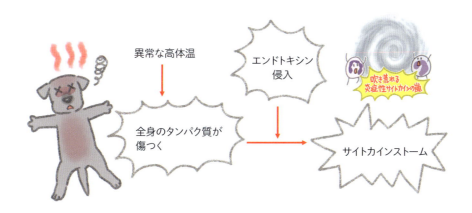

熱中症の臨床徴候と検査所見　図13-2

熱中症の重症度に応じて，症状にもある程度幅があります．どれほど重度な高体温がどれだけ持続して，どのくらい全身臓器に影響が出たのかによって異なります．

バイタル（体温，脈拍，呼吸，血圧）の異常

- 体温（T）：41℃など明らかな高体温であればわかりやすいですが，病院で測定した体温が必ず何℃以上なら熱中症で，何℃未満は熱中症ではないという基準はありません．応急処置ですでに身体が冷やされた場合や，循環血液量の減少による循環不全がすでに起きていて，体温を測定する直腸に熱が正しく届かない場合には，熱中症を発症した時点よりも直腸温が下がっていることがあります．
- 脈拍（P）：血液の循環が悪くなってしまっていることが多く，頻脈を呈することが多いです．
- 呼吸（R）：熱を逃がそうとしてハアハアとパンティングしていることがほとんどです．
- 血圧：脱水などで血液の循環が悪くなり，暑さにより血管が拡張するため，血圧も下がっている場合があります．

図13-2 熱中症の代表的な臨床徴候・検査所見

- 毛細血管再充満時間（Capillary Refill Time: CRT）：粘膜の赤みが強まって（紅潮して）いて，CRTは0.5秒など短縮している場合が多いです．ショック状態であることも珍しくありません．

中枢神経系の異常

熱中症で運ばれてくる犬の意識状態で最も多いのは「沈うつ」です．沈うつとは，意識があってもぼんやり，ぐったりしていて，軽度〜中等度に嫌がりそうな刺激（例えば，指先を強く摘まむなど）を与えても反応しない状態です．症状が軽ければ意識がはっきりしている犬もいますし，逆に症状が重ければ「昏睡」状態で意識がなく，どんな刺激にも反応しない犬までいます．

中枢神経系の症状が起こる原因としては，熱による脳障害，脳浮腫，脳出血，脱水による脳への血流不足，低血糖などの代謝性の問題が挙げられます．

- 認められる検査異常
  - 意識レベルの異常，ふらつき，盲目，頭部の揺れ，ふるえ（振戦）：治療を行えば，症状は5〜6時間かけて改善してくれる場合が多いです．
  - 低血糖：高体温により全身でグルコースの消費が増えるほか，消化管から侵入したエンドトキシンの影響で早期の敗血症にまで至り，細菌にグルコースが消費されることなどによって起こります．

循環器系の異常

バイタルのところで述べたとおり，熱中症の動物では頻脈でCRTは短縮している場合が多いです．これを「**高心拍出量状態**」と呼びます．来院までに心臓にある程度以上の負担がかかってしまった場合には，不整脈（例：心室性期外収縮）が出てしまうことがあります．心室性不整脈がある場合は予後が悪いため，重度の熱中症の症例に対しては，不整脈の有無を確認するために，心電図検査と心電図モニタリングが必要です．

● 認められる検査異常

- Hct↑,TP↑：脱水の結果，血液濃縮が起こります．
- 高Na血症：パンティングで水分を過剰に失うと発生します．
- ALT↑,CK↑：循環不全や熱で筋肉が壊された影響とされ，来院後24〜48時間でピークになります．
- 有核赤血球数↑：はっきりとした理由はわかっていませんが，白血球100個中に18個以上の有核赤血球があると予後が悪いといわれています[1]．来院後24時間を超えると急速に減ります．

呼吸器系の異常

前述のとおり，熱中症になりやすい犬の特徴の一つは上部気道閉塞です．すなわち，熱中症の犬を診たら呼吸器系疾患がないか疑う必要があります．特に，聴診器を当てなくても大きな呼吸音（ガーガー，ゼーゼー，ヒューヒューなど）が聞こえる場合には，上部気道の異常が疑われます．

また，聴診を行い，肺での呼吸音に異常がないかも注意します．熱中症による嘔吐に伴い誤嚥性肺炎を起こす犬もいるほか，熱中症による炎症反応の影響なのか，肺の充血，浮腫（肺水腫），出血を起こすこともあります[1]．胸部X線画像を撮影すると，肺野の異常な陰影が観察できるかもしれません．

● 認められる検査異常

- 異常呼吸音（上部気道・肺）
- 低酸素血症±チアノーゼ，高CO_2血症：空気の通りが悪く，ガス交換がうまくいかないと，酸素を取り込み二酸化炭素を捨てるバランスが崩れてしまいます．低酸素血症が重度になると，舌が青紫色（チアノーゼ）になります．
- 胸部X線検査で肺に異常な陰影

泌尿器系の異常

腎臓について，熱中症の影響で身体検査でもわかるような異常がみられることはまれです．治療を始めてから，きちんと尿が作られているか確認するため，膀胱の大きさを触診する意義はあります．

● 認められる検査異常

- BUN↑,Cre↑：循環血液量減少や全身性の炎症反応による急性腎障害（AKI）のほか，BUN↑は消化管が傷ついたことによる消化管出血でも起きます．

消化器系の異常

重度の熱中症になってしまった犬では多くの場合ひどい嘔吐・下痢がみられます．下痢の状態は，水様下痢から粘膜が剥がれ落ちたような出血性下痢まで様々です．粘膜がダメージを受けて

しまう理由は熱による損傷以外にも，脱水や血栓による内臓の血液循環の不足，一度血流が途絶えて壊死した一部分にまた血液が回ってきたことによる障害（再灌流障害）などがあります．

ちなみに，同様の理由で胃潰瘍を発症し，吐血やメレナがみられることもあります．

血液凝固系の異常

熱中症の症例で播種性血管内凝固（Disseminated Intravascular Coagulation: DIC）がみられることは珍しくありません．熱によって血管内皮細胞が傷ついたことや，全身性の炎症反応に続けて，体内で血液凝固と線溶系のバランスが崩れ，凝固亢進に傾きます．そして，身体の至る所で血小板が消費されて減少し，凝固因子も消費されるため凝固時間が延長していきます．血小板と凝固因子が消費されて生じた微小血栓が全身の細かい血管に詰まり，多臓器不全を起こすことにもつながります．

● 認められる検査異常
- 血小板数↓
- 凝固時間（PT, APTT）↑
- D-ダイマー↑，FDP↑：血栓ができると上昇する血液検査項目

まとめ

熱中症になってしまうと，脳を始め多くの臓器に異常をきたします（多臓器不全）．何が起こり得るのかを理解し，どこまで問題が広がっているのかをしっかり把握したうえで，治療に向かいましょう．

熱中症は緊急疾患なので，ゆっくりじっくり検査している時間はありません．血液検査結果を待つ間にも治療を進める必要があります．それでは次に，どう治療するのかについて学びましょう．

熱中症はどう治療するのか

予防が一番だが，応急処置も重要！

重度の熱中症に陥ってから動物病院へ急いでも，我々動物病院スタッフが治療に取り掛かる段階ですでに手遅れになっていては助けることができません．熱中症治療の前に，飼い主さんによる熱中症の予防や応急処置がとても重要です．予防については後ほどもう少し詳しく説明しますが，まずは応急処置についてここで説明します．

冷却！！！

熱中症治療で最も重要かつ効果的なのが，冷却です．ヒトでも犬でも，これが最も研究され，効果も実証されています．「ヤバい！　熱中症っぽい！」と思った時点で水をたっぷり浴びせてから病院に連れて来てくれる飼い主さんも多く，非常にありがたいです．

冷却方法の中でどれが最も優れているかという明確な指針はありませんが，次に紹介する方法

のうち実践しやすく，合併症も少ないものが良いと考えます．概ねどの方法も，4分半〜7分弱程度で体温を1℃下げることができるので[1]，冷却に何十分もかかることはないはずです．

1. ぬるま湯をたっぷりかけ，風を当てる

　全身からの気化熱で体温を下げる方法です．このときのポイントは，氷水などの冷たい水ではなく**「ぬるま湯」で濡らす**ということです．冷たい水を使ってしまうと，皮膚の血管がそれに反応して収縮してしまいます．これでは，皮膚から熱が逃げなくなってしまい，逆効果です．

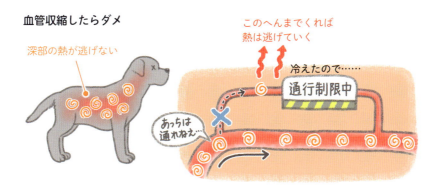

　ちなみに，気化しやすいアルコールをかけてはどうかと考える方もいるかもしれません．冒頭の矢場井先生も思いついたアイデアでしたが，実は動物や周囲の人間に対して危険があるため絶対に行ってはなりません．もし，心肺停止のため心肺蘇生が必要になった場合など，身体に電流を流して除細動を行う必要が生じた際に，アルコールが身体についていると発火の危険があります．危なすぎますね．

2. 保冷剤を大きな静脈の位置に当てる

　身体の表面からの熱伝導を使って体温を下げる方法です．頸部，腋の下，鼠径部などは，大きな静脈が皮膚のすぐ下を通っていて，効率的に多くの血液から熱を取ってあげることができるため，狙い目です．

ほかにも，水道水をプールのようにためてじゃぼんと漬ける（⚠️大型犬が入るサイズのシンクがないなどの問題や，意識レベルが低ければ溺れる危険もあります），冷水を浣腸するなどのアイデアもありますが，保冷剤を当てる方が安全だと言えます．

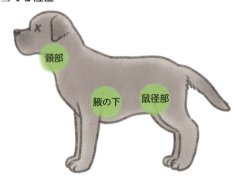

保冷剤を当てる位置

▶▶▶▶▶▶ **STEP UP**

積極的な冷却はいつ止めるの？　冷やしすぎに注意！

意外に思うかもしれませんが，積極的な冷却を止めるべきタイミングは「39.4℃」です．何事にも余韻というのはあります．冷却処置の場合，濡れた身体の表面が乾き切るまで気化熱が奪われ続けます．適温に達した瞬間にちょうどよく身体が乾くわけではないので，慌てて風を当てるのをやめて身体を拭き始めたとしても，まだまだ熱が逃げ続けます．そのため，まだ逃げる熱を加味して「そろそろ積極的に冷やすのはやめとこう，まだ勝手に冷えるし」というラインが「39.4℃」なのです．

現実的にはつい冷やしすぎてしまい，低体温になって今度は温風で必死に温める……なんてことも珍しくありません．難しいですが，やりすぎないのも大切です．

静脈輸液！

症状のところでも説明したとおり，熱中症の症例では脱水や循環血液量低下によるショック状態に陥っている場合も珍しくないため，心疾患がなければ静脈輸液の急速投与を行います．使う輸液剤は，乳酸リンゲルなど電解質のバランスが取れていてバッファーを含む電解質液（晶質液）が推奨されます．足りない分は急いで補充する必要がありますが，入れすぎには要注意です．

酸素療法！

上部気道閉塞がある犬などでは特に呼吸状態が悪く，低酸素症がみられる場合もあるため，

「絶対もう大丈夫」となるまでは酸素療法も併せて行います．酸素を吸わせたくても，呼吸が苦しいせいで酸素マスクを受け入れてくれないケースもあります．そもそも呼吸が苦しかったせいで興奮して熱中症になってしまう犬もいるため，呼吸不全を改善する目的で一時的に麻酔をかけての挿管管理（人工呼吸管理）が必要になる犬もいます．

脳への配慮！

　生命維持の中枢である脳が重大な損傷を受けると生命の危機に直結します．そのため，熱中症での脳障害，脳浮腫に対してできる限りのことをします．低血糖があればグルコースを静脈内投与し，血圧や循環が改善しても意識レベルが低いままの場合には脳浮腫を疑って，腫れを引かせるような薬剤を投与します（例：マンニトール，グリセオール，高張食塩水など）．

　また，いわゆる「頭に血がのぼる」ような姿勢にすると，脳浮腫が悪化したり，頭蓋内の圧力が高まったりすることで脳にさらなる負担をかけてしまうため，枕などで頭部を15〜30°挙上した角度に調整すると同時に，頸静脈が圧迫されるような体勢にならないようにも気をつけます．

頭を15〜30°挙上
輸液など
尿量モニタリング

その他

　重度の熱中症では，尿量が十分かどうか確認するため，尿道カテーテルを留置して尿量モニタリングをします．静脈輸液で脱水が補正され，平均血圧（MAP）も80 mmHg以上あるならば，尿量は2 mL/kg/時以上あるのが正常です．尿量が少ないと，適切に水分バランスを保ったり，Kを排泄したりすることができず，命に関わるため要注意です．

　また，出血性下痢がみられる場合は腸が傷ついているということなので，剥がれ落ちた腸粘膜の傷から細菌が侵入して感染を起こす恐れがあります．そのため，抗菌薬を投与します．

　さらに，吐血がある場合は粘膜保護剤（スクラルファートなど）も使います．

まとめ

　熱中症に有効なのは冷却です．効率的に体温を下げるとともに，熱中症の原因になった呼吸の問題や，熱中症のせいで起きてしまった問題にも対処しながら集中治療を行います．軽症か重症かで，集中治療が必要な期間や回復できる可能性（予後）は変わってきます．

熱中症は予防が一番

　一旦熱中症になってしまうとあまりにも大変なので，予防が一番です．ここでは，犬猫の飼い主さんへ向けて日本で紹介されている予防法[2]を中心に紹介します．

屋内の場合[2]

　室内でのお留守番などの状況です．風通しを良くしておき，暑い時期の室内温度が26℃以下に保たれるようにします．短頭種や肥満犬，被毛の厚い犬種など暑さに弱い犬の場合には，さらに低い室温に調整します．また，日光が当たると日向ぼっこ状態になり身体が温められてしまうため，日光が直接当たらないようにもします．

　部屋の中でも温度にはムラがあるものなので，動物自身が快適な場所を選んで適宜移動できるようにしておくことも熱中症の予防につながります．

屋外の場合[2]

　散歩などの状況です．外出時にはこまめな給水を心がけ，時には体表に水道水をかけ流してあげましょう．そこにファンやうちわなどで風を送ると，気化熱で簡易的に身体を冷却してあげることができます．暑くて湿度の高い日本の夏に外出するとどうしても身体に熱がこもりやすいので，熱中症を発症しないようにこまめに冷却するのが効果的です．

車内の場合[2]

　外気温が25℃を超えるような環境下では，締め切った車の中に犬猫を残さないようにしましょう．外気温がさほど暑く感じない日でも，車内の温度は容易に上昇します．特に，活動的な犬や興奮しやすい犬の場合は自ら過剰に熱を産生するので，より外気温が低い日でも熱中症のリスクがあります．

短頭種気道症候群の手術

　短頭種の場合，問題が発生する前に対処しておく，という意味では，先に説明した短頭種気道症候群の手術をあらかじめ受けておくことも，熱中症予防につながります．狭窄している外鼻孔を拡張したり，分厚く長い軟口蓋を短縮したり，はみ出た喉頭小嚢を切除するなどの複数部位の手術を一度に行うことが多いです．

最後に

日本に住んでいる以上，避けられない危険の一つが熱中症です．「暑さでやられる」というイメージどおりかもしれませんが，実は全身性の炎症で脳を始めとする多臓器不全に陥るという怖い病気でもあります．冒頭のラブラドールさんは喉頭麻痺からの熱中症でしたが，緊急処置が間に合い，2日ほどの入院で元気に帰っていきました．今後は喉頭麻痺がある前提で気をつけて暮らしてもらう必要がありますが，まずは無事に帰宅できて良かったですね．

参考文献

1. Drobalz K. J. (2023): Chapter 139 Heatstroke. In: Silverstein D.C., Hopper K. Eds., Small Animal Critical Care Medicine 3rd ed., 816-821, Elsevier
2. 日本気象協会, イヌ・ネコの熱中症予防対策マニュアル 2024
3. Oechtering G. U. (2024): Chapter 213 Diseases of the Nose, Sinuses, and Nasopharynx. In: Ettinger S.J., Feldman E.C., Cote E. Eds., Ettinger's Textbook of Veterinary Internal Medicine 9th ed., 1128-1151, Elsevier
4. Macphail C. (2024): Chapter 214 Laryngeal Diseases. In: Ettinger S.J., Feldman E.C., Cote E. Eds., Ettinger's Textbook of Veterinary Internal Medicine 9th ed., 1152-1157, Elsevier

14章 咳

心雑音があって咳をしていたら心不全，は間違い！

　10歳，避妊雌のチワワが咳を主訴にやってきました．さっそく身体検査をした矢場井先生ですが，「むむっ，はっきり聞こえる心雑音があります！　心臓が悪い，つまり心不全で肺水腫から咳をしているんだと思います！」と利尿剤を取りに行っていますが……ちょっと待った．治療方針がズレてしまっています．この子の主訴である咳は，心不全ではなく気道の問題によることの方が多いのです．どうして咳が出るのか，逆に心不全ですぐには咳が出ないのはなぜなのか，きちんと理解してもらったほうが良さそうですね．

咳って，何？

咳は身体の防御メカニズムの一つ

　咳または咳嗽は，自分の意志とは関係なく身体が起こす「反射」の一部で，「**咳反射**」とも呼ばれます．咳反射は身体の防御メカニズムの一つで，身体にとって有害な物質を取り込んでしまわないようにするためにあります．咳によって排出される有害な物質には，異物，病原体，気道からの過剰な分泌物などがあります[1]．咳は基本的には反射ですが，自分の意思で咳払いをすることもできます．

　ちょっとマニアックですが，実は咳（咳反射）によく似た反射に「**呼気反射**」というものがあります．咳反射であれば，咳の出始めや直前に，勢いよく息を吸い込むタイミングがあるのが特徴です．一方の呼気反射は，特にそうした勢いよく息を吸い込むタイミングはなく，いきなり勢いよく，さも咳のように息を吐くのが特徴です．

ちなみに，気道に有害なものが入ってこないようにする反射にはもう一つ，「**くしゃみ**」があります．猫では咳とくしゃみが一緒にみられることが多いようです[1]．くしゃみは咳と違って，自力で出そうと思っても出せないので，反射だということがイメージしやすいかもしれません．

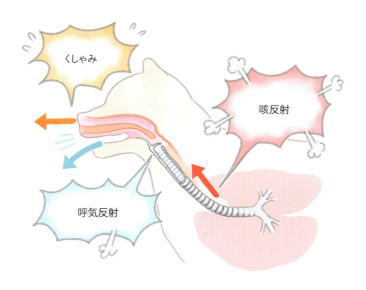

　なお，後述する気道の疾患で出てくる咳は，先ほど説明した咳反射に当たり，気道の中でも気管支（やや下の方）への刺激で出てきやすいです．一方の呼気反射は，気道の中でも喉頭（かなり上の方）への刺激で出てきやすいとされています[1]．例えば，飲み物が急に気管に入ってむせたときには，息を吸う暇もなくゲホゲホしてしまうと思いますが，これは実は呼気反射の方ですね．

咳が出る仕組み

　それでは，咳（咳反射）はどのような仕組みで出るのでしょうか．先ほど説明したとおり，咳は身体にとって有害な物質を吸引しないために出るものです．すなわち，身体にとって有害な物質が気道に侵入してきたら，咳反射が発動して身体を守ろうとするのです．

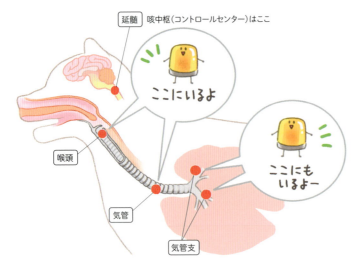

図14-1 咳受容体の分布と咳中枢の位置
身体に咳を出させるべき！と信号を送るセンサー（咳受容体）は，喉頭・気管・気管支に位置している．それより先の細気管支や肺胞にはセンサーがないことに注意．咳受容体からの信号は，迷走神経を通ってコントロールセンターである咳中枢へ送られる．咳中枢は延髄にある．

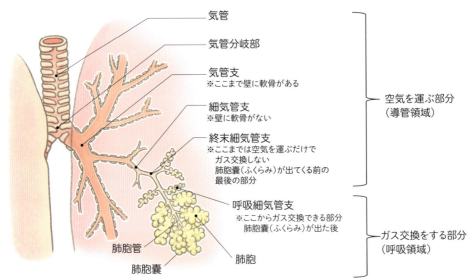

図14-2 気道の名称（文献2より引用・改変）
気管から先の気道は細かく分岐していくにつれ，壁の構造や枝分かれの手前・奥の段階，ガス交換可・不可などによって名前がつけられている．気管支までは壁に軟骨があるが，それより小さな細気管支になると壁の軟骨はなくなる．また，袋状の肺胞嚢（肺胞嚢，という肺胞のパーツ）でガス交換が行われるので，肺胞嚢がたくさん集まった肺胞（という部位・場所）ではもちろんガス交換がなされる．その少し手前にある呼吸細気管支からも肺胞嚢が出ているので，呼吸細気管支という部位でもガス交換ができる．

　　有害な物質が気道に侵入したことを検出するセンサーは**咳受容体**と呼ばれ，気道の中でも上の方，具体的には，**喉頭・気管・気管支**にだけ**存在**[1]しています 図14-1．喉頭・気管・気管支の咳受容

咳受容体

体に刺激が加わると，その信号は延髄の**咳中枢**へ送られ，実際に咳の動作が始まります．
　　ここで大切なのは，「咳を出すべき！」と身体に伝えるセンサーである咳受容体が，細気管支

や肺胞にはないということです[1] 図14-1, 2 ．例えば，冒頭で矢場井先生が言っていた肺水腫は，肺胞に液体成分がしみ出てくる病態です．この液体成分は気道からやってくるわけではなく，肺胞壁を通り抜けてきます．すなわち，喉頭・気管・気管支には刺激を与えず，肺胞から病気が始まるような状況です．**初期の肺水腫では，肺胞には咳受容体が存在しないため，咳は出ません**．肺水腫で咳が出てくるとしたら，肺胞を埋め尽くした液体が手前まで溢れてきて，咳受容体のある気管支まで到達した時点でしょう．つまり，肺水腫がある程度以上進行して初めて咳が出ることになります．

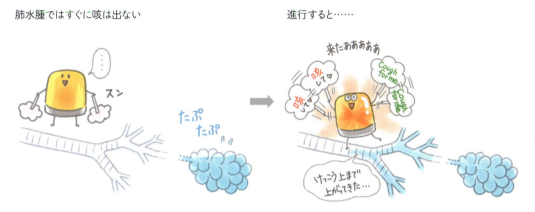

ちなみに，気道の構造について学ぶ良い機会なので，ここで犬と猫での気管・気管支マップを紹介します 図14-3 ．気管・気管支の枝分かれの道筋を地図のように描いた図ですが，ついでに犬と猫の胸の形の差についても知っておくと役に立ちます．例えば，猫なのに犬のような樽型

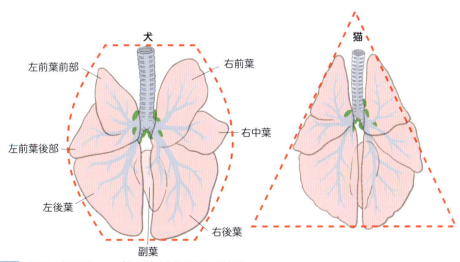

図14-3 気管・気管支マップ（文献2より引用・改変）
犬と猫では細かい差はあるものの，大体同じ気管・気管支の枝分かれをしている．犬と猫で異なるのは正面（X線画像ならVD像）から見たときの胸の形であり，犬はやや樽型，猫はやや三角形をしている．気管分岐部の周囲には複数のリンパ節が集まっている．

の胸の形をしていたら，呼吸器に問題があることが疑われるのです（肺の過膨張）．

どんなことが咳のきっかけ・刺激になるのか

　先ほど述べたように，喉頭・気管・気管支の咳受容体への刺激が身体に咳を引き起こしますが，その原因となる疾患は犬と猫で異なります．それぞれ紹介していきましょう．

　まず，犬では気道がつぶれてしまう病気である**気管虚脱や気管支虚脱**が咳の原因として最も多いです[1]．気道がつぶれると，物理的な刺激で咳が出てしまいます．気管虚脱や気管支虚脱に関しては，次項で詳しく説明しますね．

　次に，猫では気管支の炎症である**猫喘息**や**フィラリア症**が咳の原因として最も多いです[1]．こうした細めの気道に病気がある猫では，突然発作のように出る咳や，あたかも毛玉を吐き出そうとしているかのような動作を主訴として病院へ連れてこられることが多いです．また，猫の気管支は刺激を受けると犬よりも強くギュッと収縮する性質があることがわかっています．気管支が収縮してしまうと空気の通りが悪くなってうまく呼吸できなくなるため，「喘息発作」と呼ばれるような重度の呼吸困難に陥ってしまうことも猫では珍しくありません．

まとめ

　咳は身体が有害な物質から身を守るための防御メカニズムの一つで，厳密には「咳反射」と呼ばれます．喉頭・気管・気管支にある咳受容体が物理的な刺激や炎症による刺激を受けることで咳が出ます．肺胞への刺激だけでは咳が出ないことを覚えておきつつ，具体的にどのような原因があるのか，学んでいきましょう．

咳の原因は？

だいたいの咳は気道の問題で出る！

　咳受容体がある喉頭・気管・気管支の刺激になるようなものが咳を引き起こす，とわかると，だいたいの咳が気道の問題によって起きているということに納得がいくと思います．ここでは，具体的な原因のうち，臨床現場で特によく出会うものについて簡単に説明します．

咳の原因①：気道がつぶれる

　先ほど紹介したとおり，犬の咳の原因として最も多いのが，この「気道がつぶれる病気」です．気道がつぶれる，と広めの表現にしている理由は，実際には気管だけつぶれる場合，気管支だけつぶれる場合，あるいは気管と気管支両方がつぶれる場合が混ざっているためです．臨床現場では，「気管虚脱や気管支虚脱」という言い方のほうがしっくりくるかも知れません．

　気管虚脱や気管支虚脱には，つぶれたまま動かないパターン（静的な虚脱）と，広がったりつぶれたりと動いているパターン（動的な虚脱）があります．多くのケースでは，気管や気管支の壁が弱くなって，正常な形を保てなくなります．そして，気管や気管支がつぶれて壁同士が当たると，

▶▶▶▶▶ STEP UP

気管虚脱のグレード

　気管虚脱の重症度を表す指標として，グレードが使われます 表14-1．胸部X線検査でもある程度予想できますが，角度やタイミングによって評価がブレてしまうことがあります．一番正確なのは，気管を内視鏡でのぞいて診断する方法です．
なぜ胸部X線検査では気管虚脱のグレードがブレてしまう場合があるのかについては，次のSTEP UPで詳しく説明しますね．

表14-1 **気管虚脱のグレード**

気管虚脱のグレード	気管のつぶれ具合	気管虚脱のグレード	気管のつぶれ具合
正常（虚脱なし）	<10%	グレード3	50〜75%
断面のイメージ図	膜性部／気管軟骨（C字型）	断面のイメージ図	
グレード1	10〜25%	グレード4	>75%
断面のイメージ図		断面のイメージ図	
グレード2	25〜50%		
断面のイメージ図			

気管にはC字型をした気管軟骨が存在し，その筒状の形をしっかり保っています．C字の隙間にあたる部分は膜性部と呼ばれ，もとから柔らかい膜状の組織（テントみたいなもの）があります．そのため，気管内腔のつぶれ具合が10%を超えない限りは正常とされています．10%を超えるつぶれ具合になると，つぶれ具合に応じてグレード分けされています．グレードは1〜4の4段階あり，4が最も重症です．

咳受容体が刺激されて咳が出ます．なお，つぶれる部位の違いにより，気管虚脱，気管支虚脱，気管支軟化症，気管気管支軟化症などと様々な名前で呼ばれることがありますが，壁が軟らかくなってつぶれるという点では同じです．そして，これらは多くの場合，動的な虚脱となります．

例外的に，まれなパターンの気管虚脱があります．若いヨークシャー・テリアで，気管の形が異常であり（形成異常），気管の断面がW字型をしている場合です[3]．このタイプの気管虚脱では，壁は硬いまま異常な形に出来上がってしまっているので，静的な虚脱に当たります．

▶▶▶▶ STEP UP

胸部X線検査の評価は「ブレる」

　胸部X線検査は，動物への負担が少なく実施でき，検査結果は気管がつぶれているかどうかの参考になります．気管は空気を含むため，X線画像上で黒くはっきり写ります．それにもかかわらず，なぜ評価が「ブレる」のでしょうか．

　問題は，X線画像が「静止画」の「影絵」であることです．まず，「静止画」であることの問題点について説明しましょう．例えば，写真を撮る瞬間にまばたきしてしまい，目を閉じている顔で写ってしまった経験は誰にでもあると思います．その写真のように目を閉じた姿でずっと過ごしているわけではなく，たまたまその瞬間にその状態だっただけですよね．同じようなことがX線検査でも起こります．つまり，気管虚脱がつぶれたり広がったりする「動的な虚脱」だった場合，たまたま画像を撮る瞬間に気管が広がっていれば，気管虚脱がないように見えるのです．動的な気管虚脱では，気管が一番つぶれている瞬間に撮影しないと評価が「ブレる」わけです．

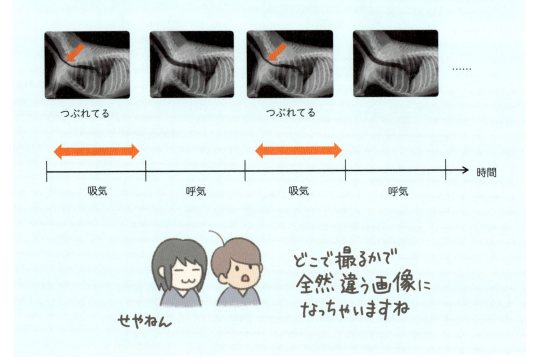

また，「影絵」であることの問題点として，物体が重なったり角度を変えたりすると見え方が変わってしまうということがあります．例えば，影絵のパフォーマンスで，同じ物体でも角度を変えるとまったく違うものに見える，というようなシーンを見た経験のある方も多いのではないでしょうか．気管虚脱の評価においては，つぶれている気管を斜めから撮影すると，案外つぶれていないように見えてしまうことがあります 図14-4 ．こういった事情によっても評価が「ブレる」のです．

このようなX線検査の特性による評価のブレを減らすために，いくつか工夫できることがあります．息を吸ったとき（吸気時）や吐いたとき（呼気時）など複数のタイミングで撮影することで，動的な虚脱でも検出しやすくなります．また，正しいポジショニングで撮影することで，傾いた角度による評価のブレを減らすことができます．

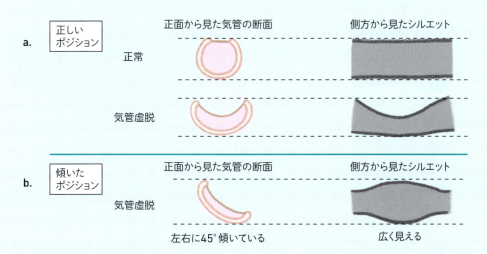

図14-4 X線検査の撮影角度によって評価にブレが生じる例（文献4より引用・改変）
X線画像は影絵なので，気管虚脱で上下につぶれた気管の形を真横から見ればつぶれて見えることにあまり不思議はないと思います 図14-4a ．上下につぶれ，左右には広がった気管を斜めに傾けると，左右の幅広い形に写り，あたかも上下方向につぶれていないように見える（気管にとっては左右方向に広がっているのだが画像では上下方向に膨らんだように見える）ことがあります 図14-4b ．

咳の原因②：気道の炎症

先ほども登場した猫喘息や，犬の慢性気管支炎などが気道，特に気管支に炎症を起こして咳受容体を刺激すると，咳を引き起こします．猫喘息で気管支の炎症を起こすのは好酸球という白血球で，好酸球はアレルギーに関連しています．アレルギーは，もともとは身体を守るための免疫が過剰に働いてしまい，ターゲットであるアレルゲンに対して攻撃しすぎることで，自分自身で攻撃の流れ弾を食らってしまうような病気です．そのため，アレルギーをコントロールするためのステロイド剤や，環境中のアレルゲンを減らす工夫などが重要になります．

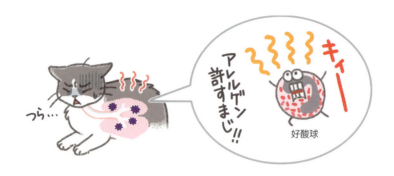

咳の原因③：気道の感染症

　気道に炎症を起こすさらなる原因の一つが病原体によって引き起こされる気道の感染症です．ここでは，犬で多いケンネルコフ（犬伝染性喉頭気管炎）を紹介します．ケンネル（Kennel）とは犬を集めておくホテルや犬舎のような施設のことで，コフ（Cough）とは咳のことです．つまり，犬が密になっているところで流行りやすい，咳を起こす病気ということです．

　ケンネルコフの原因となる病原体には多くの種類がありますが，代表的なものはボルデテラやマイコプラズマ（細菌の一種），犬パラインフルエンザウイルス，犬アデノウイルス2型，犬ヘルペスウイルスなどです．このうち，ボルデテラと犬パラインフルエンザウイルスの同時感染が多いとされています[5]．

　日本でも鼻に投与できるボルデテラに対するワクチンが存在します．ワクチンについて理解しておく必要があるのは，ワクチンでできるのは100％の感染予防ではなく，あくまで発症したときの症状を軽くすることだということです．

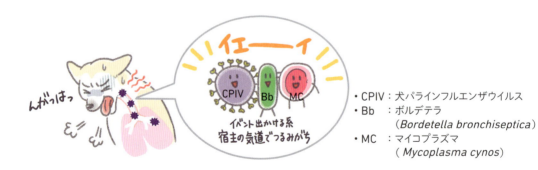

- CPIV：犬パラインフルエンザウイルス
- Bb　：ボルデテラ
　　　（*Bordetella bronchiseptica*）
- MC　：マイコプラズマ
　　　（*Mycoplasma cynos*）

咳の原因④：左心房に気管支が押しつぶされる？

　高齢の小型犬で最も多い心疾患の「慢性弁膜症または僧帽弁粘液腫様変性（Myxomatous Mitral Valve Disease: MMVD）」では，病気が進行すると心臓が大きくなってきます（心拡大）．この疾患の特徴は，左心房と左心室の間にある僧帽弁が影響を受けて，血液が左心室から左心房へ逆流してしまうことなので，左心房の拡大が顕著に出てきます．この拡大した左心房の影響で，咳が出ることがあるかもしれない，と考えられています．なぜ断定できないのかと言うと，まだ完璧な結論が出ておらず，つい数年前でも「そうだ！」「違う！」と専門医の間で議論がかなり白熱したばかりだからです．

▶▶▶▶▶▶ **STEP UP**

一度ケンネルコフになったら，いつまで感染源になるの？

　いわゆる風邪でもそうですが，一旦感染症にかかると今度は自身が病原体を広げてしまう「感染源」になってしまいます．新型コロナウイルス感染症の流行で，「一見健康そうに見えても実は感染源で病原体を広げる」人がいるという事実が広く知れ渡りました．ボルデテラも似たような側面があり，咳が治ってからさらに3週間にもわたって，気道の分泌物などに菌が排泄されることがわかっています[5]．そのため，ケンネルコフにかかってしまった犬は，咳が治った後も追加で3週間は，ドッグランやペットホテルなどほかの犬（特に免疫が未発達の子犬や，免疫が低下した犬）と接触する可能性のある場所には連れて行かないことが大切です[5]．このことを知らない飼い主さんも多いので，我々動物病院スタッフから伝えて行く必要がありますね．

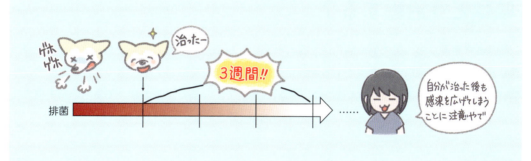

　実際のところ，MMVDで左心房が大きい犬では，咳が出るリスクが増します[1]．ただし，左心房が大きくなるような進行したMMVDが多い「高齢の小型犬」では，気管虚脱や気管支虚脱も多くみられるのです．そのため，大きくなった左心房に気管支が押しつぶされているように見えて，実は気管支自身が弱ってつぶれているだけなのでは，というところがハッキリできないまま今に至っているわけです．

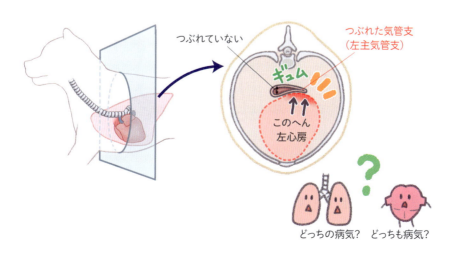

とは言え，左心房が大きい方がその真上を通る気管支のつぶれ具合も大きいという研究結果も出たので[6]，咳を起こす原因の一部にはなっていそうですね．

咳の原因⑤：その他

気管や気管支内の異物，寄生虫（犬猫のフィラリア症や犬猫で肺に寄生する寄生虫），喉頭〜気管支の腫瘍なども咳の原因になります[1]．

まとめ

咳の原因は，多くの場合気道の問題です．中でも有名な気管虚脱，猫喘息（気管支炎），ケンネルコフ，左心房拡大などについてイメージが沸いたでしょうか．ここからは，様々な原因がある咳の治療にはどんなものがあるのか，簡単に説明していきます．

咳はどう治療する？

咳は動物自身にも，見ている飼い主さんにも負担になる，しんどい病態です．咳の原因がはっきりしていて，原因に直接効果がある治療法があれば，それを行います．咳の原因がまだわからない状態で行っても差し支えない対処が「環境改善」です．また，咳のせいで生活の質も落ちてしまうため，それを改善するために薬剤による治療（咳止めなど）も行われます．

環境改善[1]

気道の刺激が咳を起こすので，気道の刺激になりそうな原因を少しでも取り除こう，というのが環境改善の目指すところです．

1．空気をきれいに

タバコの煙，ホコリ，消臭剤スプレー，洗剤スプレーなどを避けましょう．カーペットはホコリやダニがつくので頻繁に掃除機をかけます．犬や猫の寝具には綿のシーツがオススメのようです．

2. 軽い運動をゆっくりと

短時間でダッシュする散歩よりも，ゆっくり長めに歩く方が気道の刺激になりづらいため，オススメです．軽い運動を行うことで，気管支内の粘液をはじきとばし，細い気道が開きやすくなる効果も期待できます．

3. 首輪をやめて，ハーネスを使う

リードをつけて散歩する際に，首輪だと気管に負担がかかってしまいます．それだけでなく，首輪で圧迫される刺激が咳のきっかけにもなります．そのため，気管が圧迫されにくいハーネスを用いることが推奨されます．

首輪 ×　　ハーネス ○

4. ダイエット

もしも動物が体重過剰または肥満なら，ダイエットは劇的な効果があります．脂肪は胸の内にも蓄積するため，肺が膨らみづらくなってしまうのに加え，気道も圧迫されて咳の悪化につながります．

5. 加湿

空気を加湿すると，より深部の気道，気管支，気管からの分泌物の排泄が改善します．スルッと出やすくなるイメージですね．空気が潤っていると，気道のねばついた分泌物が湿気の水分でサラサラになり，刺激された気道の表面もツルッと通りやすくなります．例

えば，超音波式の加湿器などを動物が寝ている部屋で夜間稼働しておけば，眠りやすくなることも期待できます．また，加湿してから胸をポンポンとカップ状に丸めた形の手で叩くことも，気道の深いところに溜まっている分泌物を排出しやすくするテクニックです．

薬剤による治療　図14-5

1. 咳止め（ブトルファノール，マロピタント[7]など）

ブトルファノールもマロピタントも，咳中枢に作用して咳反射を抑えます．ブトルファノールは鎮静薬としてもよく使われるオピオイド系の薬剤ですが，咳中枢の神経を鎮める，というイメージを持っていただくと，咳止めとして覚えやすいかもしれません．咳がひどすぎて眠れない

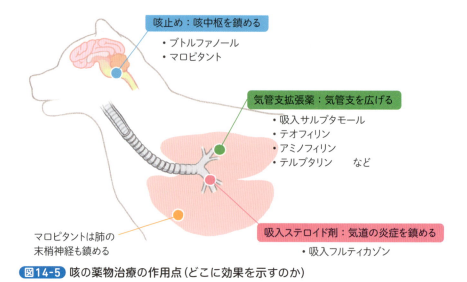

図14-5 咳の薬物治療の作用点（どこに効果を示すのか）

動物にとっては，鎮静作用があることでむしろ眠りやすくなって助かる場合もあります．

2. 気管支拡張薬（吸入サルブタモール，テオフィリン，アミノフィリン，テルブタリンなど）

　刺激を受けてギュッと収縮してしまった気道の平滑筋（気道をギュッと締める係）をゆるめる効果があります．そのため，気管支が強く収縮する傾向がある猫喘息では緊急時にとても助かる薬剤です．気管支にすぐ効かせるためには，注射や内服よりも吸入での投与が最も効果的です．直接届かせるイメージですね．

　猫の方が効きやすいとわかってはいても，臨床現場では咳をしている犬に対して気管支拡張薬を出す場面も多く，実際に飼い主さんから「咳が減った！　薬を減らすとまた咳が出る」という話もよく耳にする印象です．全員に効く，というものではなく，「効く！」「効かない！」と内科医同士も意見が分かれるくらいです．

3. 吸入ステロイド剤（フルティカゾン）

　どちらかといえば原因に直接作用するような治療です．吸入のステロイド剤は気道の粘膜上皮に直接作用して，気道局所の炎症を鎮めてくれます．投与するときは特殊な吸入器を使う必要があります．ステロイド剤自体は作用が多いぶん，副作用にも注意が必要な薬剤です．吸入ならば気道粘膜の表面には効いても全身にはほとんど吸収されないので，内服薬ほどは副作用を心配せずに使うことができます．

4. その他：粘液溶解剤（アセチルシステイン，アンブロキソール，ブロムヘキシン）

　気道分泌物のねばつき成分の組成を変えて，粘液の粘稠度（ねばり）を落とす薬剤です．気道分泌物がねばっこくて量も多い場合にのみ，使用を検討するような薬剤ですね．

ヒトならくわえて吸う
（チャンバー(*)を使用する場合もある）

犬・猫はチャンバー(*)に薬を出して
薬が混ざった空気を5〜10回呼吸する

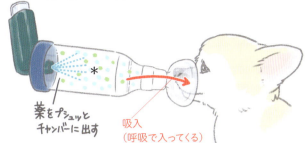

まとめ

咳をそのままにしておくと，犬猫と飼い主いずれも生活の質（QOL）が低下してしまいます．咳を何とかする方法は咳止めの薬剤だけではなく，自宅でもできる環境改善の方法もあります．また，原因を直接治せるような場合は，もちろんそういった治療も行います．

最後に

冒頭で咳を主訴にやってきた10歳のチワワですが，胸部X線検査を行ったところ，肺水腫はなさそうですが心臓がやや大きく，気管と気管支の虚脱が疑われました．診察中も咳がひどかったため，咳止めの投与と処方で一旦は帰宅できました．その後，ダイエットにも励んで，咳はだいぶ改善したそうです．

Before　　　After

参考文献

1. Ferasin L. (2024): Chapter 34 Cough. In: Ettinger S. J., Feldman E. C., Cote E. Eds., Ettinger's Textbook of Veterinary Internal Medicine 9th ed., 160-164, Elsevier
2. König H.E., Liebich H-G. (2020): Chapter 9 Respiratory System. In: König H.E., Liebich H-G. Eds., Veterinary Anatomy of Domestic Animals, Textbook and color atlas, 7th ed., 397-418, Thieme
3. Clercx C. (2024): Chapter 215 Large Airway Disease. In: Ettinger S. J., Feldman E. C., Cote E. Eds., Ettinger's Textbook of Veterinary Internal Medicine 9th ed., 1158-1172, Elsevier
4. Clercx C. (2016): Chapter 215 Diseases of the Trachea and Small Airways. In: Ettinger S. J., Feldman E. C., Cote E. Eds., Textbook of Veterinary Internal Medicine 8th ed., 1093-1107, Elsevier
5. Priestnall S.L. (2016): Chapter 227 Canine Infectious Respiratory Disease In: Ettinger S. J., Feldman E. C., Cote E. Eds., Textbook of Veterinary Internal Medicine 8th ed., 1002-1005, Elsevier
6. Lebastard M., Le Boedec K., Howes M., et al. (2021): Evaluation of bronchial narrowing in coughing dogs with heart murmurs using computed tomography. J Vet Intern Med. 35(3):1509-1518
7. Grobman M., Reinero C. (2016): Investigation of Neurokinin-1 Receptor Antagonism as a Novel Treatment for Chronic Bronchitis in Dogs. J Vet Intern Med. 30(3):847-852

15章 脊髄障害・四肢の麻痺

肢を引きずるのは捻挫？　いいえ，神経の異常を疑いましょう！

　6歳，去勢雄のぽっちゃり系ミニチュア・ダックスフンドが来院しました．自宅で急に「ギャン！」と鳴いたので飼い主さんが駆けつけたところ，後肢を少し引きずって歩くようになっていたそうです．院内でも確かに歩行はできていますが，後肢を少し引きずり腰がふらついていて，普段は温厚らしいのに，今日は噛みに来ます．「捻挫か何かですかね？　後ろ足が痛くて引きずってるんでしょうけど，触らせてくれませんし，ひとまず痛み止めを内服で出して様子だけ見てもらおうかと思うのですが．」という矢場井先生ですが，ちょっと待った．後肢が痛いとき，体重をかけられず，かばうように歩くこと（跛行）はありますが，肢を引きずるのはおかしいです．腰のふらつきもありますし，神経の異常を疑う必要がありますね．犬種がミニチュア・ダックスフンドですし，強い痛みもあるので，椎間板ヘルニアを疑ってもう少ししっかり検査すべきです．痛み止めの投与は賛成ですよ！

正常な四肢のコントロール

脊髄は感覚神経と運動神経の中枢であり通り道

　神経は，脳と脊髄が中枢神経，脳と脊髄を出たら末梢神経と区別されています．中枢神経は特に大切なので，脳は頭蓋骨，脊髄は脊椎（椎骨）という骨に守られた空間にそれぞれ収まっています．

　意思をもって歩こうとするときや走り出すときなど，自分で意識して四肢を動かすための命令

は脳から出されます．そして，その命令の信号を四肢の筋肉まで伝える役割を担うのが**運動神経**です．運動神経は脊髄を通り，ある程度四肢の近くまで行きます．そこで神経を乗り継いで，筋肉まで命令が伝わったら，ようやく四肢が動きます．この一連の流れを**「随意運動」**と呼び，意思とは関係なく起こる「反射」とは区別されます．

　一方，四肢などの身体の末梢では感触や温度，痛みといった感覚刺激を受け取りますが，それらの刺激を脳へ伝える役割を担うのが**感覚神経**です．感覚神経も脊髄を通っていきますが，運動神経とは逆の向きに情報を伝えます．ちなみに，熱いものを触ったときに「熱い」と感じるのは脳まで刺激が伝わって認識されるからですが，「熱い」と感じると同時かそれより早く手を引っ込めてしまうのは自分たちの意思ではなく，脊髄が「危ない，引っ込めて！」と指示を出す「脊髄反射」によるものです．

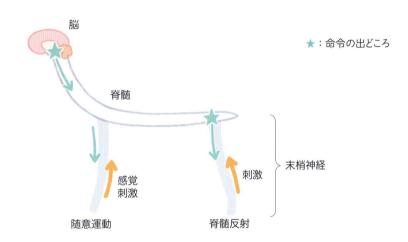

上位運動ニューロン（UMN）と下位運動ニューロン（LMN）

　四肢を動かす**運動神経には2種類**あり，上位運動神経（Upper Motor Neuron: UMN，アッパーモーターニューロン）と下位運動神経（Lower Motor Neuron: LMN，ローワーモーターニューロン）とそれぞれ呼びます．名前が長いので，省略してUMN，LMNと書くことが多いです．**UMNは脳（脊髄よりも上位）から出てくる運動神経**で，**LMNは脊髄（脳よりも下位）から出てくる運動神経**です．UMNが「肢を動かそう」という随意運動の信号を脳からLMNへ伝えていくため，LMN単独では随意運動は起こりません．一方，LMNは肢の筋肉を実際に動かす運動神経なので，脳が関係しない脊髄反射はLMNが機能していれば起こります．

　また，UMNとLMNは肢の筋肉の突っ張り具合に関して，それぞれブレーキとアクセルのような役割を担い，バランスを取り合っています．**UMNは突っ張る筋肉を抑制するブレーキの役割**で，**LMNは突っ張る筋肉を刺激するアクセルの役割**です[1]．

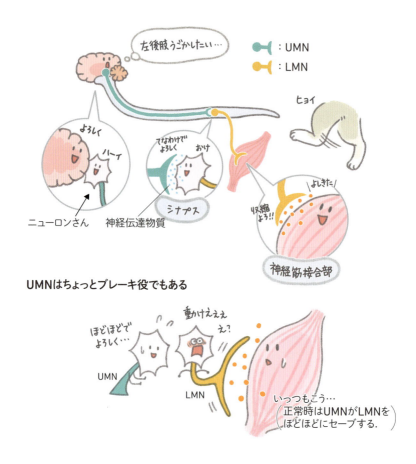

脊髄分節：LMNの番地（住所）みたいなもの

　脊髄から出てくるLMNは複数あり，それぞれ脊髄のどのあたりで始まるのかを示す番地のようなものが脊髄にあてがわれています．これを**「脊髄分節」**と呼び，脊椎と同じように頸部（C1-C8），胸部（T1-T13），腰部（L1-L7），仙部（S1-S3），尾部（Cd1-Cd5）と分けられています．それぞれの脊髄分節に神経の出入り口があります．この区切り方は解剖学的な方法ですが，臨床的に便利な区切り方はこれとは異なり，次に説明する前肢・後肢との位置関係から四つに区切る方法です． 表15-1 で見比べてみてください．

　この脊髄分節は，脊椎とも少し違うところがあります．例えば，頸椎（首の骨）の数は七つですが，頸部の脊髄分節の数は八つです．また，第6〜7頸椎のところに第8脊髄分節があるなど，脊椎と脊髄分節の位置にズレがある部分もあります．詳細は割愛しますが，位置がズレる部位は頸部と腰部（脊髄の始めの方と終わりの方）にあります[1]．

前肢・後肢の位置で脊髄分節を分けて考える

　四肢のコントロールを考えるために，脊髄分節を便宜上四つに区切って考えます．前肢よりも頭側の「**C1-C5**」，前肢へのLMNが出る「**C6-T2**」，前肢と後肢の間の「**T3-L3**」，後肢へのLMNが出る「**L4より尾側**」です 表15-1 ．これらを理解しておくと，異常が出てきたときにどこがお

表15-1 脊髄分節の解剖学的な区切り方と，臨床的に便利な区切り方

	C1	C2	C3	C4	C5	C6	C7	C8	T1	T2	T3	T4	T5	T6	T7	T8	T9	T10	T11	T12	T13	L1	L2	L3	L4	L5	L6	L7	S1	S2	S3	Cd1	Cd2	Cd3	Cd4	Cd5
脊髄分節の考え方	頸部 (C1〜C8)								胸部 (T1〜T13)													腰部 (L1〜L7)							仙部 (S1〜S3)			尾部 (Cd1〜Cd5)				
臨床的に便利な区切り方	前肢よりも頭側 (C1〜C5)					前肢へのLMN (C6〜T2)				前肢と後肢の間 (T3〜L3)														後肢へのLMN (L4より尾側)										
イメージ図																																				

かしいのか判別できるようになります．

まとめ

　四肢を動かす運動神経には脳からの上位運動神経（UMN）と脊髄からの下位運動神経（LMN）があり，互いにバランスを取り合っています．前肢・後肢へのLMNが出る脊髄の位置から，脊髄分節を四つに分けて考えます．では，いざ脊髄に問題が生じたときにどう考えるのかを説明していきましょう．

脊髄障害：どこなのか・なぜなのか

　脊髄に問題が生じると（脊髄障害），脳からの随意運動の命令が伝わらなくなり，思うように四肢を動かせなくなります．冒頭の「肢を引きずる」「ふらつく」様子から脊髄障害を疑っていた理由はそこにあります．また，どんな病気もきちんと診断しなければ治療することができません．脊髄の病気に関しては「どこなのか」「なぜなのか（原因は何か）」が重要です．

どこなのか：病変の位置決め

　先ほど説明した，脊髄分節を四つに分ける考え方がここで役立ちます．前肢・後肢へのLMNが出る脊髄分節はわかっているので，前肢・後肢の様子から異常のある脊髄分節もわかるのです **表15-2**．

　UMNのどこかが障害されると，障害部位から先へ随意運動の信号が伝わらなくなります．そのため，肢を動かせという命令自体が伝わらなくなり，随意運動ができなくなります．これを運

表15-2 脊髄病変の位置決め

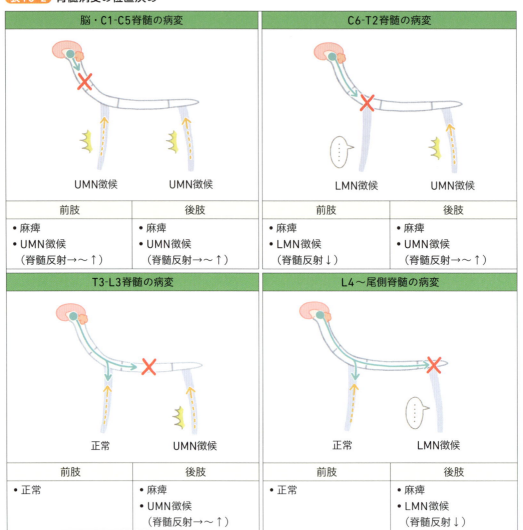

動麻痺と呼びます（この章では単純に麻痺，と呼ぶことにします）．また，脊髄反射を起こす肢の筋肉に対して，やりすぎないようにブレーキをかけることができず，脊髄反射が強く出すぎる（亢進）ことがあります（脊髄反射は正常〜亢進）．これを「UMN徴候」と呼びます[1]．「UMNが障害された徴候」ということです．

一方，LMNが障害されると，実際に肢の筋肉を動かす刺激自体が出せなくなるので，意思とは関係ない脊髄反射も弱まったり（低下）出なくなったり（消失）します（脊髄反射は低下〜消失）．これを「LMN徴候」と呼びます[1]．

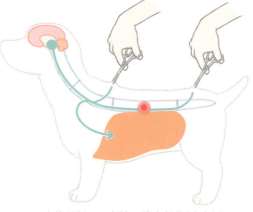

皮筋反射は，脊髄の障害部位（赤丸）より尾側を刺激しても出ない

「**LMNが障害された徴候**」ということです．

冒頭のダックスさんの神経学的検査を実施したところ，前肢は正常で後肢を引きずっていたため，T3以降の脊髄の病変が疑われました．さらに後肢の脊髄反射を見ると亢進していたため，前肢は正常，後肢は不全麻痺＋UMN徴候であり，T3-L3脊髄の病変であることがわかりました（不全麻痺については 表15-3 参照）．

もう少し細かく脊髄病変の位置を調べる方法には，皮筋反射（体幹部の皮膚を鉗子などでキュッとつまむとその刺激で皮筋が収縮する反射），圧迫による痛みの検出があります．

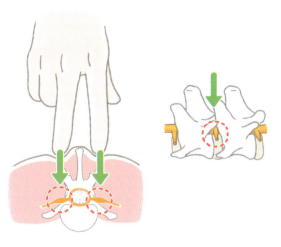

脊髄背側からの神経根の圧迫

脊髄が障害されると，そこより尾側では皮筋反射が出なくなります．その反射が出なくなった位置の脊椎からおよそ椎体二つ分頭側が，脊髄障害の部位だとされています[2]．

圧迫による痛みは主に後述する椎間板ヘルニアで認められます．圧迫したときに痛みを感じるのは厳密には脊髄そのものではなく，脊髄から出た神経根と呼ばれる部分です．下からはみ

▶▶▶▶▶ STEP UP

●●麻痺ってどういう麻痺？

「●●麻痺」のように麻痺で終わる言葉には様々なものがあります．どのように麻痺しているのか，それぞれの言葉の定義を簡単に紹介します 表15-3．

表15-3 麻痺の種類（続く）

用語	定義
不全麻痺	少し動かせる（随意運動あり）
完全麻痺または全麻痺	肢を全く動かせない（随意運動なし）
片麻痺	左右のどちらか片側の前肢後肢に麻痺がある．

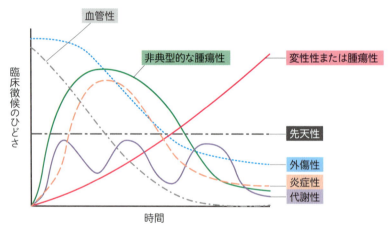

図15-1 神経疾患における症状と時間経過の関係（文献4より引用・改変）
例えば，血管性であれば，発症した瞬間が最も症状がひどく，時間が経つとゆっくりと改善していく．外傷性も血管性に似ており，発症した瞬間が最もひどいが，回復し始めるまで少し時間がかかる．先天性は生まれたときからずっとあるので，時間が経っても変わらない．炎症性はある程度時間をかけて悪化していく．代謝性は症状に幅があるように見える．変性性または腫瘍性ならば，ゆっくりと進行し続ける．

出てきた椎間板と，上から手で圧迫されることで痛みが出ます．痛い部分が病変の部位だとされます[2]．

なぜなのか：脊髄障害の原因

犬では椎間板ヘルニアを含む変性性の椎間板疾患（Intervertebral Disc Disease：IVDD）が最も多いです[3]．そのほかに，ここではそれぞれの詳細は割愛しますが，脳脊髄炎，線維軟骨塞栓症，脊髄腫瘍，脊椎骨折・脱臼，椎間板脊椎炎，先天性の奇形など様々な原因があります．

神経疾患では，症状の進行スピードやその様子から，原因疾患の病態をある程度予測できるとされています 図15-1．こうした情報や画像検査上の特徴から，原因の推定を行います．確定診断はMRI検査や脳脊髄液検査に頼る部分が大きいです．

まとめ

脊髄障害を疑ったら，病変はどこにあるのか，原因は何が疑われるのかを考えましょう．UMN，LMNの特徴を理解していると，病変の位置決めもシンプルになります．ここからは，犬の脊髄障害の原因として最も多い，椎間板ヘルニアについて説明しましょう．

椎間板ヘルニア

椎間板ってどんなもの？

第一頸椎と第二頸椎の間（C1-C2間）以外のすべての椎骨間（C2-C3間，C3-C4間，……）には椎間板があります．椎間板は椎骨の間に挟まり，クッションとしての役割を果たしています．例えば，1本の骨は曲げられませんが，肘や膝など関節があれば曲げられますよね．頸や体幹をしなやかに曲げて運動できるのは，椎骨一つひとつが隣の椎骨と関節を作っていて，間に椎間板を挟んでいるためです．それぞれの椎間板は 図15-2 に示すような構造をしています．椎間板が変性したり，無理な力が加わり続けたりすると，椎間板物質が脊柱管内へはみ出します（突出/ヘルニア）．

ダックスフンド，フレンチ・ブルドッグ，ビーグル，ウェルシュ・コーギー，ペキニーズ，ト

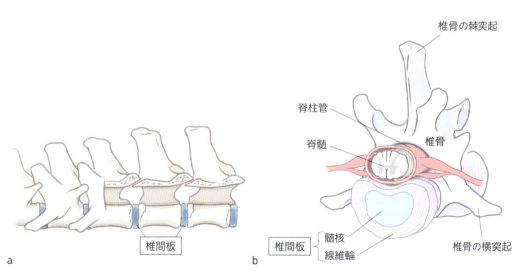

図15-2 椎間板の解剖学的な位置と構造
a. 腰椎の一部を横から見た図．椎間板が椎体と椎体の間に挟まっているのがわかる．椎間板を見やすくするために，腰椎の一部と脊髄などを省略してある（文献6より引用・改変）．
b. 椎間板は，中央部に位置するゼラチン質の髄核と，それを取り巻く線維輪でできている．正常時の髄核は水分を多く含む．このように弾力性がある椎間板はクッションとしての機能を果たしている．なお，脊髄は椎間板の背側にある脊柱管（椎骨に空いているトンネル状の穴）を通っており，椎骨同士はいくつもの関節や靱帯で保持され，曲げることはできるがズレないようにできている（文献3より引用・改変）．

イ・プードルなどの一部の犬種は軟骨異栄養性犬種と呼ばれ，骨の成長の仕方に関する先天的な異常を抱えています．その影響で，椎間板も若齢から変性し，ヘルニアを起こしやすくなります．これらの犬種の椎間板では，線維輪の内側が線維化して硬くなり，中心部分の髄核も硬く石灰化するといわれています[5]．

椎間板ヘルニアには大きく3タイプある

椎間板がはみ出る病気（椎間板ヘルニア）には大きく三つのタイプがあります．硬くなった髄核が線維輪を破ってある程度の量が弾け出てくる「1型」 図15-3，線維輪ごとムニっと背側へはみ出てくる「2型」 図15-4，ごく少量の髄核が高速で背側へ飛び出し，弾丸のように脊髄を貫通して損傷させる「3型」です 図15-5 [5]．「1型」はハンセン1型，「2型」はハンセン2型とも呼ばれます．「3型」は比較的新しい概念なので古い教科書にはおそらく載っていません．2型の場合，椎間板がじわじわとはみ出てくるので症状の進行はゆっくりですが，1型と3型は突然発症します．いずれにしても脊髄障害を起こすため，障害の程度に応じた麻痺などの徴候がみられます．

椎間板ヘルニアのタイプを確実に区別するためには，MRI検査が必要です．MRI検査は骨以外の柔らかい組織の質感・組成の違いを見分けるのが得意です．物質の水分量などもある程度反映して画像で捉えることができます．そのため，椎間板ヘルニアがあるのか，具体的にどの部分の

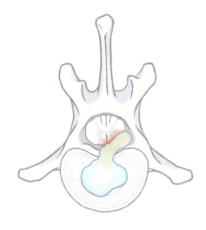

図15-3 1型椎間板ヘルニア：変性した髄核の突出
1型椎間板ヘルニアは，変性して硬くなった髄核が線維輪を突き破って背側へ突出する．脊髄は椎間板物質によって押しつぶされてしまう．ある意味弾けるような急激な変化なので，発症は急性であり，病変は1箇所であることが多い．急に起きた脊髄障害なので，症状が重ければ外科手術で突出した椎間板物質を除去する必要がある（文献3より引用・改変）．

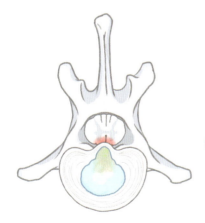

図15-4 2型椎間板ヘルニア：線維輪ごとじわじわ突出
2型椎間板ヘルニアは，ゆっくり線維輪ごと背側に椎間板が突出していく．発症は慢性・進行性で，隣り合う複数箇所でみられることが多い．慢性的な脊髄障害なので，外科手術をしてもその後メキメキ改善する見込みはあまり高いとは言えない（文献3より引用・改変）．

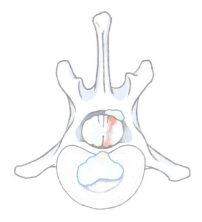

図15-5 3型椎間板ヘルニア：弾丸のように撃ち抜く
3型椎間板ヘルニアは，みずみずしいままの髄核が少量，高速で背側へ発射されて，その勢いで脊髄を貫通して損傷させる（脊髄内でも出血する，脊髄が腫れるなど）．飛び出た髄核の勢いが激しく，MRI検査で空間が見えることもある．突出する髄核はごく少量で，脊髄が圧迫されているわけではないので，1型のような外科手術はできない．その病態から，3型椎間板ヘルニアは急性非圧迫性髄核逸脱（Acute Non-compressive Nucleus Pulposus Extrusion: ANNPE）とも呼ばれる．

椎体の間なのか，左右どちらにより重度にはみ出しているのか，ヘルニアかと思ったら実は椎間板ヘルニアではなく，腫瘍や梗塞だったのか，など数多くの情報が得られます．ただし，MRI検査は設備のある施設で全身麻酔をかけなければ実施できないため，全例に対して行うことは難しく，椎間板ヘルニア疑いの症例の中でも上記のような詳細な情報が治療方針に関わる場合などに限定して行われているのが現状です．

椎間板ヘルニアの重症度（グレード）

椎間板ヘルニアは，脊髄障害の重症度からグレードが分けられています **表15-4**．ごく軽度の脊髄障害であれば，内服薬の投与と安静，リハビリによる内科治療だけでも回復してくれる可能性が高く，治療成績は外科手術にも負けないくらいなのですが，重度になればなるほど，外科手術で突出した椎間板物質を取り除くなど積極的な治療を行わない限り回復できなくなってきます．治療成績に大きな差が出るのがグレード3以降で，治療成績は外科手術の方が明らかに良くなります．最も重度のグレード5になると，たとえ外科手術を行ったとしても，その後脊髄の機能が回復できるのかどうかが五分五分程度になってしまいます．

このように，外科手術を行うのであれば，厳密に何番目の脊椎と脊椎の間にヘルニアが生じたのか，左右どちらから手術を行うのが適切か判断するためにも，MRI検査などの画像診断が必須となります．

表15-4 椎間板ヘルニアの重症度（グレード）と治療成績（文献6, 7, 8より引用・改変）

グレード	特徴	内科治療成績	外科治療成績
1	痛みだけ，神経学的な障害はなし	80〜88%	80〜95%
2	歩行可能，不全麻痺またはふらつく	80〜88%	95%
3	歩行不可，不全麻痺（肢を少しは動かせる）	64〜80%	95%
4	歩行不可，完全麻痺，深部痛覚あり	50%	80〜90%
5	歩行不可，完全麻痺，深部痛覚なし	<5〜10%	50〜60%

正常な場合，グレード0とされる．

> ▶▶▶▶▶ **STEP UP**

怖いぞ, 脊髄軟化症

　椎間板ヘルニアなどによる脊髄障害の合併症のうち, 命に直結するのが「脊髄軟化症」という恐ろしい病態です. 脳や脊髄における軟化とは, 壊死して液状に溶けてしまうことを指します. 原因としては, 1型や3型の椎間板ヘルニアで突出した髄核によって脊髄がダメージを受けること, 特に血流の変化や, 脊柱管内で圧力が高まってしまうこと, 障害を受けた脊髄に起きる炎症性変化などの関与が考えられています[9].

　脊髄軟化症を発症すると, 障害を受けた部位から近位方向（頭側）, 遠位方向（尾側）の両方に軟化が広がっていきます[5]. 脊髄軟化症を伴わない椎間板ヘルニアであれば, 皮筋反射がなくなる部位が移動することはないのですが, 脊髄軟化症が広がっていくと, 皮筋反射がなくなる部位がどんどん頭側へずれていきます. 脊髄の軟化が頸部脊髄まで到達すると横隔膜を動かす神経が麻痺して呼吸が苦しくなり, 延髄まで到達すると心臓も止まって死亡します.

　脊髄軟化症の発生は, 椎間板ヘルニアの中でも重症なグレード3以上, 特にグレード5での発生が多く, その11〜17%程度でみられます. グレード5の犬の中でも, フレンチ・ブルドッグでは33%（約3頭に1頭）で脊髄軟化症が起きるとも報告されており[10], 注意が必要です. 発症時期は椎間板ヘルニアで麻痺が出てから2日以内がほとんどで, その後3日も過ぎると症状の進行により死亡してしまうことが多いです. 苦しむのが目に見えているので脊髄軟化症と診断された時点で安楽死が選択されることもあります.

　従来どおりの椎間板ヘルニアの手術方法では, 一旦脊髄軟化症を発症してしまうと, 途中で外科手術を行なっても進行が止められずに亡くなります. そのため外科手術について説明すると同時に, 脊髄軟化症のリスクについても説明する必要があります. しかし, 近年日本の獣医師グループから, 脊髄軟化症の症例でもMRI検査の直後に従来よりも広い範囲の外科手術を積極的に行うと, 今までよりも高い確率で生存できる（予後が改善する）という報告がなされました[11, 12]. 依然として予後要注意なことには変わりありませんが, 「何もできず諦めるしかない合併症」ではなくなってきているのかも知れませんね.

ほんとに…

すごく怖い合併症なんですね

まとめ

椎間板は，脊椎をなめらかに動かすためにクッションの役割をしています．椎間板が変性し，突出すると椎間板ヘルニアが発生し，脊髄を圧迫または損傷するため麻痺がみられます．急に発症して外科手術で治るのは1型が多いです．椎間板ヘルニアが強く疑われるのであれば，グレードはいくつなのか，つまり手術した方が良さそうなのかをしっかり見極めなければなりません．

最後に

結局，冒頭のダックスさんは当日の夜には麻痺に進行し，検査の結果，グレード3の1型椎間板ヘルニアであることが判明しました．運良く翌日には手術を受けることができ，その後は長期にわたるリハビリなども頑張り，今はとても元気にしています（ダイエットも頑張りました！）．

参考文献

1. Dewey C.W. (2016): Chapter 3 Lesion Localization: Functional and Dysfunctional Neuroanatomy. In: Dewey C.W., Da Costa R.C. Eds., Practical Guide to Canine and Feline Neurology 3rd ed., 29-52, Wiley Blackwell
2. Dewey C.W., da Costa R.C., Thomas W.B. (2016): Chapter 2 Performing the Neurologic Examination. In: Dewey C.W., Da Costa R.C. Eds., Practical Guide to Canine and Feline Neurology 3rd ed., 9-28, Wiley Blackwell
3. Dewey C.W., da Costa R.C.(2016): Chapter 13 Myelopathies: Disorders of the Spinal Cord. In: Dewey C.W., Da Costa R.C. Eds., Practical Guide to Canine and Feline Neurology 3rd ed., 329-404, Wiley Blackwell
4. Dewey C.W., da Costa R.C. (2016): Chapter 1 Signalment and History. In: Dewey C.W., Da Costa R.C. Eds., Practical Guide to Canine and Feline Neurology 3rd ed., 1-8, Wiley Blackwell
5. Da Costa R.C., Platt S.R. (2024): Chapter 250 Spinal Cord Diseases: Congenital (Developmental), Inflammatory, and Degenerative Disorders. In: Ettinger S.J., Feldman E.C., Cote E. Eds., Ettinger's Textbook of Veterinary Internal Medicine 9th ed., 1570-1590, Elsevier
6. Kerwin S.C., Levine J.M., Mankin J.M. (2018): Chapter 32 Thoracolumbar Vertebral Column. In: Johnston S.A., Tobias K.M. Eds., Veterinary Surgery: Small Animal, 2nd ed., 485-513, Elsevier
7. Olby N.J., da Costa R.C., Levine J.M., et al., (2020): Prognostic Factors in Canine Acute Intervertebral Disc Disease. Front Vet Sci. 26;7:596059.
8. The Rehab Vet: http://TheRehabVet.com. (2024-10-28参照)
9. Castel A., Olby N.J., Ru H., et al., (2019): Risk factors associated with progressive myelomalacia in dogs with complete sensorimotor loss following intervertebral disc extrusion: a retrospective case-control study. *BMC Vet Res* 15:433. https://doi.org/10.1186/s12917-019-2186-0
10. Castel A., Olby N.J., Mariani C.L., et al., (2017): Clinical Characteristics of Dogs with Progressive Myelomalacia Following Acute Intervertebral Disc Extrusion. J Vet Intern Med. 31(6):1782-1789.
11. Hirano R., Asahina R., Hirano T., et al.(2020): Outcomes of extensive hemilaminectomy with durotomy on dogs with presumptive progressive myelomalacia: a retrospective study on 34 cases. BMC Vet Res. 16(1):476.
12. Nakamoto Y., Uemura T., Hasegawa H., et al. (2021): Outcomes of dogs with progressive myelomalacia treated with hemilaminectomy or with extensive hemilaminectomy and durotomy. Vet Surg. 50(1):81-88

16章 斜頸・前庭障害

急に倒れて足をばたつかせてる……えっ，発作じゃないの？

14歳，避妊雌の柴犬が来院しました．主訴は「朝まで普通だったのに先ほど突然倒れて足をばたつかせている．意識もないと思う．」とのことでした．名前を呼んでも反応せずバタバタし続けていて，その後も立ち上がれないままなので，抱っこして連れてこられました．

矢場井先生は「これは発作だ！　抗けいれん薬をすぐに投与しましょう！」と慌てていますが，んん？　よく見ると斜頸していますね．抗けいれん薬の準備はしても良いですが，発作じゃなかったかもしれませんよ．バランスを崩して立ち上がれないのが本当の原因かもしれません．

身体のバランスを取るのは前庭器官

前庭器官はどんなもの？

私たちヒトや犬猫を含む脊椎動物は，誰かに軽く押されたり，足場が少し傾いたりしても，そのまま転んでしまうのではなく，姿勢を保つことができます．このような**バランス感覚（平衡感覚）**を司っているのが前庭器官です．バランス感覚を用いて身体の姿勢や動きを調節し，身体のバランスを取っています．具体的には，まず頭部の傾きや回転，加速度を検出します．そして，姿勢に関わる頸部や四肢の筋肉のつっぱり具合（緊張状態）を調節して体勢が崩れないように制御しています．また，眼球を動かす外眼筋を調節して視野がブレないようにもしています．適切に身体にバランスを取らせるためには，今どういう状況なのか検出して，その情報を処理して，筋肉などに正しく伝える（指示を出す）必要があります．前庭器官には，状況を把握するための

センサーとして働く部分と，センサーから情報を伝える・伝わってきた情報を処理して指示を出す神経として働く部分とがあります．

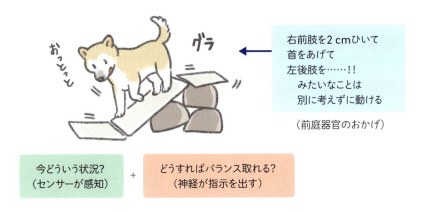

前庭器官はどこにある？

センサーの部分も神経の部分も，すべて頭蓋骨の中に収まっています 図16-1．

末梢性の前庭器官

まず，前庭器官のうちセンサーにあたる部分（三半規管，前庭）は，耳の奥の**「内耳」**にあります．図16-2 に示すような特徴的な形をしていて，それぞれに違う役割を果たしています．

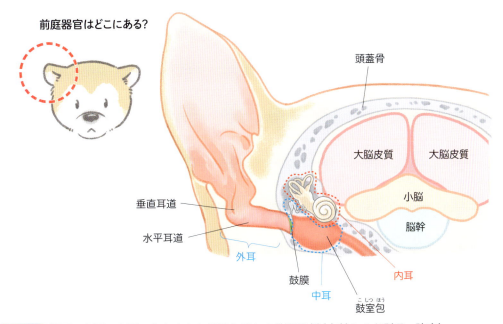

図16-1 外耳・中耳・内耳のおおまかな構造と脳との位置関係（文献1, 2を引用・改変）
耳の穴の中を耳道と呼ぶが，外界と直に触れるのが外耳道である．外耳道の一番奥には鼓膜があり，ここを越えると中耳となる．中耳も内耳も頭蓋骨の中に収まっていて，すぐ隣には脳がある．日頃はイメージしないことが多いが，耳の奥の奥まで行くと，すぐ脳に行き着くのだ．

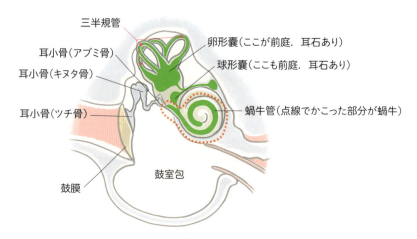

図16-2 中耳・内耳の構造（文献1を引用・改変）
外耳から鼓膜を越えると中耳であり，そのさらに奥が内耳だ．中耳には鼓室包と呼ばれる骨でできた空間があり，通常は空気が入っている．また，中耳には音を伝えるための耳小骨も存在する．内耳は大きく二つに分けられ，平衡感覚を担当する前庭器官と聴覚を担当する蝸牛がある．前庭器官はさらに三半規管と前庭という部分に分けられる．

このセンサーの中はすべてリンパ液で満たされていて，リンパ液の動きを間接的に感知しているのです．

● **三半規管**

身体の前後，左右，上下の方向に一つずつ，計三つの管が伸びている構造で，動いたときに加速度を3次元方向で検出できるようになっています．三半規管は前庭と呼ばれる部分につながっていますが，この接続部分がちょっと膨らんでいます 図16-3a．この膨らんだ部分に存在する感覚細胞（有毛細胞）がリンパ液の動きを「液体中の毛のゆらぎ」として感知すべく，リンパ液の動きを常時チェックし続けています．

感覚細胞はリンパ液の動きを感知して伝える

● **前庭**

じっとしているときに身体が傾いているかどうかなどを検出します．前庭には耳石と呼ばれる砂利のようなものが敷かれた部分があり 図16-3b，身体が傾くと耳石がサラサラと動き，その傾き具合を感覚細胞が検出しています．

センサー（三半規管と前庭）からの情報を中枢へ伝える神経の部分が，「**前庭神経**」です．ここまでの部分が「末梢性の前庭器官」で，この先の「中枢性の前庭器官」とは区別されます．

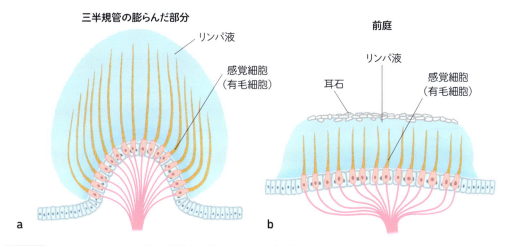

図16-3 内耳のセンサー部分の構造（文献2を引用・改変）
a. 三半規管の一部　　b. 前庭の一部
平衡感覚を感知するセンサーには，頭の動きや傾きを検出するための仕組みがある．動きを検出するのが，毛のような突起を持つ感覚細胞（有毛細胞）であり，周囲を満たしているリンパ液が身体の動きによって揺らぐことをこの毛で検出するようにできている．傾きを検出するのは，耳石という内耳の前庭にある小さな小さな砂利状の構造物だ．これらが傾きに応じて位置がずれることを検出するようにもできている．

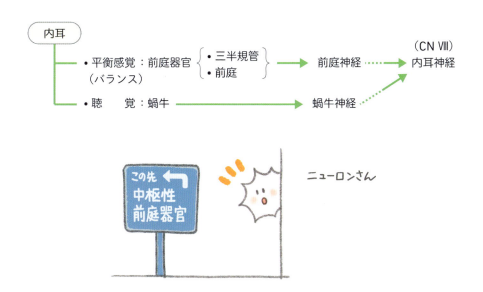

中枢性の前庭器官

　中枢性の前庭器官は，名前のとおり中枢神経系に属しています．つまり平衡感覚をつかさどる前庭器官のうち，脳そのものに含まれる部分のことで，脳幹の前庭神経核と小脳の一部を指します．末梢性の前庭器官である前庭神経は第8脳神経である内耳神経となって中枢性の前庭器官つまり，情報処理を行うコントロールセンターである脳幹へ行き着きます．内耳神経を含む「脳神経12対」については，このあと簡単に説明しますね．

　前庭神経の中枢部分を前庭神経核と呼びますが（名前は覚えなくて良いです），そのコントロールセンターと一緒に，実は小脳の一部も前庭神経核とよく似た仕事をしています[2]．

STEP UP

脳神経12対

前庭神経を含む内耳神経（第8脳神経，CN Ⅷ）は，12対ある脳神経 表16-1 の8番目です．脳神経はそれぞれ感覚や運動をつかさどっており，それぞれの中枢にあたる部分 図16-4 が障害されると，特定の脳神経に機能異常がみられるようになります．今回の章で主役になっているのは内耳神経（前庭神経と蝸牛神経がまとまって内耳神経を作っている）です．

表16-1 脳神経12対と機能・支配している部位など（文献3より引用・改変）

脳神経	記号	神経名	機能・支配している部位など
1	CN I	嗅神経	嗅覚
2	CN II	視神経	視覚
3	CN III	動眼神経	外眼筋（眼球の位置を保ち，動かす．）
4	CN IV	滑車神経	外眼筋の一部（眼球の位置を保ち，動かす．）
5	CN V	三叉神経	顔面の知覚，咀嚼筋を動かす．
6	CN VI	外転神経	外眼筋の一部（眼球の位置を保ち，動かす．）
7	CN VII	顔面神経	表情筋を動かす，唾液・涙の分泌，耳介の内側の知覚，舌の前2/3の味覚と知覚
8	CN VIII	内耳神経	平衡感覚（前庭神経）と聴覚（蝸牛神経）
9	CN IX	舌咽神経	舌の後ろ1/3の味覚
10	CN X	迷走神経	副交感神経
11	CN XI	副神経	嚥下に関わる．
12	CN XII	舌下神経	舌の位置を保ち，動かす．

※CNとは，Cranial Nerveの略で，脳神経を指す用語

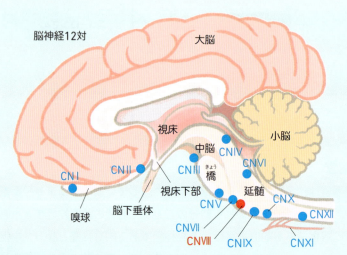

図16-4 脳神経の中枢（脳神経核）の位置（文献4より引用・改変）
吻側（鼻先）に近い順に番号が振られている．第1脳神経の中枢が最も吻側，第12脳神経の中枢が最も尾側にある．第8脳神経である内耳神経の中枢は延髄（脳幹の一部）に位置している．

まとめ

身体の姿勢や動きのバランスを取るための平衡感覚をつかさどるのが前庭器官です．前庭器官のセンサーは内耳にあり，コントロールセンターは脳幹です．前庭器官が異常をきたすと，バランスを取るための指示がおかしくなってしまって，眼球の動き，身体の姿勢もおかしくなってしまうのです．では，具体的にどのような症状が出るのか，説明していきましょう．

前庭障害ではどんな症状が出るのか？

前庭症状：前庭障害でみられる症状

前庭器官がおかしくなって出てくる症状を**前庭症状**と呼びます．前庭症状は，姿勢や動きのバランスが取れなくなってしまっているのが特徴的です．中でも代表的なものをいくつか説明していきましょう．

斜頸

図16-5a を見てください．この図のように「首をかしげる」ような形で，身体の軸に対して顔を回転させるような方向へ傾くことを「斜頸」と呼びます．「捻転斜頸」と呼ぶ場合もあります．正面から顔を見たときに，左右の耳の高さが異なるのが特徴です．わずかな斜頸の場合，よくよく見なければ気がつかない場合もありますが，左右の耳の高さを意識して観察すればわかります．逆に，あまりに重度な斜頸になると，単に傾くだけでなく顔の向きも変わる（ねじれる）場合もあります．斜頸を示すときに下になっている耳の側が，前庭器官が障害されている側（病変側）です．

a. 捻転斜頸　　b. 耳の刺激による行動　　c. 頭位回旋

病変側へ傾く
（病変側の耳が下がる）

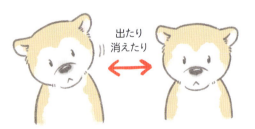
出たり消えたり

図16-5 捻転斜頸，耳の刺激による行動，頭位回旋の見分け方

a. 捻転斜頸では身体の軸はまっすぐなまま，顔が回転する．左右で耳の高さが異なるが，顔は正面を向いている．また，少し時間を置く程度では斜頸の程度は変わらない．

b. 耳の刺激による行動は，一見すると斜頸とよく似ている．左右で耳の高さが異なるが，顔は正面を向いている．神経の異常ではなく動物自身が行っている行動なので，それを止めれば正常な位置に頭を戻すことができる．少し時間を置いて，まったく斜頸していない姿勢に戻るなら，本当の斜頸ではない．また，耳を気にして頭を振る・耳をかく動作も認められる可能性が高い．

c. 頭位回旋では，身体の軸に対して顔が正面を向いておらず，顔ごと向きが変わっているのが特徴だ．

なぜ前庭障害で斜頸が出るのかというと，姿勢を保つために頸部の筋肉がもともと持っている強さ（重力に耐えて頭を押し上げる力）が失われるためだとされています[1]．姿勢を保つコントロールが失われたような状態なので，病変と同じ側の頸の力が緩んでしまい，頭が下がってきてしまうのです．前庭障害は片側性のことが多いですが，もし前庭障害が両側性の場合には，ぱっと見では斜頸がみられないこともあります．ただし，姿勢のコントロールはできなくなっているため，頭部が左右に大きく揺れる，頭の動きが急すぎる，生理的眼振（後で説明します）がない，などの異常が認められることがあります[1]．

斜頸と間違いやすい症状には二つあり，一つが「耳の刺激による行動」で，もう一つが「頭位回旋（とうい かいせん）」と呼ばれるものです．耳の刺激による行動 図16-5b の場合，ぱっと見は斜頸のようなポーズを取っているのですが，それが出たり消えたりします．外耳炎や耳に異物が入った場合などに，耳を気にして頭を傾けているだけで，本当の前庭症状ではありません．頭位回旋 図16-5c は，両耳が同じ高さにあって鼻が左右どちらかへ向き，顔全体の向きが左右に曲がっているような状態です[1]．頭の位置だけではなく身体ごと曲がっていく場合もあり，これも前庭症状ではありません．頭位回旋がみられた場合には，大脳の病気が疑われます．

バランスを失う：ふらつき

前庭器官はもともと，右の前庭器官は右半身の，左の前庭器官は左半身の伸筋（つっぱる筋肉）に指示を出すことで，身体のバランスを保っています．前庭障害になるとそれができなくなり，左右の肢のつっぱり具合がアンバランスになります．そのため，身体が傾いたり，病変側へ旋回したり（右の肢が左の肢より弱くなると，左の肢の方が地面を強く蹴るので右へ回転することになります），転んだり，転がってしまったりします．

第1章「肝性脳症」でも神経症状として旋回を取り上げました

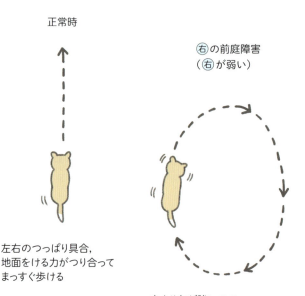

が，前庭障害での旋回とは少し特徴が異なります．前庭障害による旋回の場合，回転半径は小さめで，小回りにくるくると回る場合が多く，足取り（歩幅や肢の上げ方）が大小バラバラになるなど，ブレがあるのが特徴です[1]．肝性脳症など大脳の問題で旋回・徘徊してしまう場合には，回転半径は大きめで，足取りも前庭障害のときほどはブレないとされます．そもそもふらついている犬猫での歩き方の評価なので，実際には完璧に見分けることは難しいです．

そのほかに，前庭障害でのふらつき方の特徴として，やけに足を開いて立っていたり，体幹がゆらゆら揺れていたりすることも多いです[1]．また，自力で立てない犬猫の場合には，前庭障害のある側を下にして横になっている場合が多いです．立ち上がろうとしてうまくいかないため，足をバタバタさせてもがいていることもあります．特に，突然発症した前庭障害の場合は，犬猫自身も混乱して半ばパニックなので，呼びかけられても反応する余裕もなく足をバタバタさせて，てんかん発作のように見えてしまうこともあります．冒頭の柴犬さんも，それと似た状態が疑われていましたね．発症してからある程度時間が経つと，犬猫も慣れてくるので，ふらつきは軽減してきます．

異常な眼振

眼振とは，自分の意思とは無関係に眼球が一定のリズムでゆらゆら動いてしまう状態のことを指します．単に「眼振」と言うだけでは眼球がどのように揺れているのかわからないため，その動き方を反映させた表現が用いられます．ポイントは**「どの方向に揺れているのか」「どの方向へ向かうときのスピードが速いのか」**です．

眼振の「どの方向に揺れているのか」を示す呼び方には3パターンあります．顔に対して左右方向（水平）に揺れている場合は**「水平眼振」**，顔に対して上下方向（垂直）に揺れている場合は**「垂直眼振」**，円の一部を描くように回転している場合は**「回転眼振」**と呼び分けます．

眼球の揺れている方向
水平：水平眼振
（左右）

垂直：垂直眼振
（上下）

円の一部：回転眼振

また，眼振している眼球で，「どの方向へ向かうときのスピードが速いのか」を**「急速相」**，逆にどの方向へ向かうスピードが遅いのかを**「緩徐相」**と呼びます．どのような眼振でも，基本的には「右へのろのろ～……→左へパッ！→右へのろのろ～……→左へパッ！」のように緩徐相・急速相を繰り返します．この場合の急速相は左となり，カルテには急速相の方向を用いて「左の水平眼振あり」のように記録されます．勘違いを防ぐ意味で「急速相が左の水平眼振あり」とまで書けば，誰からも文句は出ないでしょう．

眼振の中には，身体を仰向けにしたときや顔を天井へ向けたときだけ発生するものもあります．そのため眼振が本当にないか確かめるためには，身体や頭の位置を変えて評価する必要があります．

前庭障害とは関係ないのですが，正常個体でみられる「生理的眼振」という反射もあり，顔を

横へ向けると自然に眼球が顔の正面にクルっと回ってきます．生理的眼振は，目で見ているものの情報を脳が正確に処理するために必要なんだとか[1]．

さらに，「振子様眼振（ふりこようがんしん）」と呼ばれるものもあります．これも前庭障害ではないものの，一部の犬猫でみられる先天的な視覚異常とされています[3]．急速相・緩徐相の差がわからない，ずっとブルブル眼球が左右に揺れているものです．自分で動かしているわけではなく，勝手に眼球が動いてしまっています．猫ではシャム，バーマン，ヒマラヤン，犬ではベルジアン・シェパードでみられることがあります[1]．

姿勢性の斜視

犬猫の頸部を伸ばして天井を向かせる，仰向けに寝かせるなど，姿勢を変更したときに限り，斜視（視線がズレている）が出ることがあります．斜視の方向は顔の下側（腹側）や外寄りの斜め下（外腹側）とされ，前庭障害のある側の眼球にみられるとされています[1,2]．

アゴを持って天井を向かせると病変のある側の眼球が下を向く

吐き気と嘔吐

乗り物酔いでの吐き気や嘔吐にも，前庭器官が関わっています．乗り物酔いは，前庭器官が検出する身体の状態と主に目で見えている光景（視覚情報）のズレに脳が混乱して引き起こされる状態です（筆者も経験があります）．犬猫でも実は同じで，前庭器官は平衡感覚をコントロールしているため，前庭障害を発症すると平衡感覚が狂い，乗り物に乗っていなくても乗り物酔いのような状態になることがあります．重度の前庭障害を突然発症した犬猫では，吐き気や嘔吐がみ

られやすい印象があります．実際に，前庭器官からは嘔吐中枢へも「吐いて！」という刺激が送られるのですが，その詳細については第9章「吐き気・嘔吐」を参照してくださいね．

まとめ

　前庭障害があると，病変と同じ側へ斜頸したり，ふらついたり，眼振が出たり，斜視が出たり，旋回したりと犬猫のバランスがくずれた症状（前庭症状）がみられます．ふらつく原因は前庭障害だけではないですが，斜頸や眼振といった前庭障害に特有の症状を見逃さないようにしたいですね．

▶▶▶▶▶ STEP UP

中枢性・末梢性前庭障害はどう見分けるの？

　前庭症状は，その原因が中枢の前庭器官（**中枢性前庭障害**）でも末梢の前庭器官（**末梢性前庭障害**）でも同じような症状が出ます．斜頸，ふらつき，異常な眼振，吐き気や嘔吐といった症状のある／なしだけでは区別できません．しかし，これらの症状のさらに細かい特徴を観察すれば，中枢性なのか末梢性なのかをある程度区別できます 表16-2 ．

　まず，末梢性前庭障害であれば，前庭神経（±物理的に近い顔面神経）がピンポイントで障害されるため，それ以外の脳神経症状や意識レベルの異常・麻痺・姿勢反応の異常（大脳など中枢神経の症状）はみられないのが特徴です．**「中枢神経症状があるのかどうか」**が大きな分かれ目になります．また，前庭症状の出方から見分けることもでき，「垂直眼振あるいは方向が変化する眼振なら中枢性前庭障害」がだいたい当てはまります．また，体勢を変えなくても出ている眼振で，素早い場合（1分間に66回を超えるスピード）には，末梢性前庭障害のことが多いとされます[1]．ちなみに，眼振のスピードの差は，方向が一定なはずの末梢性前庭障害では病変から遠ざかる方向が急速相だといわれます[1]．**「眼振は病変から走って逃げる」**と覚えておくと良いでしょう．

　なお，前庭神経障害に加えて顔面神経麻痺も起きた場合は，病変側のまぶた・耳・顔がたるんで垂れたような見た目になります．これも顔を正面からよく観察すると気づく

ことができます．病変側ではまばたきができなくなるため目の表面が乾燥し，ドライアイによる充血や眼脂（目やに）がみられる場合もあります．

表16-2 中枢性と末梢性前庭障害の見分け方（文献1より引用・改変）

症状	中枢性前庭障害なら	末梢性前庭障害なら
意識レベル	正常～沈うつ，混迷，昏睡	正常±やや混乱
麻痺	あり得る．	なし
姿勢反応	低下～消失（病変側）	正常
測定過大，振戦	小脳に病変があれば出る．	なし
眼振	垂直眼振，眼振の方向が変化，水平または回転眼振のことも	水平または回転眼振
CN Ⅷ以外の脳神経症状	CN Ⅴ, Ⅶ, Ⅸ, Ⅹ, Ⅻ	CN Ⅶのみ
ホルネル症候群	まれ	多い

主に，大脳などの中枢神経が侵されて出てくる症状があるかどうかに着目して見比べてほしい．中枢神経障害の症状は，意識レベルの異常，身体の麻痺，姿勢反応の異常，CN Ⅶ, Ⅷ以外の脳神経障害だ．

▶▶▶▶▶ **STEP UP**

逆説的前庭症候群

タイトルの「**逆説的前庭症候群**」と聞くと「何それ？」と思う人がほとんどだと思います．獣医師でも知らない人の方が多いかもしれません．

先ほど説明したような典型的な（普段よく見る）前庭障害では，病変のある側へ向かって斜頸します．しかし，逆説的前庭症候群では，**前庭器官の特定の場所が障害された場合に，病変と逆方向へ向かって斜頸する**ことが知られています．「逆説的」とは「一見逆のことのように思えるが，実際には正しいこと」というような意味です．「普通は病変側へ向かって斜頸するよね」という感覚からすると「病変と逆側へ斜頸する」というのは一見逆のことのように思えます．しかし，それも正しい場合があるのです．

前庭器官のうち，小脳の一部（片葉小節葉と呼ばれる部分）に病変がある場合，この一見逆のように思えるけど実は正しい「逆説的前庭症候群」が起こります．それにしてもなぜでしょうか？

　普段，前庭器官は頭を支える頸部の筋肉をつっぱらせるようなコントロールをしています．そのため，前庭障害が起こると病変のある側の頸の力が弱まり，そちらの方向へ頭が傾き斜頸する，と250ページで説明しましたね．実は，小脳の片葉小節葉は逆に，頸部の筋肉がつっぱりすぎないようセーブする機能を持っているのです．ブレーキのような役割ですね．そのため，ここが障害を受けると，ブレーキが外れて病変がある側の頸部の筋肉が平常時よりもつっぱり，病変がない側へ向かって斜頸を起こすのです．

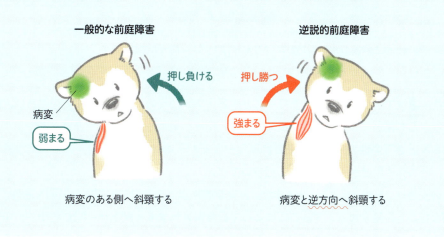

何が前庭障害を起こすのか？

頭文字（イニシャル）VITAMIN D

　前庭障害の原因には様々なものがあります 表16-3 ．その頭文字を取るとVITAMIN D（ビタミンD）となります．特に遭遇しやすいと思われる代表的な四つの病態（特発性前庭障害，中耳炎・内耳炎，甲状腺機能低下症，メトロニダゾール中毒）については，本項で詳しく解説します．それ以外の疾患に関する説明は割愛しますが，気になったときに「こういうのもあるのか」と見ていただければ十分です．

特発性前庭障害（別名：老齢性前庭障害）

　前庭障害の原因の中でも，老齢犬と猫で多いのが特発性前庭障害です．老齢犬の症例に出会うことが多いので，老齢性前庭障害とも呼ばれます．

　「特発性」とは「原因がわからない」という意味です．特発性前庭障害がなぜ，どのように発症するのかはわかっていませんが，前庭器官内でのリンパ液の流れが異常をきたすことが原因ではないかと考えられています[1]．

表16-3 前庭障害の原因疾患（文献1より引用・改変）

頭文字	何の略	日本語	中枢性での原因疾患	末梢性での原因疾患
V	Vascular	血管性	脳卒中, 出血, 塞栓症	なし
I	Inflammatory Infectious	炎症性 感染性	脳炎 トキソプラズマ症, ネオスポラ症, ジステンパーウイルス感染症など	中耳炎・内耳炎, 鼻咽頭ポリープ
T	Traumatic	外傷性	頭部外傷	頭部外傷
A	Anomaly	先天性	キアリ様奇形, くも膜内嚢胞	先天性前庭障害
M	Metabolic	代謝性	メトロニダゾール中毒, チアミン欠乏症	甲状腺機能低下症, アミノグリコシド系抗菌薬, クロルヘキシジン
I	Idiopathic	特発性	なし	特発性前庭障害
N	Neoplastic	腫瘍性	原発性または転移性脳腫瘍	中耳・内耳の腫瘍, 悪性末梢神経鞘腫
D	Degenerative	変性性	神経変性性疾患, 蓄積病	なし

覚えやすいようにとゴロが使われる場面は多いですが，英語圏でもよく頭文字でゴロを作っています．一度しっくりくると前庭障害以外の原因のカテゴリ分けにも使いやすいので，紹介しておきます．

　発症は急性で，症状はかなり重度なことが多いです．そのため，ほとんどの場合は犬猫自身も飼い主さんも驚いてしまいます．犬の症状は片側性の末梢性前庭障害がほとんどですが，特に猫ではときどき両側性の末梢性前庭障害がみられます[1]．急にぐるぐる目が回るような感覚になるので，吐き気や嘔吐がみられることも多いです．

　この疾患は，病歴（経過），身体検査，神経学的検査，ほかの前庭障害の原因を除外（ほかの原因がないことを確かめる）することによって仮診断されます．例えば，次に説明する中耳炎・内耳炎のある犬では耳を覗いて検査すると異常があることが多いので，特発性と判断する前には必ず耳の奥をチェックします．

　治療はというと，特発性の名前のとおりはっきり対処できる原因が見つからないので，症状を和らげる対症療法を行います．うまく立てないため飲食ができず脱水している場合には輸液，吐き気や嘔吐に対しては制吐薬（マロピタントやメトクロプラミド，オンダンセトロン，ジフェンヒドラミンなど）を使います．また，立てないからといってずっと

寝かせておくのではなく，補助起立などのリハビリ（理学療法）を行うことも，身体のバランス感覚を取り戻すためにはとても重要です[1]．

中耳炎・内耳炎 🐕🐈

　末梢性前庭障害に限れば，犬と猫で最も多いのが中耳炎・内耳炎です[1]．
　冒頭の **図16-1** をもう一度見てください．犬と猫の耳道は **図16-1** のように，外耳・中耳・内耳に分けられ，互いに隣接しています．中耳炎・内耳炎（特に犬）は外耳炎が波及して起きる

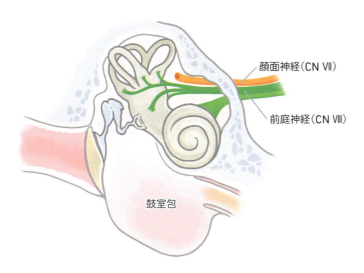

図16-6 中耳炎・内耳炎で前庭神経と顔面神経の両方が障害されやすい理由（文献4より引用・改変）

外耳炎が中耳まで到達してくると，中耳炎が発生する．中耳と内耳の間の壁はとても薄いので，炎症が内耳まで広がってしまうことがある（内耳炎）．中耳炎・内耳炎とともに顔面神経の障害（顔面神経麻痺）もみられやすい．これは，顔面神経も前庭神経も，中耳炎で膿が溜まる鼓室包のすぐ脇を通っていることによる．

ことが多いです．外耳炎が鼓膜近くまで到達すると，ひどい炎症で鼓膜が破れてしまうことがあります．こうして，外耳道に存在していた細菌が鼓室包に侵入すると中耳炎が発生します[5]．中耳と内耳の間にも薄い膜があるにはありますが，炎症や感染は容易に膜を越えて広がってしまいます．そして内耳に影響が出ると，内耳神経も障害を受け，前庭症状が引き起こされます．ちなみに，犬猫では片耳の聴覚（蝸牛神経）が障害されてもなかなか見た目にわからないため，前庭神経の障害による前庭症状の発生で内耳炎を疑うことになります．さらに，図16-6 にも示すとおり鼓室包のすぐ近くには内耳神経だけでなく顔面神経も走っているため，顔面神経まで中耳炎・内耳炎の影響を受けてしまうことがあります．その結果，末梢性前庭障害で前庭症状と顔面神経麻痺が同時にみられる場合もあります．

　中耳炎・内耳炎の診断にはCT検査やMRI検査が役立ちます．細菌感染を起こしているので抗菌薬による治療を行うほか，ビデオオトスコープ（細いカメラを耳の奥まで入れて観察）で見ながら中耳を洗う処置なども行われます[5]．

甲状腺機能低下症

　甲状腺機能低下症も，犬の前庭症状の原因になり得ます．

　甲状腺機能低下症と前庭症状とのつながりは少しややこしいです．甲状腺機能低下症の影響で，ヒトの「動脈硬化」のように血管壁が分厚く，固く，もろくなることや，甲状腺機能低下症で多い高脂血症に伴い血液がドロドロになることによって，前庭器官への血流が悪くなるのが原因ではないかと考えられています[1]．

　甲状腺機能低下症自体は，甲状腺ホルモンの補充でしっかり治療できる病気ですが，前庭障害が治りきらないケースもあります．

先ほど説明した特発性（老齢性）前庭障害も甲状腺機能低下症も高齢犬で多いため，臨床現場では「甲状腺機能低下症が原因かどうか判断が難しいな」と感じる場面もあります．もともとあった甲状腺機能低下症とは関係なく特発性前庭障害を発症したのか，甲状腺機能低下症が原因で前庭障害が起きたのかの判断がとても難しいです．

メトロニダゾール中毒 🐱

メトロニダゾールは抗菌薬・抗原虫薬として臨床現場でよく使われる薬剤です．しかし，よく使われるから気軽に使える薬剤というわけではなく，メトロニダゾールを過剰投与すると神経症状を引き起こします．長期間使用している症例で発症する場合が多いですが，早ければ3日程度投与しただけで症状が出ることもあります[1]．

犬での中毒症状はふらつき，頭の位置を変えたときの垂直眼振，歩き方（歩様）の異常，企図振戦（水を飲むなど，何か意図して動こうとしたときに頭部が大きくグラグラ揺れてしまう神経症状）などがあり，その様子から中枢性前庭障害が疑われます．

一方，猫での中毒症状は前庭障害よりも大脳の症状がメインで，発作，盲目，ふらつきなどがみられます[1]．同じ薬剤でも動物種によって引き起こされる中毒症状は異なるのです．

犬は前庭障害

猫は大脳症状
（発作など）

まとめ

前庭障害の原因で多いのは「特発性（老齢性）」「中耳炎・内耳炎」「甲状腺機能低下症」，忘れてほしくないのは「メトロニダゾール中毒」ですね．ほかの原因をまとめる頭文字ゴロのVITAMIN Dもいつかどこかで使ってみてください．筆者が喜びます．

・・・・・・・・・・・・・・・・・・・・・・・・ **最後に** ・・・・・・・・・・・・・・・・・・・・・・・・

冒頭の柴犬さんは，様子を細かく聞いて神経学的検査も行うと実はてんかん発作ではなく，激しい水平眼振がありました．嘔吐もしていました．耳は鼓膜までしっかりきれいで，特発性前庭障害が強く疑われました．制吐薬を処方して自宅療養を開始してもらい，数日後の再診では，症

状もぐんぐん改善傾向とのことでホッとしました．なお，甲状腺ホルモンはばっちり正常範囲内でしたとさ．

参考文献
1. Stein V.M. (2024): Chapter 248 Vestibular Disease. In: Ettinger S.J., Feldman E.C., Cote E. Eds., Ettinger's Textbook of Veterinary Internal Medicine 9th ed., 1559-1564, Elsevier
2. Sanders S.G.(2016): Chapter 11 Disorders of Hearing and Balance: The Vestibulocochlear Nerve (CN VIII)and Associated structures. In: Dewey C.W., da Costa R.C. Eds., Practical Guide to Canine and Feline Neurology 3rd ed., 277-297, Wiley Blackwell
3. Dewey C.W., da Costa R.C., Thomas W.B.(2016): Chapter 2 Performing the Neurologic Examination. IIn: Dewey C.W., da Costa R.C. Eds., Practical Guide to Canine and Feline Neurology 3rd ed., 9-28, Wiley Blackwell
4. Dewey C.W. (2016): Chapter 3 Lesion Localization: Functional and Dysfunctional Neuroanatomy. In: Dewey C.W., da Costa R.C. Eds., Practical Guide to Canine and Feline Neurology 3rd ed., 29-52, Wiley Blackwell
5. Bensignor E., Gauthier O., Carlotti D-N. (2016): Chapter 237 Diseases of the Ear. In: Ettinger S.J., Feldman E.C., Cote E. Eds., Textbook of Veterinary Internal Medicine 8th ed., 1051-1059, Elsevier

索引

あ

IRIS AKI グレード　*63*
IRIS CKD ステージ　*49, 50*
アウエルバッハ神経叢　*174*
アジソンクリーゼ　*126, 128, 133*
アジソン病　*122〜136*
アシデミア　*72*
アシドーシス　*72〜88*
アスパラギン酸アミノトランスフェラーゼ（AST）　*24*
アセチルシステイン　*230*
アポモルヒネ　*148*
アマニタトキシン　*19*
アミノフィリン　*230*
アミラーゼ　*153, 170*
アラニンアミノトランスフェラーゼ（ALT）　*24*
アルカリ血症　*72*
アルカリホスファターゼ（ALP）　*24*
アルカレミア　*72*
アルカローシス　*72〜89*
アルドステロン分泌　*124*
　　――コントロール　*124*
アンジオテンシンII　*91, 92, 99*
アンブロキソール　*230*
アンモニア　*12*
　　――解毒　*16, 35, 39*
　　――対策　*20*
　　――代謝　*13*

い

胃液　*170*
異化　*186*
閾値　*67, 68*
胃結腸反射　*175*
医原性クッシング症候群　*109, 110*
異所性ACTH症候群　*108*
1回拍出量（SV）　*91*
逸脱酵素　*25*
犬の急性膵炎　*157*
　　――治療薬　*161*
　　――リスク因子　*157*
インスリン　*35*
　　――作用　*185, 186*
　　――分解　*35*
　　――分泌刺激　*186*

インスリン抵抗性　*195*
　　――原因　*196*
インスリンの作用　*187*
　　肝臓での――　*187*
　　筋肉での――　*187*
　　脂肪組織での――　*187*

う

運動神経　*233*

え

栄養素　*171*
　　――とその分解産物　*171, 172*
塩基　*74*
炎症の五徴　*160, 162*
炎症反応　*160*
　　膵臓局所での――　*160*
　　全身性の――　*163*

お

旺盛な食欲　*191*
黄疸　*41*
　　――程度　*41*
嘔吐　*138〜150, 252*
　　――原因　*147*
嘔吐中枢　*142, 143*
嘔吐と吐出　*140*
　　――違い　*140, 141*
オシロメトリック法　*96, 97*
オルニチン回路　*15*
オンダンセトロン　*150, 165*

か

下位運動ニューロン（LMN）　*233*
LMN徴候　*236, 237*
外耳　*245*
咳嗽　*218*
回転眼振　*251*
カイロミクロン　*174*
化学受容器引き金帯（CTZ）　*144*
拡散　*174*
喀痰　*140*
拡張期血圧（DBP）　*90*
下垂体依存性クッシング症候群　*108, 109, 119*

褐色細胞腫　100
合併症　162
　　全身性の──　163
　　膵臓局所での──　162
眼　101
感覚神経　233
肝機能　10,32
　　正常な──　32
肝機能低下　36
　　──原因　36
肝機能不全　24,32,38
観血的血圧測定　96,97
肝酵素　24
　　──由来細胞　26
肝酵素値　24～31
　　──基準値　28
　　──上昇　24
肝酵素値上昇
　　肝細胞主体の──　29
　　クッシング症候群による──　31
　　胆道系主体の──　30
　　──程度　28
　　──例　29～31
肝硬変　37
肝細胞　26,113
　　──の空胞変性　113
肝細胞壊死　36
　　重度の──　36
間質液　44,45
肝腫大　113
緩衝液　73
緩徐相　251,252
眼振　251
肝性脳症　10～23
　　──原因　12,17
　　──診断　12
　　──治療　20
　　──臨床徴候　18,19
肝臓萎縮　37
肝臓組織　27
　　──模式図　27
肝臓の仕事　32
ガンマグルタミルトランスフェラーゼ（GGT）　24

き

気化熱　203
気管・気管支マップ　221

気管虚脱　222
　　──グレード　223
気管支拡張薬　230
気管支虚脱　222
気道　220
　　──炎症　225
　　──感染症　226
　　──名称　220
偽嚢胞　162,163
逆説的前庭症候群　254
吸収　172
急性呼吸促迫症候群（ARDS）　163
急性ショック時（アジソンクリーゼ）　133
　　──治療　133
急性腎障害（AKI）　60,61,99,163,164
　　──合併症　64
　　──原因　61
急性膵炎　157～166
　　──原因　157
　　──進行　160
　　──治療　164～166
急性肝性脳症　19
　　──症状　19
急性肺障害　163,164
急速相　251,252
吸入サルブタモール　230
吸入ステロイド剤　230
筋層間神経叢（アウエルバッハ神経叢）　174
筋肉　113
　　──萎縮　113
筋肉量の減少　190

く

クッシング症候群　99,104～121
　　──治療　120
グリコーゲン蓄積　113
グルカゴン　35
　　──分解　35
グルコン酸カルシウム　70

け

血圧　90
　　──コントロール　46,90,94
血圧測定　97
血液ガス分析　82,85,86
血液凝固系　212
　　──異常　212

261

血液脳関門（BBB） 15
　　肝不全時の—— 16
　　正常時の—— 16
　　——不具合 15
血液pHバランス 77
血液量 92
　　——コントロール 93
血管抵抗 91
血中ビリルビン濃度 41
血糖値 38
　　——維持 33, 38
血便 181, 182
ケトン体 197, 199
　　——生成 191
下痢 168〜183
　　腸の運動異常による—— 179
　　——メカニズム 177
原尿 45
ケンネルコフ 227

こ

高アンモニア血症 12
高カリウム（K）血症 64, 67
　　——治療 134
交感神経 92, 145
交感神経系 91, 94
交感神経興奮 94, 95
高血圧 50, 56, 90〜103
　　——サブステージング 50
　　——治療 103
高血圧性脳症 101, 102
高血圧性網膜症 101
高血糖 189
高コレステロール血症 114
好酸球増多症 127
高脂血症 191
甲状腺機能亢進症 100
甲状腺機能低下症（犬） 257
酵素 78
高窒素血症 52
喉頭麻痺 207
後負荷 91, 92
興奮 66
　　——のおさまり 66
高用量デキサメサゾン抑制試験（HDDST） 118
呼気反射 218
呼吸器系 211

　　——異常 211
呼吸性アシドーシス 76, 81
　　——イメージ図 83
呼吸性アルカローシス 76, 81
　　——イメージ図 83
骨ミネラル代謝異常 55
コメド 114
コルチゾール 111, 123
　　——作用 111
コレシストキニン（CCK） 154

さ

再吸収 46
サイトカイン 163
催吐薬 146
　　犬の—— 148
　　猫の—— 148
再分極 66
細胞外液 44, 45
細胞内液 44, 45
酸 74
酸塩基 46
酸塩基バランス 78
酸血症 72
酸素療法 214
三半規管 246

し

糸球体 45
脂質 39
脂質代謝 33, 39
脂質貯蔵 33
四肢の麻痺 232〜243
視床下部 107
斜頸 244〜259
　　姿勢性の—— 252
収縮期血圧（SBP） 90
縦走筋 174
重炭酸バッファー 73, 79
受容体 142
循環器系 210
　　——異常 210
循環血液量 92, 93
上位運動ニューロン（UMN） 233
UMN徴候 236
消化 170
　　——イメージ 171

消化管　*145*
　　──構造　*173*
消化器系　*211*
　　──異常　*211*
消化・吸収　*168, 169, 173〜174*
　　──イメージ　*169*
　　──基本　*168*
　　脂質の──　*173〜174*
消化酵素　*170*
脂溶性ビタミン
　　──合成と貯蔵　*34, 40*
上部気道閉塞　*206*
　　──要因　*206*
静脈輸液　*133, 214*
食事誘発性クッシング症候群　*109*
腎盂　*45*
腎機能　*44*
　　正常な──　*44*
神経活性化　*18*
神経疾患　*238*
神経症状　*10, 12*
神経叢　*174*
　　──構造　*175*
神経抑制　*18*
心血管系　*101, 102*
腎後性急性腎障害　*63*
心室の収縮力　*91, 92*
腎性急性腎障害　*62*
腎前性急性腎障害　*62*
腎臓　*101, 102*
心臓肥大　*101, 102*
腎臓病　*48, 96*
心電図（ECG）　*65, 66, 69*
浸透圧性下痢　*177*
心毒性　*65*
心拍出量（CO）　*91*
心拍数（HR）　*92*
腎不全　*48*
心房性ナトリウム利尿ペプチド（ANP）　*93*

す

随意運動　*233*
膵液　*170*
膵炎　*152〜166*
　　──リスク因子　*157*
膵外分泌腺　*152*
　　──構造　*153*

　　──コントロール　*154*
膵臓　*152, 153*
　　──生理学　*152*
垂直眼振　*251*
膵膿瘍　*162, 163*
水平眼振　*251*
水和異常　*53*
スターター　*206*
ステロイドホルモン　*35*
　　──分解　*35*
ストライダー　*207*
ストレス要因　*123*

せ

静止膜電位　*67, 68*
　　──変化　*68*
正常な心臓　*65*
　　──動きと心電図　*65*
正常なネフロン　*45*
　　──尿の産生　*45*
制吐薬　*149, 165*
　　──作用　*150*
　　──作用点　*149*
咳　*140, 218〜231*
　　──環境改善　*228〜229*
　　──原因　*222〜228*
　　──治療　*228〜230*
　　──薬剤による治療　*229*
咳受容体　*220*
　　──分布　*220*
脊髄　*233*
脊髄障害　*232〜243*
　　──原因　*238*
脊髄軟化症　*242*
脊髄病変　*235, 236*
　　──位置決め　*23, 5236*
脊髄分節　*234〜235*
咳中枢　*220*
　　──位置　*220*
咳反射　*218*
　　──仕組み　*219*
全身性炎症反応症候群（SIRS）　*163, 209*
全身性高血圧　*96, 98, 112*
　　──起きるメカニズム　*98*
　　──診断　*96*
前庭　*246*
前庭器官　*145, 244*

263

中枢性—— 247
末梢性—— 245
前庭障害　244~259
　　　——原因疾患　256
前庭症状　249
前庭神経　246
蠕動運動　174, 175
　　　腸の——　174
前負荷　91, 92
腺房細胞　155, 158, 159

そ

造血ホルモン　46
僧帽弁粘膜腫様変性（MMVD）　226
ソマトスタチン　154, 155

た

体温調節　203
　　　——仕組み　203
代謝　32
代謝性アシドーシス　56, 76, 80
　　　——イメージ図　83
代謝性アルカローシス　76, 80
　　　——イメージ図　83
体重減少　190
代償性変化　86
大脳皮質　145
多飲多尿（PU/PD）　53, 111, 189
唾液　170
多食　112
多臓器障害症候群（MODS）　163
脱水　53, 190
脱分極　66, 67
胆汁酸塩
　　　——合成　34
　　　——貯蔵と分泌　34
短頭種気道症候群　206
　　　——手術　216
　　　——特徴　207
胆道上皮細胞　26
タンパク質　78
　　　——合成　33, 38
タンパク質制限食　21
タンパク尿　50, 56, 101, 102, 112
　　　——サブステージング　50
タンパク分解酵素　155

ち

緻密斑　46, 47
中耳　245
　　　——構造　246
中耳炎　256, 257
中枢神経系　210
　　　—異常　210
中枢性前庭障害　253
　　　——見分け方　254
腸陰窩　172, 173
腸管関連リンパ組織（GALT）　176
腸絨毛　172, 173
腸内細菌対策　21
腸粘膜の透過性変化　178
腸の筋層　175
鎮痛薬　165

つ

椎間板　239
　　　——解剖学的な位置と構造　239
椎間板疾患（IVDD）　238
椎間板ヘルニア　239~243
　　　1型——　240
　　　2型——　240
　　　3型——　241
　　　——重症度（グレード）　241
　　　——治療成績　241

て

定型アジソン病　124
低用量デキサメサゾン抑制試験（LDDST）　116
　　　——解釈　116
テオフィリン　230
デクスメデトミジン　148
テルブタリン　230
水分　46
電解質　46
電解質異常　54

と

同化　186
糖尿　189
糖尿病　100, 181~196
　　　I型——　184, 185
　　　II型——　185
　　　——合併症　188
　　　——寛解　193, 196

———食事療法　*194*
———治療　*193, 194*
———定義と型　*184*
———理想的なフード　*195*
———臨床徴候　*188*
糖尿病性ケトアシドーシス（DKA）　*197*
———食事管理　*200*
———治療　*199*
———治療のイメージ　*200*
———使われるインスリン　*200*
———発生の仕組み　*198*
———離脱　*201*
———臨床徴候　*197*
洞様毛細血管　*16*
特発性膵炎　*157*
特発性前庭障害　*255*
吐出　*139*
ドプラ法　*96, 97*
トリプシノーゲン　*158*
トリプシン　*153, 155, 158, 170*

な

内因性副腎皮質刺激ホルモン（ACTH）濃度測定　*118,*
132
内耳　*245*
———構造　*246*
———センサー部分の構造　*247*
内耳炎　*256, 257*
Na/K 比　*130*

に

尿中コルチゾール/クレアチニン比（UCCR）　*117*
尿道閉塞（尿閉）　*60〜64*
尿毒症　*52*
尿路回路　*15*
　　肝細胞の———　*16*
　　肝臓の———　*15*
尿路感染　*113*

ぬ

ぬるま湯　*213*

ね

ネガティブ・フィードバック　*107*
ネクローシス（細胞死）　*51*
猫下部尿路疾患（FLUTD）　*60*
猫喘息　*222*

猫の急性膵炎　*158*
———リスク因子　*158*
熱中症　*202〜217*
———検査所見　*209, 210*
———治療　*212*
———定義　*202*
———脳障害　*215*
———脳浮腫　*215*
———臨床徴候　*209, 210*
熱伝導　*204*
ネフロン　*45, 51*
粘液溶解剤　*230*
捻転斜頸　*249*
粘膜下神経叢（マイスナー神経叢）　*174*

の

脳　*233*
脳下垂体前葉　*107*
脳神経核　*248*
———位置　*248*
脳神経12対　*248*
脳脊髄　*101, 102*
脳卒中　*102*

は

肺水腫　*221*
バイタル　*209*
———異常　*209*
肺胞　*221*
吐き気　*138〜150, 252*
白内障（犬）　*191*
播種性血管内凝固（DIC）　*163, 212*
バソプレシン　*91*
バッファー　*73*
パンティング　*72, 112, 203, 205*

ひ

非観血的血圧測定　*96, 97*
微絨毛　*172, 173*
非ステロイド性抗炎症薬（NSAIDs）　*147, 181*
非定型アジソン病　*125*
泌尿器系　*211*
———異常　*211*
ピバル酸デソキシコルチコステロン（DOCP）　*134,*
135
皮膚症状　*114*
標的臓器障害　*100*

――リスク分類 　*101*

ビリルビン

　　――抱合 　*39*

　　――抱合と排泄 　*35*

披裂軟骨 　*208*

貧血 　*55*

ふ

フィーディングチューブ 　*53*

フィラリア症 　*222*

フェンタニル 　*165*

腹囲膨満（ポットベリー） 　*112*

副交感神経 　*92*

副腎 　*104*

　　――解剖 　*104, 105*

　　――機能 　*105*

　　――構造 　*105*

　　正常な―― 　*104*

副腎依存性クッシング症候群 　*109, 110, 119*

副腎腫瘍 　*109*

副腎皮質機能亢進症 　*104〜121*

副腎皮質機能低下症 　*122〜137*

　　――維持期の治療 　*135*

　　――診断 　*130*

　　――治療 　*133*

　　――臨床徴候 　*126*

　　――臨床徴候とその理由 　*127〜129*

副腎皮質刺激ホルモン（ACTH） 　*107*

副腎皮質刺激ホルモン（ACTH）依存性クッシング症候群 　*108*

副腎皮質刺激ホルモン（ACTH）刺激試験 　*117, 131*

　　――解釈 　*118*

　　――結果 　*132*

副腎皮質刺激ホルモン（ACTH）非依存性クッシング症候群 　*109*

副腎皮質刺激ホルモン（ACTH）分泌抑制 　*107*

副腎皮質刺激ホルモン（ACTH）放出ホルモン（CRH） 　*107*

腹水貯留 　*164*

腹部超音波検査 　*133*

フザプラジブ（パノクエル®） 　*161*

浮腫 　*159*

不整脈 　*163, 164*

ブプレノルフィン 　*165*

ふらつき 　*250*

フルティカゾン 　*230*

フルドロコルチゾン 　*135*

プレドニゾロン 　*135, 165*

ブロムヘキシン 　*230*

分泌 　*46*

分泌性下痢 　*179*

へ

平均血圧（MAP） 　*90, 91*

ペプシン 　*170*

ほ

放射熱 　*203*

ホルモン 　*106*

　　――機能 　*106*

ホルモン検査 　*115, 130*

　　――意味 　*115, 130*

　　――目的 　*115, 130*

ホルモン分泌 　*105*

保冷剤 　*213*

ま

マイクロバイオーム 　*180*

　　――働き 　*180*

マイスナー神経叢 　*174*

末梢神経障害（猫） 　*192*

末梢性前庭障害 　*253*

　　――見分け方 　*254*

麻痺 　*237*

　　――種類 　*237〜238*

マロピタント 　*150, 165*

慢性肝性脳症 　*19*

　　――症状 　*19*

慢性腎臓病（CKD） 　*44〜57, 98*

慢性腎臓病ステージ 　*50*

め

メデトミジン 　*148*

メトロニダゾール中毒（犬） 　*258*

メレナ 　*181, 182*

も

毛細血管再充満時間 　*210*

門脈血栓 　*163, 164*

門脈高血圧 　*163, 164*

門脈体循環シャント（PSS） 　*13, 37*

　　後天性―― 　*14*

　　正常な門脈血管の走行 　*14*

　　先天性―― 　*14*

や

薬剤　176
　　──直腸内投与　176

ゆ

誘導酵素　25

よ

"4"の法則　83

ら

ラクツロース　21

り

リガンド　142
リソソーム　158
リパーゼ　153, 170
輪状筋　174
リンパ管　174

れ

冷却　212, 214
レニン-アンジオテンシン-アルドステロン系（RAAS）
　47, 92

ろ

老廃物　45
老齢性前庭障害　255

欧文

Acid　73, 74
Acidemia　72
Acidosis　73
Acquired　16
Acute Kidney Injury: AKI　61, 99
Acute Non-compressive Nucleus Pulposus
　Extrusion: ANNPE　241
Acute Respiratory Distress Syndrome: ARDS
　163
Adrenocorticotropic Hormone: ACTH　107
Alb　29
Alkalemia　72
Alkali　72, 73
Alkalosis　73
ALP　24
ALT　24
APTT　38

AST　24
Atrial Natriuretic Peptides: ANP　93
Base　74
Blood Brain Barrier: BBB　15
Buffer　73
BUN　29, 39, 44
C1-C5　234
C6-T2　234
Ca　70, 115
Capillary Refill Time: CRT　210
Cardiac Output: CO　91
CBC　29
Chemoreceptor　144
ChoE　174
Cholecystokinin: CCK　154
Chronic Kidney Disease: CKD　47, 98
CO_2　76, 84
Congenital　16
Corticotropin-Releasing Hormone: CRH　107
Cough　226
Cre　29, 44, 49, 127
CRP　29
Desoxycorticosterone Pivalate: DOCP　134
Diabetic Ketoacidosis: DKA　197
Diastolic Blood Pressure: DBP　90
Disseminated Intravascular Coagulation: DIC
　163, 212
Dysbiosis　181
ECG　65, 66, 69
endogenous ACTH: eACTH　118
Feline Lower Urinary Tract Disease: FLUTD　60
Fib　38
Fibrin　156
Fibrinogen　156
Gastrocolic Reflex　175
Gastrointestinal Microbiome　180
Geriatric-Onset Laryngeal Paralysis and
　Polyneuropathy: GOLPP　207
GFR　102
GGT　24, 27
Glc　29, 38
Glucose-Dependent Insulinotropic Peptide: GIP
　187
GOT　24
GPT　24
Gut-Associated Lymphatic Tissue: GALT　176
H_2CO_3　76

HCl 80

HCO_3^- 76, 84

Heart Rate: HR 92

High Dose Dexamethasone Suppression Test:
    HDDST 118

Intervertebral Disc Disease : IVDD 238

K 46, 54, 60, 115

Kennel 226

L4より尾側 234

Low Dose Dexamethasone Suppression Test:
    LDDST 116

Lower Motor Neuron: LMN 233

Mass 119, 205

Mean Arterial Pressure: MAP 90

Multiple Organ Dysfunction Syndrome: MODS
    163

Muscle Condition Score: MCS 114

Myxomatous Mitral Valve Disease: MMVD 226

Na 92, 115, 161

Na/K比 130

NH_3 39

NSAIDs 147, 181

O_2 82

P 46

PCO_2 77

pH 77, 78, 84

Portosystemic Shunt: PSS 13, 37

Potbelly 112

PT 38

PU/PD 189

QOL 192

Renin-Angiotensin-Aldosterone System: RAAS
    47, 92

SDMA 50

Storm 163

Stroke Volume: SV 91

Systemic Inflammatory Response Syndrome:
    SIRS 163, 209

Systolic Blood Pressure: SBP 90

Target Organ Damage: TOD 100

T3-T3 234

T-bil 29

T-cho 29

TG 157, 171, 174

The International Renal Interest Society: IRIS
    49

The tree of life 91

TP 38

Trigger 144

Trypsin 156

Trypsinogen 156

U-bil 40

Upper Motor Neuron: UMN 233

Urinary Cortisol-Creatinine Ratio: UCCR 117

voltage-gated Naチャネル 68

Zone 144

著者略歴

佐藤　佳苗
1987年5月10日生まれ
獣医師，修士（MSc）
米国獣医内科学専門医（小動物内科）
アジア獣医内科学専門医（内科）

学歴・職歴

2012年	北海道大学獣医学部　卒業
2012〜2015年	松原動物病院（大阪府松原市）　勤務
2015〜2017年	カリフォルニア州立大学デービス校 留学（血液透析ユニット）
2017〜2018年	Western College of Veterinary Medicine（サスカチュワン大学・カナダ）にて全科インターンシップ
2018〜2021年	同サスカチュワン大学にて小動物内科レジデント，修士課程
2021年〜	松原動物病院(大阪府松原市)　勤務

イラストでわかる！ 病気のしくみ

犬と猫の
病態生理

2025 年 2 月 14 日　第 1 刷発行
定価（本体 12,000 円＋税）

著　者　　　佐藤佳苗
イラスト　　いのぼん（https://inobon.com）
発行者　　　山口勝士
発行所　　　株式会社 学窓社
　　　　　　〒 113-0024　東京都文京区西片 2-16-28
　　　　　　TEL　（03）3818-8701
　　　　　　FAX　（03）3818-8704
　　　　　　e-mail：info@gakusosha.co.jp
　　　　　　http://www.gakusosha.com
デザイン　　金森大宗（株式会社 GROW UP）
印刷所　　　株式会社 シナノパブリッシングプレス

本誌掲載の写真・図表・イラスト・記事の無断転載・複写を禁じます．乱丁・
落丁は，送料弊社負担にてお取替えいたします．

JCOPY 〈出版者著作権管理機構 委託出版物〉
本書（誌）の無断複製は著作権法上での例外を除き禁じられています．
複製される場合は，そのつど事前に，出版者著作権管理機構
（電話 03-5244-5088，FAX 03-5244-5089，e-mail：info@jcopy.or.jp）
の許諾を得てください．

©Gakusosha, 2025, Printed in Japan
ISBN 978-4-87362-796-0